DAODAN HUISHANG XIAONENG YOUHUA FANGFA
导弹毁伤效能优化方法

汪民乐　高晓光　邓　昌　著

西北工业大学出版社

西安

【内容简介】 本书以现代作战效能分析理论和智能计算方法为基础,依据导弹武器系统战术、技术指标和导弹毁伤效能优化的总体要求,对导弹毁伤效能优化方法进行深入研究。建立导弹打击目标选择优化模型、导弹对单个目标毁伤效能优化模型和导弹毁伤效能总体优化模型;根据导弹毁伤效能优化模型的非线性、多峰性特点,提出相应的基于遗传算法的智能求解方法;以未来网络中心战模式下导弹力量参与基于效果的并行作战为应用背景,建立基于效果的导弹毁伤效能优化模型,并给出模型求解方法。本书能够为导弹研制中进行毁伤效能分析论证提供理论与方法,为导弹作战指挥中导弹打击方案评估与优化提供决策支持,为其他武器装备的毁伤效能分析在模型与方法上提供借鉴。

本书的主要读者对象为导弹研制部门中从事导弹武器毁伤效能分析与论证的人员、作战部队中从事导弹打击规划决策工作的人员以及从事与导弹武器毁伤效能分析相关工作的其他人员。

图书在版编目(CIP)数据

导弹毁伤效能优化方法/汪民乐,高晓光,邓昌著.
—西安:西北工业大学出版社,2017.12
ISBN 978 - 7 - 5612 - 5731 - 9

Ⅰ.①导… Ⅱ.①汪… ②高… ③邓… Ⅲ.①导弹—损伤—武器效能—研究 Ⅳ.①E927

中国版本图书馆 CIP 数据核字(2017)第 294016 号

策划编辑:雷　鹏
责任编辑:李阿盟

出版发行:西北工业大学出版社
通信地址:西安市友谊西路 127 号　　邮编:710072
电　　话:(029)88493844　88491757
网　　址:www.nwpup.com
印 刷 者:兴平市博闻印务有限公司
开　　本:727 mm×960 mm　　1/16
印　　张:15.625
字　　数:293 千字
版　　次:2017 年 12 月第 1 版　　2017 年 12 月第 1 次印刷
定　　价:68.00 元

前　　言

导弹作战效能优化在导弹研制和作战运用中均发挥着重要作用,而毁伤效能优化是其重要组成部分。目前,在毁伤效能优化中大量运用模型化方法,但由于导弹自身性能的复杂性、导弹作战运用的复杂性以及作战环境的复杂性,导致导弹毁伤效能优化模型的高度复杂性,从而使导弹毁伤效能优化模型的求解变得十分困难。传统的求解算法存在两个难以逾越的障碍——局部极优和时间复杂性问题,而现代智能算法的典型代表——遗传算法(Genetic Algorithm,GA),作为一种仿生类智能化随机搜索算法,因其独特的优点为解决这一难题提供了有效途径。

本书以遗传算法理论为基础,从导弹武器战术运用角度出发,以实现导弹毁伤效能智能优化为目的开展研究,主要内容包括以下三个部分:

(1)导弹毁伤效能优化的智能算法基础。从 GA 基础理论、GA 改进、GA 控制参数优化、GA 应用等方面系统分析 GA 的研究现状及其发展趋势;针对目前 GA 理论研究上的重点和难点之一——GA 收敛效率问题,从多方面展开研究分析;根据导弹毁伤效能优化模型的非线性、多峰性特点,构造相应的基于 GA 的高效智能优化算法。

(2)基于智能计算的导弹毁伤效能优化方法。针对导弹打击目标选择中存在的目标重要性不易评定的难点,以 GA 与模糊系统理论为基础,提出新的目标优选算法;针对导弹武器对不同类型的单个地面目标射击的最优战术运用问题,建立相应的毁伤效能优化模型,并运用基于 GA 的智能优化算法进行求解;针对导弹毁伤效能总体优化问题,即导弹武器火力规划问题,提出基于 GA 的智能化火力规划算法,用以提高多地面目标、多波次、多平台情形下导弹毁伤效能。

(3)基于效果的导弹毁伤效能优化方法。立足于导弹武器作战运用的未来发展,以网络中心战模式下导弹力量参与基于效果的并行作战为应用背景,结合基于效果作战、不确定多属性决策、模糊智能理论、现代仿生优化算法等相关理论和方法,针对导弹作战运用过程中的实际问题,将战争的主体——"人"的因素充分考虑进去,建立基于效果的导弹毁伤效能优化模型,并给出模型求解方法和相关示例。

本书由汪民乐提出立题,并设计全书总体框架和编写纲目。具体编写分工如下:第 1 篇由高晓光撰写,第 2 篇由汪民乐撰写,第 3 篇由邓昌撰写,最后由汪民乐负责对全书统稿。

本书的撰写与出版受到军队"2110工程"及火箭军工程大学学术专著出版基金的资助,并得到火箭军工程大学理学院的领导和同志们的大力支持与帮助,在此一并致谢!

由于水平有限,书中疏漏之处在所难免,恳请读者批评指正!

著 者

2017年8月

目 录

第1篇 导弹毁伤效能优化的智能算法基础

第1章 导弹毁伤效能优化的智能算法导论 ············· 1
  1.1 引言 ·· 1
  1.2 遗传算法基本原理 ································· 3
  1.3 国内外遗传算法研究现状 ·························· 5
  1.4 本篇主要内容 ······································· 9
  参考文献 ·· 9

第2章 遗传算法的收敛效率分析 ····················· 13
  2.1 引言 ·· 13
  2.2 GA 收敛效率指标 ································· 13
  2.3 基于模式的 GA 收敛效率分析 ···················· 15
  2.4 GA 的全局收敛性 ································· 18
  2.5 遗传算法控制参数优化策略 ······················· 24
  2.6 GA 早熟问题的定量分析及其预防策略 ············ 28
  2.7 本章小结 ·· 33
  参考文献 ·· 34

第3章 新型高效率遗传算法设计 ····················· 37
  3.1 高效率遗传算子设计 ······························ 37
  3.2 提高非线性优化全局收敛性的新型 GA ············ 41
  3.3 求解非线性混合整数规划的新型 GA ·············· 45
  3.4 求解多目标规划的新型 GA ······················· 49
  3.5 高效率混合 GA ···································· 52
  3.6 本章小结 ·· 59
  参考文献 ·· 59

· I ·

第 2 篇 基于智能计算的导弹毁伤效能优化方法

第 4 章 导弹毁伤效能优化导论 ································ 61

4.1 引言 ··· 61
4.2 国内外导弹毁伤效能分析的研究现状 ······················· 62
4.3 导弹毁伤效能优化的系统分析 ································ 64
4.4 本篇主要内容 ··· 66
参考文献 ··· 67

第 5 章 导弹毁伤效能的随机型与模糊型指标 ················ 70

5.1 引言 ··· 70
5.2 基本概念 ··· 70
5.3 导弹毁伤效能随机型指标及其计算 ·························· 71
5.4 导弹毁伤效能模糊型指标及其计算 ·························· 78
5.5 本章小结 ··· 82
参考文献 ··· 82

第 6 章 基于遗传算法与模糊理论的导弹攻击目标选择算法 ···· 84

6.1 引言 ··· 84
6.2 基于模糊分类的战略目标选择算法 ·························· 85
6.3 基于遗传算法的子目标选择算法 ····························· 88
6.4 算例 ··· 92
6.5 本章小结 ··· 97
参考文献 ··· 98

第 7 章 基于遗传算法的导弹对单个目标毁伤效能智能优化 ···· 99

7.1 引言 ··· 99
7.2 两种射击方式下导弹对单个小目标毁伤效能的计算方法 ···· 99
7.3 导弹对单个小目标毁伤效能的马尔可夫链分析模型 ······ 104
7.4 基于改进 GA 的导弹对单个小目标攻击弹序优化 ········ 110
7.5 导弹对面积目标毁伤效能的多目标遗传优化 ·············· 115

7.6　导弹对密集型集群目标毁伤效能的多目标遗传优化 …………… 119

7.7　基于最优化理论的导弹对疏散型集群目标毁伤效能优化 …… 121

7.8　基于遗传算法的导弹对疏散型集群目标毁伤效能优化 ……… 124

7.9　导弹对单个目标射击必需弹数的优化计算 …………………… 128

7.10　本章小结 ……………………………………………………… 133

参考文献 …………………………………………………………… 134

第8章　基于遗传算法的导弹毁伤效能总体优化 ……………… 136

8.1　引言 …………………………………………………………… 136

8.2　基于非线性混合变量优化GA的小规模毁伤效能总体优化 …… 136

8.3　基于递阶嵌套遗传算法的大规模毁伤效能总体优化 ………… 141

8.4　基于改进单亲遗传算法的多波次导弹攻击最优火力分配 …… 151

8.5　本章小结 ……………………………………………………… 158

参考文献 …………………………………………………………… 158

第3篇　基于效果的导弹毁伤效能优化方法

第9章　基于效果的导弹毁伤效能优化导论 ……………………… 161

9.1　引言 …………………………………………………………… 161

9.2　国内外导弹毁伤效能优化研究现状 …………………………… 163

9.3　本篇主要内容 ………………………………………………… 165

参考文献 …………………………………………………………… 166

第10章　基于效果的导弹毁伤效能优化决策总体描述 ………… 167

10.1　基本概念 ……………………………………………………… 167

10.2　基于效果的常规导弹毁伤效能优化决策的特点 …………… 169

10.3　基于效果的常规导弹毁伤效能优化决策的任务及总体流程 …… 170

10.4　基于效果的常规导弹毁伤效能优化决策的原则 …………… 171

10.5　本章小结 ……………………………………………………… 172

参考文献 …………………………………………………………… 172

第11章　基于效果的导弹作战任务分析 ………………………… 173

11.1　引言 …………………………………………………………… 173

11.2 基于效果的宏观作战任务的确定 173
11.3 宏观作战任务向基本任务的分解 175
11.4 基本任务向任务单元的分解 176
11.5 作战任务分析示例 177
11.6 本章小结 179
参考文献 179

第 12 章　基于效果的导弹打击目标选择方法 180

12.1 引言 180
12.2 基于效果的常规导弹打击目标优选的原则 180
12.3 基于效果的常规导弹打击目标价值分析 181
12.4 基于效果的常规导弹打击目标优选模型 183
12.5 计算示例 184
12.6 本章小结 187
参考文献 188

第 13 章　基于效果的导弹毁伤指标分析 189

13.1 引言 189
13.2 目标分类 190
13.3 一般目标物理毁伤的评估方法 191
13.4 系统目标失效率的评估方法 196
13.5 心理目标瓦解程度的评估方法 202
13.6 本章小结 208
参考文献 208

第 14 章　基于效果的导弹火力分配方法 210

14.1 引言 210
14.2 基于效果的导弹火力分配模型 211
14.3 基于效果的射击有利度评价 213
14.4 基于效果的导弹火力分配模型的求解 219
14.5 基于效果的导弹火力分配仿真示例 224
14.6 基于效果的瞄准点选择方法 226
14.7 本章小结 229

参考文献 ·· 230

第 15 章　基于效果的导弹火力突击时机选择方法 ············· 232

  15.1　引言 ·· 232
  15.2　首次火力突击时机的选择 ·· 232
  15.3　后续火力突击时机的选择 ·· 234
  15.4　计算示例 ·· 237
  15.5　本章小结 ·· 238
  参考文献 ·· 239

第1篇 导弹毁伤效能优化的智能算法基础

第1章 导弹毁伤效能优化的智能算法导论

1.1 引 言

当今世界呈现多极化格局,和平与发展成为时代主题,但天下并不太平,战争并不遥远!

近期发生的局部战争已经表明,在未来信息化战争中,导弹力量的地位和作用越来越重要,类似于远程打击、防区外攻击、超视距作战以及非接触作战等新概念和新战术已经形成并在实战中经受了检验。正因如此,提高导弹力量的作战能力已成为世界上许多军事强国追求的共同目标。要有效提高导弹力量的作战能力,就必须从导弹的研制和作战运用两方面入手,而无论对于研制还是对于作战运用,导弹作战效能分析都是一项重要的基础性工作。导弹作战效能分析是一门方兴未艾的年轻科学,自诞生之日起就在导弹武器系统总体方案评估、导弹结构及外部设计、导弹作战运用方案评估以及作战行动效能评估等方面发挥着重要作用,因而美国、俄罗斯等军事强国都对导弹作战效能分析给予了足够的重视。

广义地讲,导弹作战效能分析包括作战效能评估和作战效能优化。目前,在效能评估方面研究成果较多,方法也较成熟,但效能优化方面的研究成果偏少,许多问题亟待解决。从我军建设现状和未来所要承担的作战任务来看,提高导弹作战效能尤其是导弹毁伤效能已是迫在眉睫。但长期以来,由于受防御战略的影响及导弹性能的局限,有关作战效能优化的研究主要集中于防御系统效能优化,而有关导弹作战效能特别是导弹毁伤效能优化的研究则严重不足,即存在着严重的"重防轻攻"现象,而这一问题的解决有赖于导弹效能优化研究的深入开展和研究水平的迅速提高。

导弹效能优化要解决的核心问题是如何从导弹研制和战术运用两个角度出发,最大限度地提高导弹作战效能,目前所采用的主要方法是实际试验法和数学模型法。由于实际试验成本高且有危险性,因而最为常用的方法是数学模型法,包括解析模型法和模拟模型法,而解析模型法因其简洁性和低成本而更多地被采用,但目前解析优化方法还存在诸多不足,其中一个突出的瓶颈就是解析优化模型的求解。由于导弹自身性能的复杂性、武器系统的复杂性以及作战环境的复杂性,往往导致解析优化模型的高度复杂性,所以在作战效能优化中,非凸、多峰、多层、多目标等复杂优化模型屡见不鲜,而目前缺乏求解此类复杂模型的有效算法。现有的梯度法和直接法均为求局部极优解的算法,因而无法保证最大限度地发挥导弹的作战效能,这成为作战效能优化中的一个难点,而诞生于20世纪70年代的遗传算法(Genetic Algorithm,GA)[1]为解决这一难题带来了曙光。GA是计算智能(Computational Intelligence)的一个重要分支,它是一种智能化、仿生类随机寻优算法,具有传统优化算法无可比拟的优点。例如,GA不依赖于具体问题;采用进化机制,作用对象为一群体;不易陷入局部极优,具有全局收敛性;不要求目标函数连续可微,甚至不要求有明确的目标函数表达式;GA的搜索过程具有隐并行性(implicit parallelism),同时GA本身也可以并行实现。此外,GA还具有很强的自适应、自组织、自学习性和高度的鲁棒性(robustness)。这些优点使得GA几乎适用于任何最优化问题。当然,导弹作战效能优化问题也不例外。

基于上述认识,本书选择的重点是,以GA为理论基础和工具,从导弹战术运用的角度出发,实现导弹作战效能的重要组成部分——毁伤效能的最优化。如前所述,当前在导弹作战效能优化中,存在着诸如局部极优等不足,毁伤效能优化亦不例外。本书试图通过对GA理论进行多方面研究,提出适用于不同类型优化问题的新型GA,并应用于毁伤效能解析优化模型求解之中,以期最大限度地提高导弹毁伤效能。由于解析模型具有结构简单、建模周期短、成本低且应用方便等优点,所以,本书所建立的毁伤效能优化模型均采用解析形式。在优良算法的配合下,解析模型的解算既能满足精确性要求,又能满足快速性要求,这也正是本书算法设计所追求的目标。在方法上,本书并非完全摒弃经典优化算法,而是力图实现GA与经典优化算法的有机融合。本书不仅能够进一步发展GA理论和方法,而且还开辟了导弹毁伤效能优化研究的新领域——基于GA的智能化毁伤效能优化。

1.2 遗传算法基本原理

1.2.1 概述

GA 是模拟 Darwin 遗传选择和自然淘汰的生物进化过程的计算模型，是由美国 Michigan 大学的 John H. Holland 教授创立的。1975 年，John H. Holland 教授的专著 *Adaptation in Natural and Artificial System* 的出版标志着 GA 的正式诞生。此后，David E. Goldberg 在 1989 年出版了 *Genetic Algorithms in Search, Optimization and Machine Learning* 一书，这是 GA 发展史上的又一个里程碑。该书全面阐述了 GA 发展历程、现状以及各种算法。近年来，GA 研究与应用日益普遍。

GA 将问题的解表示成染色体(chromosome)，一般使用二进制编码表示。每个染色体代表种群的一个个体，评价个体对环境适应程度的函数称为适应度函数(fitness)，相应于某一个体的适应度函数值称为该个体的适应度。GA 按适者生存原则对种群(population)作用选择算子(selection)产生中间种群，再对中间种群作用交叉(crossover)和变异算子(mutation)得到新一代种群，如此一代代演化下去，直到满足预期的收敛条件为止。

通常将 Holland 提出的遗传算法称为标准遗传算法或简单遗传算法(Simple GA，SGA)，而将此后在 SGA 基础上发展起来的各种遗传算法统称为改进的遗传算法(Modified GAS，MGAS)。

1.2.2 SGA 的数学描述

所谓 SGA 是指具有下列特征的遗传算法：①采用赌轮选择(roulette wheel)；②二进制编码；③随机配对并用单点交叉生成两个个体；④群体内允许有相同个体存在。

SGA 包含 5 个基本组成部分：①染色体编码方法；②适应度函数构造；③初始种群生成；④定义在染色体上的遗传算子；⑤参数选择。

SGA 流程图如图 1.1 所示。

SGA 可以形式化定义为 9 元实体：
$$GA = (P^0, I, \lambda, L, f, S, C, m, T)$$

其中，$P^0 = (\alpha_1^0, \alpha_2^0, \cdots, \alpha_\lambda^0) \in I^\lambda$ 为初始种群；$I = \{0,1\}^L$ 为染色体编码；λ 为群体个体数；$L \in \mathbf{N}$ 为染色体长度；$f: I \to R$ 为适应度函数；$S: I^\lambda \to I$ 为父代染色体选择操作；$C: I^2 \to I^2$ 为交叉操作；$m: I \to I$ 为变异操作；$T: I^\lambda \to \{0,1\}$ 为结束判决。

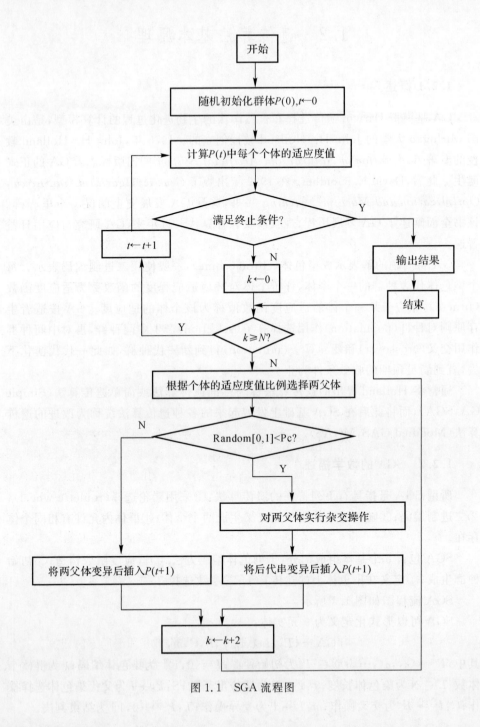

图 1.1 SGA 流程图

1.3 国内外遗传算法研究现状

1.3.1 国内外 GA 研究综述

目前,国内外有关 GA 的研究可分为基础理论、算法改进、控制参数优化和 GA 应用等方面。

1. GA 基础理论研究

GA 基础理论研究主要包括模式定理与模式分析、收敛性分析及其证明。

Holland 的模式理论奠定了 GA 的数学基础,根据隐并行性得出的每一代处理的有效模式的下限值是 $n^3/(C_1 l^{1/2})$,其中,n 是种群规模,l 是串长,C_1 是小整数。文献[2]推广了这一研究,获得 $n=2^{\beta l}$,β 为任意值时处理有效模式的表达式;文献[3]对模式定理进行了分析,指出模式定理揭示了模式 H 在经过选择、交叉和变异后,第 $k+1$ 代与第 k 代数目的关系,并提出了无交叉时的模式定理。近年来,一些学者推广了模式定理研究,产生了广义模式定理。文献[5]提出了具有倒位算子的模式定理;文献[6]根据模糊 GA 的作用机制,提出了相应的模糊模式定理;文献[7]提出了十进制编码模式定理,从而使模式定理的适用范围摆脱了二进制编码的束缚。

在 GA 收敛性研究方面,马尔可夫链是主要分析模型。文献[8]证明了 GA 在精华选择方式下的收敛性;文献[9]证明了标准 GA 不是全局收敛的,而采用最佳个体保留策略的 GA 是全局收敛的,这是目前得到的关于 GA 收敛性的最为深刻的结果;文献[10]给出连续 GA 的收敛性分析,但该结果建立在种群规模无限基础之上;文献[11]提出 GA 过早收敛的原因是由交叉算子引起的,并据此提出 GA 修正策略;文献[12]首次定义了一类使 GA 从全局最优解发散的问题,称为 GA-欺骗问题(GA-deceptive);文献[13]运用 Walsh 模式转换法设计出了最小欺骗问题,并进行了详细分析;文献[15]研究了 Walsh 模式变换与模式处理的关系,讨论了 GA-欺骗问题与解空间表示之间的关系。

GA 收敛性研究的意义是评价算法的可用性,而收敛速度是度量算法效率和优劣的一个重要指标。目前,GA 收敛速度方面的研究成果较少[16]。

2. GA 微观改进研究

GA 微观改进方面的研究主要包括遗传算子设计研究和编码方法研究。

GA 参数编码的目的是将优化问题转化为一个组合问题。目前,在编码方法上,除了传统的二进制编码方法外,主要有如下方法:浮点数编码、动态编码、对称编码、多维编码和树形编码等。这些方法各有特点,应视具体问题而定。

遗传算子设计研究主要包括选择、交叉和变异等三个 GA 基本算子的改进。

编码不同,遗传算子的操作步骤一般也会有差异。常用的选择算子有精华选择、重组选择、均分选择、适应度变换、线性排序、竞争选择、联赛选择以及比例选择等,其中比例选择源自 SGA,实现过程最为简单。文献[14]提出了分裂选择方法;文献[17]概括了 20 余种选择方法,并提出微进化结构和人工选择算子;文献[18]提出了扩展选择和偏置选择。常用的交叉算子有一点交叉、两点交叉、均匀交叉、多点交叉、启发式交叉、算术交叉、混合交叉以及自然数编码下的部分匹配交叉等。文献[10]对多维连续空间 GA 的交叉多样性进行分析,解释了在多维连续空间和大规模种群下使用均匀交叉是如何探索新的空间的;文献[19]提出了交叉位置非等概率选取方法。常用的变异算子有二进制编码下按位取反变异,实数编码下正态变异、非一致变异、均匀变异、自适应变异和多级变异,以及自然数编码下基于对换的变异等。文献[10]提出了随时间变化的变异技术;文献[17]总结了三种变异技术:管理变异、变化的变异概率和单值运算;类似地还有文献[21]提出的变化的变异概率。

除了三种基本遗传算子外,许多高级算子也得到研究,例如倒位算子、分离和易位算子、迁移算子等。目前有关这些高级遗传操作的机理研究还有待深入。

3. GA 宏观改进研究

GA 宏观改进研究主要包括并行 GA(Parallel GA,PGA)、分布 GA(Distributed GA,DGA)和混合 GA(Hybrid GA,HGA)研究。

通过多个种群的演化和适当地控制种群之间的相互作用,可以提高求解的速度和解的质量,并行化甚至可以使 GA 获得超线性加速比。由于这些优点,近年来,并行和分布 GA 研究越来越受重视,目前已有几种成功的并行和分布 GA 模型,其中具有代表性的模型如下:

(1)踏脚石模型(Stepping-Stone Model)。这种模型以互联方式确定子群体间的相邻关系,从而使个体迁移到相邻子群体的概率较大。

(2)孤岛模型(Island Model)。这种模型使多个孤立的子群体同时进化,周期性地采用迁徙方式在种群间交换好的个体。

(3)邻域模型(Neighborhood Model)。这种模型采用单一种群,将群体均匀分布在一个二维平面网格中,格点中个体的进化是通过在其邻域内选择个体进行遗传操作来实现的。

在 PGA 和 DGA 具体实现和实验分析方面,许多学者进行了探讨。文献[2]研究了 GA 的隐并行性;文献[22]全面研究了 GA 并行实现的结构问题,给出了同步主从式、半同步主从式、非同步分布式以及网络式等结构;文献[22]还提出了基于对象设计 GA 并行结构的思想;文献[23]用 PGA 求出了 400 维 Rastrigin 多模态函数的全局最小解,显示出 PGA 的高效性;文献[24]给出了 GA 大规模并行实现的例子。

混合GA(HGA)是近年来GA研究中的热点之一。虽然HGA一般是串行的,但由于HGA融合了局部搜索能力强的传统算法或是某个领域已被证明有效的专有算法,甚或是其他智能化搜索方法,因而能弥补GA局部搜索能力低的不足,充分利用启发式信息,提高GA关于具体问题的针对性。文献[25]提出把特殊知识与GA相结合的方法;文献[26]把GA与模拟退火(SA)混合,构成所谓退火演化算法;文献[27]将GA与SA混合构成遗传BaltZman机,用于BaltZman机权重优化;文献[28]研究了GA与梯度法、爬山法等局部搜索算法的混合;文献[29]和文献[30]对禁忌搜索(Tabu Search,TS)与GA混合的必要性与可行性做了分析,给出了一种混合策略;文献[31]提出把基于领域知识的启发式规则嵌入GA的方法。

4. GA控制参数优化研究

GA控制参数主要包括种群规模N、交叉概率P_r和变异概率P_m等,这些参数的选取对GA性能影响较大,因而自然产生了GA控制参数优化问题。本质上GA控制参数优化是一个非线性优化问题。目前主要有试验法、二级演化法和自适应调节法等。文献[32]首先提出用上一层GA来优化下一层GA控制参数的方法,但系统开销过大;文献[33]提出用正交试验法选择GA控制参数;文献[34]提出了一种自然数编码下种群规模的最优选择方法;文献[4]和文献[36]提出了自适应调整P_r和P_m的方法。

5. GA应用研究

由于GA对具体问题依赖性小,不要求目标函数连续可微,甚至不要求有明确的目标函数表达式,因而应用十分广泛。GA应用主要包括以下几方面:

(1) 函数优化。这是GA最重要的应用领域。由于GA的全局最优特征,对于解决不稳定函数优化、复杂非线性函数优化、多峰函数优化以及多目标优化问题尤为有效。GA在函数优化领域的应用包括两方面:遗传优化算法设计和工程领域中形形色色优化问题的求解,而前者是后者的基础。目前,遗传优化算法已渗透到结构优化、生产制造系统、交通、通信和电力等许多工程领域甚至生物学、计算机科学和社会科学等领域。

(2) 组合优化。大多数组合优化问题都属于NP-hard类,传统优化方法难以找到全局解,而应用GA可以在能承受的时间内找到全局最优解,如旅行商问题(TSP)和装箱问题等。

(3) 自动控制。在控制领域,GA在最优控制、系统辨识和故障诊断等方面都发挥了出色的效用。

(4) 机器学习。GA在机器学习领域的主要应用是分类器系统设计,GA在其中的主要作用是产生新的分类器。

(5) 神经网络。神经网络已成为GA应用最为活跃的领域。在该领域,GA主要被应用于优化网络权重、学习规则和网络拓扑结构设计。近年来,有学者提出基于 GA 的一体化神经网络优化设计,即应用 GA 实现权重、学习参数和网络结构的同时优化。

1.3.2 GA 研究的发展趋势

虽然在 GA 理论及其应用上已取得许多研究成果,但仍然存在着许多亟待解决的问题。未来的 GA 研究将向以下方向发展:

(1)新的进化计算及其相应策略的具体形式化研究。这方面已有一些初步成果,例如广义 GA[37] 的提出。

(2)GA 动力学研究。一方面寻求新的数学工具和分析手段建立 GA 的一般收敛定理,另一方面是 GA 收敛速度估计的一般方法,而收敛性分析又是 GA 计算复杂性研究的基础。

(3)GA 数学基础研究。模式定理是公认的 GA 主要数学基础,目前有关模式定理的研究无论是深度还是广度都很不够。仅二进制编码下模式定理研究较为成熟,但目前最好的结果也只是得出了有效处理模式数的下界估计。对其他编码方式下相应模式定理的研究还鲜见报道。

(4)交叉算子和变异算子搜索能力分析。一般而论,交叉算子的探索能力强,而变异算子的开发能力强,但究竟交叉算子和变异算子如何发挥作用,其机理研究目前还很不够,定量分析更为罕见,而这一问题的研究对有效控制 GA 早熟现象的发生具有重要意义。

(5)GA 控制参数设置研究。目前,虽然在 GA 参数优化方面已经取得了一些成果,但所提出的方法不具有一般性,而且有些方法过于繁杂,不方便应用。许多情况下,参数设置仍是经验性的。研究简洁通用的参数设置规则对降低 GA 计算的复杂性、进一步推广 GA 应用范围将发挥重要作用。

(6)新的 GA 计算模型研究。目前的 GA 计算模型只是生物进化模型的很小一部分,近来实现的免疫系统模型、蚁群模型和协同进化模型是一个新的尝试。

(7)基于 GA 的大规模和超大规模问题求解技术。这是一个富有挑战性的问题,而 PGA 和 DGA 因其独特的优势成为求解大规模问题的有力工具。目前此方面研究成果较少。

(8)混合 GA 研究。混合 GA 是 GA 研究中一个极有价值的课题,包括 GA 与传统优化算法的混合;GA 与模拟退火、人工神经网络(ANN)以及模糊系统(Fuzzy System,FS)等智能算法和智能系统的混合;GA 与进化规划(Evolutionary Programming,EP)和进化策略(Evolutionary Strategy,ES)等其他随机演化算法的混合。目前已经取得了一些成果,但仍需在新的混合策略、混合策略的形式化以及混合算法系统实用化等方面做进一步研究。

1.4 本篇主要内容

本篇从导弹毁伤效能智能优化需求出发,针对导弹毁伤效能优化的基本问题,通过 GA 理论研究和新型 GA 设计,提出基于 GA 的导弹毁伤效能优化模型求解算法,从而为后续各章的导弹毁伤效能优化提供理论基础和智能优化工具。

本篇的主要内容包括以下三方面:

(1) 系统阐述 GA 的研究现状。对 GA 的基本概念和标准 GA 进行描述,从 GA 基础理论、GA 改进、GA 控制参数优化和 GA 应用等方面分析国内外 GA 研究现状,并指出 GA 研究中的重要问题及 GA 研究的发展趋势。

(2) 针对目前 GA 理论研究上的重点和难点之一——GA 收敛效率问题,从多个方面展开分析。从 GA 的时间复杂性和收敛性能入手给出 GA 收敛效率的全面而准确的定义和 GA 收敛效率指标,并对典型 GA 的全局收敛性进行分析。在此基础上,从以下两方面提高 GA 的收敛效率:一是预防 GA 早熟的发生。基于模糊系统理论提出度量种群成熟度的新指标——模糊成熟度指标,在此基础上提出种群成熟度自适应控制策略,以保证在提高 GA 收敛效率的同时,预防早熟的发生。二是优化 GA 控制参数。针对不同编码方案,提出新的参数优化方法,包括交叉概率 P_c、变异概率 P_m 基于进化代数调整策略和基于基因位调整策略;最优种群规模确定方法;动态收敛准则等。

(3) 根据导弹毁伤效能优化模型的非线性、多峰性特点,构造相应的基于 GA 的高效智能优化算法。首先设计高效率遗传算子,包括一种高效率自适应选择算子和一种改进的变异算子,在此基础上,构造一种提高非线性优化全局收敛性的新型 GA;针对导弹毁伤效能优化中的非线性混合变量优化和多目标优化情形,分别构造求解非线性混合整数规划的新型 GA 和求解多目标规划的新型 GA;为进一步提高 GA 在导弹毁伤效能智能优化中的效率,提出高效率混合 GA,包括 GA 与经典函数优化算法的混合及 GA 与模拟退火算法(Simulated Annealing,SA)的混合。

参 考 文 献

[1] Holland J H. Adaptation in Natural and Artificial Systems[M]. 2nd ed. Combridge MA:MIT Press,1992.

[2] Bertoni A, Dorigo M. Implicit Parallelism in Genetic Algorithms[J]. Artificial Intelligence,1993,61(6):307 - 314.

[3] 孙艳丰,王众托. 关于遗传算法模式定理的研究[J]. 控制与决策,1996,11

(1):221 - 224.

[4] Srinivas M, Patnaik L M. Adaptive Probabilities of Crossover and Mutation in Genetic Algorithms[J]. IEEE Trans on Syst, Man and Cybern, 1994, 24(4):656 - 667.

[5] 孙艳丰,王众托.具有倒位算子的模式定理[J].系统工程与电子技术,1995(10):76 - 81.

[6] 汤服成,薄运承.模糊方程解的模糊寻优算法[J].高技术通讯,1998(7):26 - 30.

[7] 唐飞.十进制编码遗传算法模式定理[J].小型微型计算机系统,2000(4):364 - 369.

[8] Eiben A E, Aarts E H L, Heek M V. Global Convergence of Genetic Algorithms: A Markov Chain Analysis[M]. Schwefel HP, Manner R, Eds, Springer-Verlag, 1990.

[9] Rudolph G. Convergence Analysis of Canonical Genetic Algorithm[J]. IEEE Trans on Neural Networks, 1994, 5(1):96 - 101.

[10] Xiao Feng Qi, Frarcescop. Theoretical Analysis of Evolutionary Algorithms With an Infinite Population Size in Continuous Space, Part Ⅰ and Part Ⅱ: Basic Properties of Selection and Mutation[J]. IEEE Trans on Neural Network, 1994, 5(1):102 - 129.

[11] 徐宗本,高勇.遗传算法过早收敛现象的特征分析及预防[J].中国科学(E),1996,26(4):364 - 375.

[12] Frantz D R. Non-Linearities in Genetic Adaptive Search[D]. University. of Michigan, Abstracts Int, 1972, 33(11):5240B - 5241B.

[13] Goldberg D E. Simple Genetic Algorithms and the Minimal Deceptive Problem[A]. Genetic Algorithms and Simulated Annealing, London: Pitman, 1987.

[14] Kuo T, Huang S Y. A Genetic Algorithm with Disruptive Selection[J]. IEEE Trans on Syst, Man and Cybern, 1996, 26(2):299 - 306.

[15] 陈恩红.遗传算法若干理论问题研究[J].软件学报,1997(增刊):116 - 121.

[16] 彭宏,王兴华.具有Elitist选择的遗传算法收敛速度估计[J].科学通报,1997,42(2):144 - 147.

[17] Potts J C. The Development and Evaluation of an Improved Genetic Algorithm Based on Migration and Artificial Selection[J]. IEEE Trans on SMC, 1994, 24(1):73 - 86.

[18] Back T, Hoffimeister F. Extended Selection Mechanisms in Genetic

Algorithms[C]. Proc 4th Int Conf GA, Los Altos, Morgan Kaufman, 1991.

[19] 章珂,刘贵忠. 杂交位置非等概率选取遗传算法[R]. 西安:西安交通大学电子与信息学院信息工程研究所报告,1996.

[20] 潘正君. 演化计算[M]. 北京:清华大学出版社,1998.

[21] Fogarty J C. Varying the Probability of Mutation in Genetic Algorithm [C]. Proc 3rd Int Conf on Genetic Algorithm, San Mateo, CA: Morgan Kaufman,1989.

[22] Grefenstette J. Parallel Adaptive Algorithm for Function Optimization (Technical Report, No. cs - 81 - 19)[R]. Washington, DC: Nashville Vanderbilt University, Computer Scicnce Department,1981.

[23] Muhlenbein H. Evolution in Time and Space: The Parallel Genetic Algorithm [A]. Foundation of Genetic Algorithm, San Mateo, CA: Morgan Kaufman,1991.

[24] Scissions P, Manderick B. A Massively Parallel GA: Implementation and First Analysis[C]. Proc of the 4th Conf on GA, San Mateo, CA: Morgan Kaufman, Los Altos,1991.

[25] Grefenstette J J. In Corporating Problem Specific Knowledge into Genetic Algorithm [M]. In Genetic Algorithms and Simulated Annealing. Davis Led, San Mateo, CA: Morgan Kaufman,1987:42 - 60.

[26] Liu Y, Kiang L S, Evans D J. The Annealing Evolution Algorithm as Function Optimizer[J]. Parallel Computing,1995,21(3):389 - 400.

[27] Sirag D, Weisser P. Toward a Unfied Thermodynamic Genetic Operator [C]. Proc of the 3rd Int Conf on GA, San Mateo, CA: Morgan Kaufman, 1989.

[28] Goldberg D E. Genetic Algorithms in Search, Optimization and Machine Learning[M]. MA:Addison Weseley,1989.

[29] Glover F, Kelly J, Laguna M. Genetic Algorithm and Tabu Search: Hybrids for Optimizations[J]. Computers Ops Res,1995,22(1):111 - 134.

[30] 李大卫. 遗传算法与禁忌搜索算法混合策略[J]. 系统工程学报,1995,13(3):28 - 34.

[31] Grefenstette J J. Genetic Algorithm for TSP[C]. Proc of Int Conf on Genetic Algorithm and their Applications. Lawrence Earlbaum,1985.

[32] Grefenstette J J. Optimization of Control Parameters for Genetic

Algorithm[J]. IEEE Trans on SMC,1986,16(1):122-128.

[33] 丁承民.利用正交试验法优化配置遗传算法控制参数[R].西安:西安交通大学电子与信息学院信息工程研究所研究报告,1996.

[34] 孙艳丰,王众托.自然数编码遗传算法的最优群体规模[J].信息与控制,1996,25(5):317-320.

[35] Booker L B. Classifier System and Genetic Algorithms[J]. Artificial Intelligence,1989,40(3):235-282.

[36] Whitley D. Genitor Ⅱ: A Distributed Genetic Algorithm[J]. Expt J. Ther Intell,1990,2(9):189-214.

[37] 董聪.广义遗传算法[J].大自然探索,1998,17(1):33-37.

第2章 遗传算法的收敛效率分析

2.1 引 言

由于遗传算法具有传统优化方法无可比拟的优点[1],因而近年来被广泛应用于函数优化、机器学习、自动控制及神经网络设计等领域[2-5],其有效性得到体现。在以上领域的实际问题几乎都可以归结为复杂系统优化问题。对于这类问题,形形色色的传统求解算法均为基于单点迭代的搜索算法,这也是计算数学中的经典方法。这类方法在求解复杂系统优化问题时有着严重缺陷:一是搜索效率低,二是易陷入局部极优。而 GA 是智能化仿生类随机搜索算法,能有效搜索全局最优解,这也正是它的重要价值之一。尽管如此,目前仍然存在严重制约 GA 理论发展及其应用的障碍,即 GA 的收敛效率问题。GA 的大计算量使其时间复杂性随种群规模和遗传代数的增加而剧增,虽然理论上已证明带有最优个体保持操作的 GA 一定收敛于全局最优解,但这一结论是建立在进化时间 $T \to \infty$ 的基础之上的,因而不具有实际意义。对于大规模问题,GA 收敛效率低的问题更显突出。为了提高 GA 收敛效率,国内外一些学者进行了有益的探讨,取得了一些研究成果[6-16],主要集中于收敛性的理论证明、模式分析和算子的改进等方面。但这些研究仍嫌不足,主要表现在以下几方面:一是研究不系统,多为 GA 的局部改进,在克服一个问题的同时,可能导致新问题的产生。例如,提出新的高效率选择算子,可能导致早熟现象的发生。二是开展的研究多为针对具体问题,因而不具有通用性。三是理论基础薄弱,多为试验性的,缺乏严格的理论证明和分析。综上所述,提高 GA 的收敛效率具有非常重要的意义,但目前如何提高 GA 的收敛效率仍是一个亟待解决的问题,本章就这一问题从 GA 基础理论、算法改进和参数优化等多方面展开研究。作为全书的理论基础,本章的内容将对后续各章中新型 GA 设计及其在导弹毁伤效能优化中的应用发挥重要的指导作用。

2.2 GA 收敛效率指标

对 GA 收敛效率提出恰当的指标是 GA 收敛效率研究的基础。在当前 GA 研究的文献中,虽然已有一些度量 GA 效率的指标,例如在线性能和离线性能等,但这些指标均只能代表 GA 性能的一个侧面,尚欠完备,因而有必要提出新的更加全面的 GA 收敛效率指标,为对 GA 进行的各种创新和改造提供一个有效性尺度。以下从两方面定义 GA 的收敛效率指标,即收敛性能和时间复杂性。

GA 的收敛性能除了现有的由 De Jong 提出的基于适应度的在线性能指标和离线性能指标外[17],本书提出以下两种新的度量指标:

定义 2.1　GA 的理论收敛概率 P_l

设 S^* 是与问题的全局最优解对应的个体,S_T 是第 T 代种群的最佳个体,称 $P_l = P\{\lim_{T\to\infty} S_T = S^*\}$ 为 GA 的理论收敛概率。

定义 2.2　GA 的进行收敛概率 P_{opt}

在某个固定的遗传代数 g 下,GA 实际运行能够收敛于全局最优解的概率称为进行收敛概率,以 P_{opt} 表示。

这两种新的 GA 收敛性能指标具有不同的作用,虽然两种指标都是用于度量 GA 收敛于全局最优解的可能性,但理论收敛概率以 $T\to\infty$ 为前提,反映的是 GA 收敛性稳态特性;而进行收敛概率则是有限遗传代数下 GA 收敛于全局最优解可能性的度量,反映的是 GA 收敛性能的不确定性。这种不确定性源于 GA 是随机搜索算法,因此在 GA 的实际运行中,完全有可能在有限进化时间内(有限遗传代数)收敛于全局最优解,即使对于 $P_l < 1$ 的 GA 也是如此,这已被大量试验所证明。设 N_u 为 GA 总的运行次数,N_{opt} 为收敛于全局最优解的运行次数,则由大数定律

$$\lim_{N_u\to\infty} P\left\{\frac{N_{opt}}{N_u} = P_{opt}\right\} = 1 \tag{2.1}$$

即 $\frac{N_{opt}}{N_u}$ 依概率收敛于 P_{opt},因此,在 N_u 足够大的前提下,可用频率 $\frac{N_{opt}}{N_u}$ 来近似估计 P_{opt}。

GA 的时间复杂性指标用于度量其收敛速度。以平均收敛时间作为 GA 时间复杂性指标,定义如下。

定义 2.3　平均收敛时间 $E(T_u)$

GA 收敛于全局最优解所需的平均运行时间称为平均收敛时间,以 $E(T_u)$ 表示。其中 T_u 表示收敛于全局最优解的一次运行时间,显然 T_u 是一个随机变量。

设 g 表示收敛于全局最优解的遗传代数,t_u 表示进化一代所需运行时间,显然,g, t_u 均为随机变量,则有关系式

$$T_u = gt_u$$

又 g, t_u 为相互独立随机变量,则有 $E(T_u)$ 的表达式

$$E(T_u) = E(gt_u) = E(g)E(t_u) \tag{2.2}$$

式中　$E(g)$——收敛到全局解的平均遗传代数;

$E(t_u)$——进化一代的平均运行时间。

必须指出的是,在用以上指标比较不同 GA 的收敛效率时,应在相同测试函数和相同计算设备下进行。

2.3 基于模式的 GA 收敛效率分析

2.3.1 基本概念

模式(schema)是一个描述字符集的模板,是遗传算法理论中的重要概念[17],用于刻画字符之间的相似性。一个模式表示一族字符串,与之相关的概念还有模式的阶和定义距等。

定义 2.4 模式

基于字符集{0,1,*}所产生的能描述具有某些结构相似性的 0,1 字符集的字符串称为模式。

定义 2.5 模式的阶

一个模式 H 中确定位置的个数称为该模式的阶,记作 $O(H)$。

定义 2.6 模式的定义距

模式 H 中第一个确定位置和最后一个确定位置之间的距离称为该模式的定义距,记作 $\delta(H)$。

例如,011*1* 代表一个模式,其中的"*"称为无关符,即可为"0",也可为"1"。该模式的阶为 4,定义距也为 4。

2.3.2 基本模式定理(Basic Schema Theorem,BST)

由 Holland 提出的模式定理揭示了模式在进化过程中受选择、交叉及变异算子作用的变化规律。由于该模式定理以二进制编码、标准遗传算子(比例选择、单点交叉、等概率位变异)为基础,故称其为基本模式定理。

定理 2.1 基本模式定理

在遗传算子选择、交叉和变异作用下,具有低阶、短定义距及平均适应度的模式在子代中将以指数级增长。用式子表达就是

$$m(H,t+1) \geqslant m(H,t)(f(H)/\bar{f})[1 - P_c \delta(H)/(t-1) - O(H)P_m] \quad (2.3)$$

式中 $m(H,t)$ —— 第 t 代中模式 H 的样本数;

$f(H)$ —— 模式 H 的所有样本(个体)的平均适应度;

$\bar{f}$ —— 种群的平均适应度;

P_c —— 交叉概率;

P_m —— 变异概率。

基本模式定理是 GA 的理论基础,其意义是深远的。

2.3.3 扩展的模式定理(Expanded Schema Theorem, EST)

基本模式定理揭示了二进制编码、标准遗传算子作用下的模式变化规律,但仅有 BST 是不够的,因为随着 GA 理论及其应用的发展,产生了许多新的遗传算子[18],并且 GA 结构本身也发生了许多变化,形成了各种各样所谓改进 GA(MGAS)[19-20],因此有必要研究 MGAS 下的模式定理,即扩展的模式定理(EST)。在此重点研究具有倒位算子的模式定理[21]。

在遗传操作中引入倒位算子,与这种 GA 相应的模式定理称为具有倒位算子的模式定理。

设倒位算子以概率 P_i 作用于一个个体,其意义是倒位发生的概率为 P_i,如果发生倒位,则先在该个体的字符中间随机选择两个点,然后将这两个点间的所有字符首尾倒置形成一个新个体。倒位后与原来完全相同的字符串称为对称字符串。

在第 t 代,设 H 是一给定的模式,它的字符串长为 l,其中含有长为 $2\sim l$ 的子串数为

$$\beta = (l-1) + (l-2) + \cdots + 2 + 1 = \frac{l(l-1)}{2} \tag{2.4}$$

S^j 是群体中的一个个体,在群体中所占比例为 R_j^t。设 S^j 中含有对称子串的数目为 γ_j,其中与 H 的 * 位对应的对称子串数是 α_j,当与 H 有相同模式时(简记为 $S^j \in H$),经过倒位后可能变为与 H 有不同模式的个体(简记为 $S^j \notin H$)的概率为

$$P'_d = P_i \frac{1}{l+1} \frac{1}{l} \left(1 - \frac{\gamma_j^1 - \alpha_j}{\beta}\right)$$

则 S^j 在群体中减少的概率为

$$P''_d = P_i \frac{1}{(l+1)l}\left(1 - \frac{\gamma_j - \alpha_j}{\beta}\right) R_j^t \tag{2.5}$$

群体中所有与 H 有相同模式的个体所占的比例为 $\sum_{\{j|S^j \in H\}} R_j^t$,从而经过倒位后,$H$ 中的个体减少的概率为

$$P_d = P_i \frac{1}{l(l+1)} \sum_{\{j|S^j \in H\}} \left(1 - \frac{\gamma_j - \alpha_j}{\beta}\right) R_j^t$$

于是,原来属于 H 的个体变为不属于 H 的个体的期望数为

$$m(H,t) = \frac{f(H)}{\bar{f}} P_d = m(H,t) \frac{f(H)}{\bar{f}} \frac{P_i}{l(l+1)} \sum_{\{j|S^j \in H\}} \left(1 - \frac{\gamma_j - \alpha_j}{\beta}\right) R_j^t \tag{2.6}$$

综上所述,得到以下具有倒位算子的模式定理。

定理 2.2 具有倒位算子的模式定理

在选择、交叉、变异以及倒位算子作用下,模式 H 在相邻两代出现的期望数满足下列关系:

$$m(H,t+1) \geqslant m(H,t)\frac{f(H)}{\bar{f}}\Big[1-P_c\frac{\delta(H)}{l-1}-P_m O(H)-$$
$$\frac{P_i}{l(l+1)}\sum_{\{j|S^j\in H\}}\Big(1-\frac{\gamma_j-\alpha_j}{\beta}\Big)R_j^t\Big] \tag{2.7}$$

以上讨论了在一种新型遗传算子——倒位算子作用下的模式定理。除此之外,一些虽未引入新算子但遗传操作及算法结构发生改变的改进 GA 也有与之对应的模式定理,例如,与模糊遗传算法相对应的模糊模式定理[22];与单亲遗传算法相对应的单亲模式定理等[23]。限于篇幅,不再详述。

2.3.4 基于模式的 GA 效率分析[24]

在二进制编码下,模式由固定基因 1,0 及任意符 * 组成,因此串长为 l 的模式空间 Π 的维数为 $|\Pi|=3^l$。从模式的角度看,遗传算法的搜索过程是在模式空间中搜索一个最优模式的过程。搜索时间取决于 Π 的大小和每次遗传的搜索效率。$|\Pi|$ 的大小取决于具体问题,因此,每次遗传的搜索效率是关键,取决于以下两点:

(1) 每次遗传产生的新模式。
(2) 每次遗传有效保留模式。

这两点又是矛盾的,如果每次产生很多新模式,但高适应度模式得不到有效保留,或者每次保留很多模式,而产生较少的新模式,则易陷入局部极优解,搜索效率均不高,遗传算法需在两方面进行协调,尤其需要根据遗传过程进行动态协调才能有高效率。

由于串之间有重复的模式,所以,一个规模为 n 的群体中包含的模式数为

$$2^l \leqslant |\Pi_P| \leqslant n\times 2^l \tag{2.8}$$

遗传过程中主要由交叉和变异操作产生新的模式。

设种群中的任意串按变异概率 P_m 变异后的串为 S'_i,S_i 和 S'_i 之间的 Hamming 距离为 $H(S_i,S'_i)=lP_m$,则 S'_i 具有的 S_i 中没有的新模式为

$$|\Pi_m|=\sum_{i=1}^{H(S_i,S'_i)}2^{l-i} \tag{2.9}$$

设进行交叉的两个串为 S_i 和 S_j,Hamming 距离为 $H(S_i,S_j)$。若采用两点交叉操作,设交换段基因的 Hamming 距离为 H_c,前段和后段的 Hamming 距离为 H_b 和 H_a。经推导,两个串交叉操作后产生的新模式数为

$$|\Pi_c|=\begin{cases}\sum_{h=1}^{H_b}2^{l-h}+\sum_{i=1}^{H_c-1}2^{l-H_b-i}+\sum_{j=1}^{H_a}2^{l-H_b-j}+\sum_{K=1}^{H_c-1}H_a 2^{l-H_b-H_a-K}, & H_c\geqslant 1\\ 0, & H_c=0\end{cases} \tag{2.10}$$

交叉概率 P_c 越大,发生交叉的串就越多,产生的新模式就越多,即使排除其中可能重复的模式数,此结论仍然成立。

2.4 GA 的全局收敛性

作为一种普遍适用的随机大范围搜索策略,遗传算法的收敛性研究是遗传算法随机搜索机理研究的核心内容。建立公理化的收敛性理论体系,不但可以提高现有遗传算法的收敛速度,克服陷于局部极值和出现过早收敛,同时可以探讨判定当前解是否达到最优解的合理准则,从而给出合理的停机准则。因此,通过遗传算法收敛性的研究,可为遗传算法的发展提供坚实可靠的理论依据及正确的方向。目前,关于遗传算法的收敛性研究主要有两种方法:一种是将种群数目推广到无穷,研究其概率密度[35];一种是以马尔可夫链理论作为工具研究有限种群收敛性[36]。由于 GA 实际应用中,均只能构造有限种群,故在此主要研究有限种群 GA 的全局收敛性。

2.4.1 遗传算法收敛性研究的主要方法

遗传算法的收敛性通常是指遗传算法所生成的迭代种群收敛到某一稳定状态,或其适应值函数的最大,或平均值随迭代趋于优化问题的最优值。依据不同的研究方法及所用的数学工具,已有的遗传算法收敛性研究方法可大致分为四类[37]:Vose-Liepins 模型、马尔可夫链模型、公理化模型和连续(积分算子)模型。

1. Vose-Liepins 模型

这类模型大致可以分为两种情形,即针对无限种群和有限种群的模型。首先由 Vose 和 Liepins 在 1991 年提出了针对无限种群的模型,其核心思想是,用两个矩阵算子分别刻画比例选择与组合算子(即杂交算子与变异算子的复合),通过研究这两个算子不动点的存在性与稳定性来刻画 GA 的渐近行为。Vose-Liepins 模型在种群规模无限的假设下可精确刻画 GA,但在有限规模情形下却只能描述 GA 的平均性态。为了克服这一缺陷,Nix 和 Vose 在 1992 年结合 Vose-Liepins 模型与马尔可夫链描述,发展了 GA 的一个精确马尔可夫链模型,称为 Nix-Vose 模型,它针对的是有限种群的情形,该模型恰好描述了 GA 的实际演化过程,但是由于 Nix-Vose 的有限种群模型概率转移矩阵的复杂性,故直接基于该模型分析 GA 收敛性是困难的,而 Vose-Liepins 的无限种群模型虽然只能描述实际 GA 演化的平均性态,但它却精确预报了 GA 收敛性态随种群规模的变化。

2. 马尔可夫链模型

由于遗传算法下一代种群的状态通常完全依赖当前种群信息,而不依赖于以往状态,故可自然地用马尔可夫链描述,这也是遗传算法收敛性研究中最常采用的工具。这种方法一直被用于研究不同形式 GA 的渐近行为,并得出一些典型的结果,例如,用马尔可夫链描述其动态行为;从更一般的等价类层次表述种群等。当然，还有很多其他的分析结果充分体现了使用马尔可夫链模型描述遗传算法具有直接、精确的优点，但由于所采用有限状态马尔可夫链理论本身的限制，该模型只能用于描述通常的二进制编码或特殊的非二进制编码 GA。

3. 公理化模型

这种模型既可用于分析时齐 GA，又可用于分析非时齐 GA。其核心思想是，通过公理化描述 GA 的选择算子与演化算子，并利用所引进的参量分析 GA 的收敛性。对于常见的选择算子与演化算子，所引进的参量能方便地确定，因而这一模型具有重要的理论意义与应用价值。该模型通过详细估计常见选择算子与演化算子的选择压力、选择强度、保存率、迁入率和迁出率等参数，导出了一系列具有重要应用价值的 GA 收敛性结果。此外，该模型也可用于非遗传算法类的其他模拟演化算法的收敛性分析。

4. 连续（积分算子）模型

大量数值试验表明，为了有效解决高维连续问题和 GA 实现中的效率与稳健性问题，直接使用原问题的浮点表示而不进行编码转换具有许多优点，由此形成的遗传算法称为连续变量遗传算法或浮点数编码遗传算法。对于这类连续变量遗传算法收敛性的分析方法，已有一些研究成果，例如，浮点数编码模式定理，用以描述进化过程中模式的变化规律，特别是优良模式的产生及变化（保持或被破坏）规律，从而有助于分析连续变量遗传算法的收敛性；通过研究大样本行为，分别导出了连续变量 GA 在使用比例选择、均匀杂交和变异以及三个遗传算子联合作用等情形下，当种群规模趋于无穷时，种群的概率分布所对应的密度函数应满足的递归公式，但该结果只是在种群规模趋于无穷的条件下得到的种群迭代序列分布的估计，故只能看作是对 GA 渐近行为的大样本近似，并不能直接应用于改进一般 GA 的实际执行策略。

2.4.2 典型遗传算法的收敛性

1. 标准遗传算法（Canonical Genetic Algorithm，CGA）的全局收敛性

定义 2.7 全局收敛性的定义

设 $Z_t = \max\{f(\Pi_K^{(t)}(i)): K = 1, 2, \cdots, n\}$ 是一个随机变量序列，该变量代表在时间步 t 状态中最佳的适应度，GA 收敛到全局最优解，当且仅当 $\lim\limits_{t \to \infty} P\{Z_t = f^*\} = 1$，其中 $f^* = \max\{f(b) \mid b \in IB^l\}$。

标准遗传算法（CGA）是指采用二进制编码、比例选择算子、单点交叉算子和简单变异算子的遗传算法。关于 CGA 的全局收敛性有以下结论[14-15]。

定理 2.3 CGA 的全局收敛性

CGA 不能收敛至全局最优解。

引理 2.1 在选择前保留最佳个体的遗传算法最终收敛至全局最优解

引理 2.2 在选择后保留最佳个体的遗传算法最终收敛至全局最优解

综合引理 2.1 和引理 2.2 得到以下定理。

定理 2.4 最优保持遗传算法的全局收敛性

带有最优保持操作的遗传算法一定收敛至全局最优解。

以上引理和定理的证明可见文献[17]。

2. 实数编码遗传算法(Real-Coded Genetic Algorithm,RGA)的全局收敛性

实数编码遗传算法的产生是遗传算法研究的一大进步,相关的理论与应用成果不断出现。实数编码遗传算法除了具有二进制编码遗传算法的所有特点,例如简单、通用、鲁棒性强、适于并行分布处理等之外,在算法的收敛性方面还有以下优势[16]:

(1)直接使用实数作为染色体参与遗传操作,无须特定的编码与解码过程,因此降低了算法实现的复杂度,提高了算法的执行效率,尤其是当处理大规模复杂问题、高维数值优化问题或子目标个数较多的多目标优化问题时,实数编码遗传算法的效率更能得到体现。

(2)用实数编码可以消除二进制编码存在的海明悬崖(Hamming cliffs)问题。

(3)实数编码遗传算法中可以利用连续变量函数的渐变性(graduality)。这里的"渐变性"是指变量值的微小变化所引起的对应函数值的变化也是微小的,由于具有这一特点,所以实数编码遗传算法具有较强的局部调节功能,例如,实数编码遗传算法的非一致变异算子(non uniform mutation)相比二进制编码遗传算法的变异算子,能更好地实现种群的局部调节,从而更有利于逼近最优解。

(4)在染色体长度一定的条件下,实数编码遗传算法具有比二进制编码遗传算法更大的搜索空间,甚至是无穷搜索空间,而不会影响其搜索精度,但在二进制编码遗传算法中,由于其本质是将一切寻优问题均转化为组合优化问题进行离散寻优,且由于染色体长度的限制,二进制染色体所能表达的个体数是有限的(等价于在问题的解空间所能遍历的点是有限个),如果扩大搜索空间,个体间的距离将被拉大,导致种群空间里个体分布的稀疏性,从而降低搜索精度,不利于获取全局最优解,尤其对于欺骗问题(deceptive problem)更是如此。因此,实数编码遗传算法比二进制编码遗传算法具有更好的全局收敛性。

(5)对于具有非平凡约束条件的问题,实数编码遗传算法更易吸取问题域知识,指导种群朝正确的搜索方向进化。

(6)实数编码遗传算法繁殖新个体的方式更加灵活。对于二进制编码遗传算法,由于编码的限制,可供使用的交叉和变异算子的种类十分有限,而实数编码遗传算法可使用的交叉和变异算子则相对丰富,因而实数编码遗传算法在寻优时能够在解空间中进行更好的探索和开发。

3. 自适应遗传算法(Adaptive Genetic Algorithm,AGA)的全局收敛性

由于 CGA 在参数设置及遗传操作上存在不足,许多学者提出种种改进策略,形成了众多改进 GA(Modified GAs)[17-24],其中自适应遗传算法(AGA)[25]是公认的优秀代表,其基本思想是使交叉概率 P_c、变异概率 P_m 随个体适应度自适应调整,公式如下:

$$P_c = \begin{cases} \dfrac{K_1(f_{\max} - f')}{f_{\max} - \bar{f}}, & f' \geq \bar{f} \\ K_3, & f' < \bar{f} \end{cases} \quad (2.11)$$

$$P_m = \begin{cases} \dfrac{K_2(f_{\max} - f)}{f_{\max} - \bar{f}}, & f \geq \bar{f} \\ K_4, & f < \bar{f} \end{cases} \quad (2.12)$$

式中　$f_{\max}$——当前种群最大适应度;
　　　f'——待交叉个体中较大的适应度;
　　　f——待变异个体适应度;
　　　$\bar{f}$——种群平均适应度;
　　　$K_1 = K_3 = 1, K_2 = K_4 = 0.5$。

AGA 自提出以来,已被广泛应用于函数优化和 ANN 训练等领域。大量试验表明,AGA 能有效探索全局最优解,但仍需从理论上对其全局收敛性进行严格分析。

定理 2.5　AGA 的全局收敛性

AGA 是全局收敛的。

证明:由 AGA 确定 P_c 和 P_m 的公式可知 $0 \leq P_c \leq 1, 0 \leq P_m \leq 1$,且 $f' = f_{\max}$ 时,$P_c = 0$;$f = f_{\max}$ 时,$P_m = 0$。由此可知,任一时刻 t(第 t 代)的最佳个体总能保持到第 $t+1$ 代,故 AGA 实际上是一种改进的最佳个体保留 GA,由定理 2.4 可知,AGA 一定收敛至全局最优解。

4. 并行遗传算法(Parallel Genetic Algorithm,PGA)的全局收敛性

在求解大规模甚至超大规模问题时,采用并行遗传算法(PGA)是一种行之有效的策略,能获得较高的计算效率。并行遗传算法主要分为三种类型[26],其收敛性各有特点,详细分析如下:

(1)主从式并行模型。这种并行模型由一个主处理器和若干个从处理器构成,主处理器的工作是监控整个染色体种群,并基于全局统计执行操作;各个从处理器接收来自主处理器的个体然后进行重组、交叉和变异,产生新一代个体,并计算适应度,再把计算结果回传给主处理器。由于存在主处理机忙而从处理机空闲的情况,而且从处理机计算完成后要向主处理机发送结果,造成瓶颈和通信延迟,从而导致效率的低下,在很大程度上限制了此类模型的应用。如果个体适应度评价很

费时,并且在时间上远远超过通信时间,主从式并行遗传算法将能够获得很高的效率。

(2) 粗粒度并行模型。粗粒度并行遗传算法模型将种群划分为多个子种群,并分配给不同的处理器,每个处理器相互独立并发运行一个进化过程。为了减少通信量,进化若干代后通信一次,互相传递最佳个体或以一定比例交换个体。虽然最佳个体的多次迁移会造成一定的通信开销,但正是由于粗粒度并行遗传算法允许子种群之间根据预定的通信拓扑关系按一定比例交换个体,通过新个体的加入,增加了个体的差异,维持了种群的多样性,并且每个子种群同时搜索种群空间的不同区域,提高了全局搜索能力,从而有利于避免早熟收敛现象。粗粒度并行遗传算法模型是目前应用最为广泛的一种并行遗传算法,一方面是由于它容易实现,只需要在串行遗传算法中增加个体迁移子例程,在并行计算机的节点上各自运行一个算法的副本,定期交换最佳个体即可;另一方面是它容易模拟,即使在没有并行计算机的情况下,也可在串行机网络或者单台串行机上执行粗粒度并行遗传算法,有较高的加速比。虽然在串行计算机上实现的粗粒度并行遗传算法不具有并行计算的速度优势,但仍具有避免早熟收敛的特性。因此,粗粒度并行遗传算法作为遗传算法的一种特殊变形,能有效克服遗传算法在全局搜索能力方面的固有不足。

(3) 细粒度并行模型。细粒度并行模型又称为邻域模型,是将遗传算法与细胞自动机结合起来的模型。细粒度模型可以看作是一种细胞状的自动机网络,群体划分为多个小的子群体,分配到给定空间环境(一般是排列成环形阵列的二维网格的形状,以防止边界效应的问题发生)中的处理机中(在理想情况下每个处理机单独处理一个个体,称为细胞)。网格中的邻域关系限定了个体空间上的关系,遗传操作被看作随机的局部更新规则,这样模型是完全分布而无须任何全局控制结构的。对每个细胞而言,选择仅仅是在赋给该细胞的个体及其邻域的个体上进行的,交叉也仅交配邻近的个体。通过比较细粒度模型与标准遗传算法,可以发现细粒度模型能提供对搜索空间更彻底的搜索,因为它的局部选择机制减轻了选择压力。对困难的问题,细粒度遗传算法比标准算法的求解效果好,也更不容易陷入局部最优。考虑到参数的设置,细粒度遗传算法的鲁棒性较好,但是细粒度并行模型要求有尽可能多的处理机,因此此类模型的应用范围不广,一般只运行于大规模系统。细粒度模型和粗粒度模型的根本区别就是算法框架中的结构的控制次数的不同,前者是群体中个体的个数,而后者则是子群体规模,即处理器的个数。

5. 小生境遗传算法(Niche Genetic Algorithm,NGA)的全局收敛性

在生物学中,小生境(Niche)是指特定的生存环境。生物在其进化过程中,一般总是与自己相同的物种生活在一起的,这就是一种小生境的自然现象。在遗传算法中引进小生境的概念,让种群中的个体在不同特定的生存环境中进化,而不是全部聚集在一种环境中,这样可以使算法在整个解空间中搜索,以找到更多

的最优个体,避免了在进化后期适应度高的个体大量繁殖,充斥整个解空间,导致算法停止在局部最优解上。

遗传算法中模拟小生境的方法主要有以下几种[38]:

(1)基于预选择的小生境实现方法,其基本思想是,仅当新产生子代个体的适应度超过其父代个体时,所产生出的子代个体才能替代其父代个体而遗传到下一代群体中,否则父代个体仍保留在下一代群体中。由于子代和父代个体之间的编码结构有相似性,所以该方法替代掉的只是一些编码结构相似的个体,故它能有效地维持种群多样性,并造就小生境的生存环境,从而有利于全局收敛。

(2)基于排挤的小生境实现方法,其基本思想是,设置一个排挤因子 CF,由群体中随机选择的 1/CF 个个体组成排挤成员,排挤掉一些与其相类似的个体。这里个体之间的相似性可用个体编码串之间的 Hamming 距离来度量。随着排挤过程的进行,群体中的个体逐渐被分类,从而形成各个小的生存环境即小生境,并维持了群体的多样性。

(3)基于共享(sharing)函数的小生境实现方法,其基本思想是,通过反映个体之间相似程度的共享函数来调整群体中各个个体的适应度,从而在以后的进化过程中,能够依据调整后的新适应度来进行选择运算。这种调整适应度的方法能够限制群体内个别个体的大量增加,以维护群体的多样性,并形成了一种小生境的进化环境。

(4)基于淘汰相似结构机制的小生境实现方法,该方法是在标准遗传算法的基础上增加小生境淘汰运算,通过引入罚函数的方法来调整个体的适应度,淘汰结构相似的个体,使得各个个体之间保持一定的距离,从而造就了一种小生境的进化环境,维护了群体的多样性,提高了全局搜索能力。

小生境遗传算法具有更强的全局搜索能力和更高的收敛速度,能够高效地寻找到多个全局最优值,是一种寻优能力、搜索效率和全局收敛概率更高的优化算法,其综合性能比标准遗传算法有显著提高。

2.4.3 遗传算法收敛性研究的主要发展方向

遗传算法收敛性研究的主要发展方向包括以下几方面:

(1)遗传算法的收敛性与遗传算子的内在关系研究。其主要包括遗传算子的操作方式对遗传算法收敛性的影响机制研究、影响结果的定量刻画与描述,例如,对遗传算法收敛速度的影响、对遗传算法收敛到全局最优解的影响等。

(2)平衡遗传算法的收敛性与时间复杂性的研究。收敛性与时间复杂性平衡是指在保证遗传算法收敛的同时预防过度进化,防止出现"漫游"(roam)现象。在遗传算法的实际运行中,为提高遗传算法的收敛性(收敛到全局最优解的概率),往往以增加进化时间为代价,而这在求解大规模问题时是难以接受的。

(3)遗传算法最终收敛到全局最优解的时间复杂度研究。其主要是遗传算法收敛速度的定量估计和提高收敛速度的方法研究。除有关标准遗传算法时间复杂度的研究外,还包括各种改进遗传算法时间复杂度的研究。

(4)在提高遗传算法收敛性的同时预防早熟收敛的研究。为提高遗传算法的收敛速度,降低其时间复杂性,在遗传算法的实际运行中,往往采用控制参数选择(如提高遗传算法的交叉概率)和改进遗传操作的方法,但这容易导致"早熟"(premature)现象的发生,从而降低遗传算法收敛到全局最优解的概率,这一矛盾至今依然存在。

(5)混合遗传算法的收敛性研究。许多研究表明,采用混合模型可有效提高遗传算法的局部搜索能力,从而进一步改善其收敛速度和解的品质。通过对混合遗传算法收敛性的研究,不仅可以增强现有遗传算法的实用性与可靠性,而且可为正在蓬勃发展的混合遗传算法提供一定的理论支撑。而关于混合遗传算法的收敛性分析,却更加困难。

(6)构造高效且全局收敛遗传算法的方法研究。对遗传算法的收敛性进行研究的最终目的是构造高效、收敛的遗传算法,这直接关系到遗传算法的实际应用价值。要构造高效、收敛的遗传算法,必须充分运用已有的收敛性分析的研究成果,从算法结构、控制参数选择和遗传算子的操作方式等方面进行综合设计,其中还存在许多尚未解决的问题,例如,如何利用遗传算法的收敛性构造合理的停机准则。

2.5 遗传算法控制参数优化策略

GA 的控制参数作为其初始输入对 GA 的收敛效率产生重要影响,因此恰当选择控制参数是提高 GA 收敛效率的重要手段之一。目前,GA 控制参数优化主要有两种方法:一种是由 J. Grefenstette John 提出的,其思想是利用元级 GA 来优化参数[28],但其系统开销过大;另一种是上述提及的 AGA,但 AGA 有其不足。首先 AGA 只解决了变异概率 P_m、交叉概率 P_c 的选取问题,而未解决其他参数选取问题。其次在 AGA 运行的每一代中,都须对每对待交叉个体和每个待变异个体根据适应度确定相应的 P_c 和 P_m,这一过程过于烦琐,同时也增加了 GA 的时间复杂性(time complexity)。综上所述,有必要研究简便易行的参数优化策略。

2.5.1 交叉概率 P_c 与变异概率 P_m 的调整策略

根据 2.3.4 节中通过模式分析得出的结论:较高的 P_c 和 P_m 使得被保留的模式数减少,而使新产生的模式数增加;反之,较低的 P_c 和 P_m 使被保留的模式数增加,而使新产生的模式数减少。据此提出一种简便的 P_c 和 P_m 调整策略。

在 GA 运行前期,使 P_c 和 P_m 取较大的值,以提高 GA 在整个搜索空间的探索能力;在 GA 的运行后期,由于 GA 已逼近最优解,应使 P_c 和 P_m 取较小的值,以减小较优个体结构被破坏的概率,提高 GA 的局部开发能力,从而使 GA 逐步收敛到全局最优解。

以上提出的是 P_c 和 P_m 随遗传代数调适的策略,除此之外,还可以对 P_c 和 P_m 随个体编码串基因位的不同进行微调整。

定义 2.8 广义 Hamming 距离

二进制编码下两个字符串 S_i 和 S_j 的广义 Hamming 距离定义为

$$\overline{H}(S_i,S_j) = \sum_{K=1}^{l}(l-k+1)|S_{ik}-S_{jk}| \qquad (2.13)$$

式中　　l——串长;

S_{ik} 和 S_{jk}——分别表示 S_i 和 S_j 的第 k 个基因位码值。

定义 2.9 个体变异幅度

对个体做一次变异前后个体之间的"距离"称为个体变异幅度。

对二进制编码个体,将变异幅度定义为变异前个体 S 与变异后个体 S' 之间的广义 Hamming 距离 $\overline{H}(S,S')$,由定义 2.8 得其公式为

$$\overline{H}(S,S') = \sum_{i=1}^{l}(l-i+1)X_i \qquad (2.14)$$

式中,X_i 为 0-1 随机变量,定义为

$$X_i = \begin{cases} 0, & \text{第 } i \text{ 位不变异} \\ 1, & \text{第 } i \text{ 位变异} \end{cases}$$

对实数编码个体,将变异幅度定义为变异前后个体的欧氏距离

$$\|S-S'\| = \sqrt{\sum_{i=1}^{l}(S_i-S'_i)^2} \qquad (2.15)$$

式中　S_i 和 S'_i——分别为个体 S 和 S' 的第 i 个基因位码值。

定义 2.10 平均变异幅度

个体变异幅度的数学期望称为平均变异幅度。

在二进制编码且位变异概率为常数 P_m 的情况下,平均变异幅度为

$$E[\overline{H}(S,S')] = E\left[\sum_{i=1}^{l}(l-i+1)X_i\right] = \sum_{i=1}^{l}(l-i+1)E(X_i) = P_m\sum_{i=1}^{l}(l-i+1)$$

$$(2.16)$$

在 GA 运行后期,已接近最优解,此时,局部搜索变得重要,而要实现局部搜索,就要有效降低个体的平均变异幅度。由于 P_m 取常数时,各基因位发生变异的机会相等,而由 $E[\overline{H}(S,S')]$ 可知,发生在 $1\sim l/2$ 位之间变异将导致较大的变异幅度,有可能使搜索远离最优解,降低局部搜索效率,因此,一种很自然的变异概率调整策略是对不同基因位赋予不同的变异概率,设为 $P_{mi}(i=1,2,\cdots,l)$。确定 P_{mi}

的原则是使其随基因位序号 i 递增,从而使得 $1\sim l/2$ 之间的基因位有较少的变异机会,而 $l/2\sim l$ 之间的基因位有较多的变异机会,以达到减少个体变异幅度的目的。

在各基因位变异概率不同情况下,个体平均变异幅度为

$$E[\overline{H}(S,S')]=\sum_{i=1}^{l}P_{mi}(l-i+1) \qquad (2.17)$$

以上分析表明,按基因位调整变异概率的策略能保证在尽量保留较优模式的同时,维持一定的种群多样性。而按个体调整变异概率的策略(GA 后期降低 P_m),虽然也能降低变异幅度,但会带来种群多样性的较大丧失,因为所有基因位变异概率同时被降低相同幅度,带来个体变异概率的更大降低。下面列出的两种情形下个体变异概率公式清楚地表明了这一点。

$$P_{ml}=1-(1-P_m)^l \qquad (2.18)$$

$$P_{ml}=1-\prod_{i=1}^{l}(1-P_{mi}) \qquad (2.19)$$

由此得到下列命题。

命题 2.1 在保证相同变异幅度的条件下,按基因位调整变异概率比按个体调整变异概率能维持更大的种群多样性。

2.5.2 动态收敛准则

目前采用的 GA 收敛准则主要有三种:一是固定遗传代数,到达后即停止;二是利用某种判定标准,判定种群已成熟并不再有进化趋势作为中止条件,常用的是根据几代个体平均适应度不变(其差小于某个阈值);三是根据种群适合度的方差小于某个值为收敛条件,这时种群中各个个体适合度已充分趋于一致。以上三种方法各有利弊。在融合以上三种方法优点的基础上,本书提出一种新的 GA 收敛准则——动态收敛准则。

首先确定一个基本遗传代数 G_j,到达后对遗传代数取一个增量 ΔG,若再经 ΔG 代后,平均适应度无变化,则终止 GA 运行,从最后一代群体中获得当前最优解;否则,再取相同的代数增量,继续种群进化。这种动态收敛准则既能保证进化需要,又能避免不必要的遗传,从而在 GA 的收敛性与时间复杂性之间做出均衡。其形式化描述如下:

  The population evolves for G_j generations;
  G:=G_j;
 L:While G<G_j+ΔG do
  {The population evolves;
  G:=G+1 }

```
If |f̄_{G+ΔG} − f̄_G| > ε
    {G_j = G
        go to   L}
End
```

2.5.3 最佳种群规模的确定

文献[14]对自然数编码下最优种群规模的确定做了研究,指出在个体编码长度 l 固定的条件下,只需求解下列一维整数规划即可得到最佳种群规模 N^*:

$$\max\left\{\frac{\sum_{j=1}^{l} C_l^j P_l^j \left[\left(1-\frac{1}{P_l^j}\right)-\left(1-\frac{1}{P_l^j}\right)^N\right]}{N}\right\} \tag{2.20}$$

用类似的方法可以研究二进制编码下的最优种群规模。

给定 j 阶模式 H,群体中任一个体 S 含有 H 的概率

$$P_h = \frac{1}{2} \times \frac{1}{2} \times \cdots \times \frac{1}{2} = \frac{1}{2^j}$$

S 不含 H 的概率

$$\bar{P}_h = 1 - \frac{1}{2^j}$$

N 个个体均不含 H 的概率

$$\bar{P}_N = \left(1 - \frac{1}{2^j}\right)^N$$

模式 H 在种群中存在的概率

$$P_N = 1 - \bar{P}_N = 1 - \left(1 - \frac{1}{2^j}\right)^N \tag{2.21}$$

长为 l 的二进制字符串群体中含有 j 阶模式的期望数

$$C_l^j 2^j \left[1 - \left(1 - \frac{1}{2^j}\right)^N\right] \tag{2.22}$$

因此群体中可能含有的各阶模式数的期望值为

$$\sum_{j=1}^{l} C_l^j 2^j \left[1 - \left(1 - \frac{1}{2^j}\right)^N\right] \tag{2.23}$$

极大化个体平均含有的有用模式数,得到下列以 N 为变量的整数规划问题:

$$\max\left\{\frac{\sum_{j=1}^{l} C_l^j \left[1 - \left(1 - \frac{1}{2^j}\right)^N\right] - 2^l}{N}\right\} \tag{2.24}$$

求解此规划问题,即可得到二进制编码下最佳种群规模 N。由于是一维整数规划,求解较为方便,具体算法不再赘述。

2.6 GA早熟问题的定量分析及其预防策略

早熟是GA应用中经常发生的现象,正因如此,如何保证在提高GA收敛效率的同时预防早熟的发生已成为GA研究中的重点和难点之一,长期困扰着从事GA研究的国内外学者。虽然在此方面已经取得了一些研究成果,但尚无根本性突破。本节从三方面入手研究这一问题,即GA早熟的定义、早熟度计算新方法及基于早熟度动态控制的预防早熟策略。

2.6.1 GA早熟(premature)定义

关于GA早熟概念,存在多种不同定义[1,26-27],目前并无定论。在此提出GA早熟的新定义。

定义2.11 GA收敛

若GA进一步迭代已不能产生新的更好解,称其收敛。

收敛的形式化描述:设$f^*(t)$表示第t代最佳适应度,若存在T,使得$\forall T_1 \neq T$,有$f^*(T_1) \leqslant f^*(T)$,则称GA在第$T$代收敛。

定义2.12 GA局部收敛

GA收敛于非全局最优解的状态称为局部收敛。

定义2.13 GA全局收敛

GA收敛于全局最优解的状态称为全局收敛。

定义2.14 种群完全成熟

种群中所有个体完全相同的状态称为完全成熟。

定义2.15 种群不完全成熟

种群中所有个体均已相互接近的状态称为种群不完全成熟。

定义2.16 成熟度

种群成熟的程度。

在以上定义的基础上,给出GA早熟的准确定义。

定义2.17 早熟

若GA未收敛到全局最优解,但其种群已具有较高的成熟度,称GA早熟。

早熟定义表明其实质是"全局收敛前种群成熟",而收敛到全局最优解的种群成熟不属于早熟。

一般地,研究早熟问题主要针对种群的不完全成熟状态,因为种群完全成熟状态发生的概率较低。由定义2.15可知,不完全成熟是种群的一种模糊(fuzzy)状态,因其定义中的"相互接近"是模糊语言。基于此,GA早熟实际上是一个模糊概念,很自然地,应以模糊系统(Fuzzy System,FS)理论为工具定量分析GA早熟。

2.6.2 基于FS理论的GA成熟度指标及其计算

衡量GA是否早熟,要视其成熟度高低,而成熟度必须以一定的指标来度量,因而成熟度指标的确定及其计算是早熟问题定量分析的基础。

1. 现有的成熟度指标

目前,GA成熟度指标主要有以下几种[15,29-30]:

定义2.18 种群个体空间分布方差

若第t代种群中的个体由L个基因构成,即$x_t^i = |x_t^{(1)}, x_t^{(2)}, \cdots, x_t^{(L)}|, i \in \{1, 2, \cdots, N\}$定义第$t$代种群的平均个体如下:

$$\overline{x_t} = |\overline{x_t^{(1)}}, \overline{x_t^{(2)}}, \cdots, \overline{x_t^{(L)}}| \tag{2.25}$$

式中,$\overline{x_t^{(l)}} = \sum_{i=1}^{N} x_t^{i(l)}/N$,由此定义第$t$代种群的方差

$$D_t = |D_t^{(1)}, D_t^{(2)}, \cdots, D_t^{(L)}| \tag{2.26}$$

式中

$$D_t^{(l)} = \sum_{i=1}^{N} (x_t^{i(l)} - \overline{x_t^{(l)}})^2/N, \quad l \in \{1, 2, \cdots, L\}$$

由D_t的定义可知,种群分布方差越小,表明成熟度越高。

定义2.19 种群的熵

若第t代种群有Q个子集:$S_{t1}, S_{t2}, \cdots, S_{tQ}$,各子集包含的个体数目记为$|S_{t1}|, |S_{t2}|, \cdots, |S_{tQ}|$,且对任意$i, j \in \{1, 2, \cdots, Q\}$,$S_{ti} \cap S_{tj} = \Phi$,$\bigcup_{i=1}^{Q} S_{ti} = A_t$,$A_t$为第$t$代种群集合,则第$t$代种群的熵由下式定义:

$$E_t = \sum_{q=1}^{Q} P_q \ln P_q \tag{2.27}$$

式中,$P_q = |S_{tq}|/N$,N为种群规模。

由熵的表达式可知,当种群中所有个体都相同即完全成熟时,熵取最小值$E_{\min} = 0$;当所有个体都不相同时,熵取最大值$E_{\max} = \ln N$,即熵越小,表明种群成熟度越高。

定义2.20 种群个体最佳适应度与平均适应度的差

设第t代种群由个体$x_t^1, x_t^2, \cdots, x_t^N$构成,适应度分别是$f_t^1, f_t^2, \cdots, f_t^N$,令$f_{\max}$代表该代种群的最优个体适应度,$\overline{f_t}$代表该代种群平均适应度,定义$f_{\max}$与$\overline{f_t}$之差为$\Delta f = f_{\max} - \overline{f_t}$,则$\Delta f$可度量种群的成熟度。$\Delta f$越小,表明种群的成熟度越高。

定义2.21 种群个体的一致度

设$\boldsymbol{X} = [X_1 \quad X_2 \quad \cdots \quad X_N]$为二进制编码的一个种群,用$\lambda(\boldsymbol{X})$表示向量$\sum_{i=1}^{N} X_i$取值不为$0$和$N$的分量个数,称之为多样度,则$\beta(\boldsymbol{X}) = L - \lambda(\boldsymbol{X})$表示$\boldsymbol{X}$中

所有个体具有相同取值的分量个数,称为种群个体一致度,以此作为 X 成熟度指标。

以上几种指标虽然都在不同程度上反映了种群个体的离散程度,但均有其不足,综合起来表现为以下几方面:一是定义 2.18 和 2.19 给出的指标计算量过大。二是这些指标或者反映的是种群空间个体分布的密集程度(如定义 2.20),或者反映的是个体适应度分布的一致性(如定义 2.20),均不能全面度量成熟度,究其原因是因为种群分布与适应度分布并非总是一致的。例如,两个基因型非常一致的个体其适应度可能相差很大,表明种群仍有进化能力。这种情形尤其多见于 GA 欺骗问题(Deceptive Problem)中,如在函数图形中"脊"的附近就容易发生此类现象。三是有些指标仅适用于二进制编码种群成熟度计算,而不适用于实数编码。例如,定义 2.21 仅适用于二进制编码群体。

关于现有指标的缺陷,还可以举出反例[31]加以说明。

设有 6 个编码长度为 6 的个体构成一个种群,将它们按行排列构成一个种群矩阵

$$X = \begin{bmatrix} 0 & 1 & 0 & 1 & 0 & 1 \\ 1 & 0 & 1 & 0 & 1 & 0 \\ 1 & 0 & 1 & 0 & 1 & 0 \\ 1 & 0 & 1 & 0 & 1 & 0 \\ 1 & 0 & 1 & 0 & 1 & 0 \\ 1 & 0 & 1 & 0 & 1 & 0 \end{bmatrix}$$

对该种群,若按定义 2.21 计算可得其多样度指标值为 $\lambda(X)=6$,而其成熟度指标为 $\beta(X)=L-\lambda(X)=6-6=0$,似乎成熟度最低,但事实上,该种群有 5 个相同个体,成熟度已经相当高了。

2. 模糊成熟度指标及其计算

一个种群的成熟度实际上代表种群个体之间的相似程度,而任意两个事物之间的相似性具有模糊性特征,即通常所说的"似像非像""似是而非",只有比较两个完全相同的事物之间相似性这种极端情形例外。因此,用模糊指标度量种群成熟度是非常适宜的。

设 GA 第 t 代种群 X_t 中第 i 个个体 $x_t^i=(x_t^{i(1)},x_t^{i(2)},\cdots,x_t^{i(l)})$,其中 l 为编码长度,此处编码方式既可以是二进制编码,也可以是实数编码、自然数编码等其他编码方式。x_t^i 的适应度为 f_t^i,将 f_t^i 列入 x_t^i 的码串中作为第 $l+1$ 个基因,称其为扩展个体,记为 $\overline{x_t^i}$,即

$$\overline{x_t^i}=(x_t^{i(1)},x_t^{i(2)},\cdots,x_t^{i(l)},f_t^i)$$

对所有的 $\overline{x_t^i}$ 的各基因码值作归一化处理,得到的新个体记为 $\underline{X_t^i}$:

$$\underline{X_t^i}=(\underline{x_t^{i(1)}},\underline{x_t^{i(2)}},\cdots \underline{x_t^{i(l)}},\underline{f_t^i}), \quad i=1,2,\cdots,N$$

式中

$$x_t^{i(k)} = \frac{x_t^{i(k)} - \min\limits_{1 \leq i \leq N} x_t^{i(k)}}{\max\limits_{1 \leq i \leq N} x_t^{i(k)} - \min\limits_{1 \leq i \leq N} x_t^{i(k)}}, \quad k=1,2,\cdots,l$$

$$f_t^i = \frac{f_t^i - \min\limits_{1 \leq i \leq N} f_t^i}{\max\limits_{1 \leq i \leq N} f_t^i - \min\limits_{1 \leq i \leq N} f_t^i}$$

视 $X_t^i(i=1,2,\cdots,N)$ 为 N 个模糊集,因此,其中任意两个 X_t^i, X_t^j 的相似性可以用模糊集的贴近度来度量,记为 $N(i,j)$。

定义 2.22 内积和外积

设 A, B 是论域 U 上的两个模糊子集,记

$$A \cdot B = \bigvee_{x \in U} (\mu_A(x) \wedge \mu_B(x))$$

$$A \Theta B = \bigwedge_{x \in U} (\mu_A(x) \vee \mu_B(x))$$

则 $A \cdot B$ 和 $A \Theta B$ 分别称作 A 与 B 的内积与外积。

定义 2.23 贴近度

设 A, B 是 U 上两个 F 子集,则

$$N'(A, B) = \frac{1}{2}[A \cdot B + (1 - A \Theta B)] \tag{2.28}$$

为 A, B 的贴近度。

由定义 2.22 及定义 2.23,可以很容易计算得到 $N(i,j)$。

定义 2.24 种群平均贴近度

种群 X_t 中任意两个个体 x_t^i, x_t^j 贴近度 $N'(i,j)(i,j=1,2,\cdots,N, i \neq j)$ 的算术平均值称为种群平均贴近度,记为 $\overline{N}(X_t)$。

定义 2.25 种群的模糊成熟度指标

种群的模糊成熟度指标定义为种群个体的平均贴近度。

由定义 2.25 可以计算种群 X_t 的模糊成熟度指标

$$\overline{N}(X_t) = \frac{\sum\limits_{1 \leq i,j \leq N, i \neq j} N'(i,j)}{(N-1)+(N-2)+\cdots+3+2+1} = \frac{\sum\limits_{1 \leq i,j \leq N, i \neq j} N'(i,j)}{\frac{(N-1)[(N-1)+1]}{2}} =$$

$$\frac{2 \sum\limits_{1 \leq i,j \leq N, i \neq j} N'(i,j)}{N(N-1)} \tag{2.29}$$

基于模糊理论的成熟度指标综合考虑了个体结构的一致性和个体适应度一致性对种群成熟度的影响,因而能够更加全面、准确地反映种群的早熟状况。

对于完全成熟种群,其模糊成熟度指标值取最大值 1。一般地,总有 $\overline{N}(X_t) < 1$。

2.6.3 基于成熟度动态自适应控制的预防早熟策略

在遗传算法运行中,定量分析种群成熟度的意义在于实时判断种群是否有早

熟倾向。若未满足收敛准则(如远未达到预定的遗传代数),而成熟度已较高,表明有可能发生早熟。根据对交叉和变异两种遗传算子作用机理分析可知,增大 P_c 和 P_m,将提高种群多样性,从而降低其成熟度;反之,降低 P_c 和 P_m,将使种群成熟度上升。据此,可以提出基于模糊成熟度计算的预防早熟策略,即 P_c 和 P_m 随成熟度自适应调整策略。其基本思想是,当种群模糊成熟度指标值较高时,增大 P_c 和 P_m,使种群多样性增加,反过来又降低了种群成熟度;当种群成熟指标值过低时,降低 P_c 和 P_m,以防算法蜕变为纯粹的随机搜索算法,同时种群成熟度上升。可见,模糊成熟度指标与 P_c 和 P_m 相互之间存在负反馈作用,而正是这种作用维持着进化过程中群体多样性,从而有效预防早熟。一种可行的 P_c 和 P_m 随模糊成熟度指标自适应调整的公式如下:

$$P_c(t+1) = \frac{1}{2-\overline{N}(X_t)} \tag{2.30}$$

$$P_m(t+1) = 0.5\overline{N}(X_t) \tag{2.31}$$

式(2.30)和式(2.31)中,$P_c(t+1)$ 和 $P_m(t+1)$ 分别表示第 $t+1$ 代交叉概率和变异概率。该公式可保证 $P_c(t+1) \in [0.5,1]$,$P_m(t+1) \in [0,0.5]$。

此外,从节省计算资源出发还可以对上述自适应策略做出改进。在种群进化过程中,允许其成熟度随代数递增。以线性递增为例,设初始时种群成熟度指标值为 N_0,预定遗传代数为 G,则第 t 代种群成熟度指标 N_t 可递增为

$$N_t = N_0 + \frac{t(1-N_0)}{G} \tag{2.32}$$

以 N_t 作为第 t 代种群成熟度指标值,将实际计算出的种群成熟度指标与 $\overline{N}(X_t)$ 与 N_t 作比较,若 $\overline{N}(X_t) > N_t$,则调整 $P_c(t+1)$ 和 $P_m(t+1)$,否则不进行调整。这种改进可以避免由于不必要地提高交叉概率和变异概率导致较优个体被破坏的概率增大,影响 GA 收敛速度。

除了调节参数预防早熟外,还可以通过多种群遗传算法的方式(Multi - population GA)预防早熟[26]。

2.6.4 算法实验及分析

选择求取测试函数 F3 即 J. D. Schaffer 提出的函数的最大值进行仿真实验

$$\max f(x_1,x_2) = 0.5 - \frac{\sin^2\sqrt{x_1^2+x_2^2} - 0.5}{[1+0.001(x_1^2+x_2^2)]^2}, \quad -100 < x_1, x_2 < 100$$

此函数的全局极大点是(0,0),极大值为 1,而在距全局极大点大约 3.14 范围内的隆起部有无限多的次全局极大点,具有较高的欺骗性。

对该函数同时运用本节提出的预防 GA 早熟的方法和标准遗传算法进行求解,结果如下:

利用标准遗传算法优化运行 100 次,每一次进化 50 代,100 次运行的最优求解结果是,最大值为 0.974 4,对应的解为 $x_1=1.146\ 8, x_2=2.164\ 5$。表 2.1 列出了标准遗传算法的一次最佳运行结果。

表 2.1　标准遗传算法的一次运行结果

最优值范围	解的个数
0.9~1	4
0.8~0.9	5
0.7~0.8	16

利用基于预防早熟策略的遗传算法得到的最优求解结果是,最大值为 0.999 9,对应的解为 $x_1=-0.130\ 1, x_2=-0.029\ 3$。表 2.2 列出了基于预防早熟策略的遗传算法的一次最佳运行结果。

表 2.2　基于预防早熟策略的遗传算法的一次运行结果

最优值范围	解的个数
0.9~1	12
0.8~0.9	13
0.7~0.8	19

比较以上求解结果可以看出,基于成熟度动态自适应控制的预防早熟策略的求解结果明显优于标准遗传算法,表明该策略确实具有预防 GA 早熟的功效。

2.7　本章小结

本章对 GA 理论进行研究,重点是研究如何提高 GA 收敛效率,这是 GA 研究中的重点和难点之一。

从 GA 时间复杂性和收敛性能入手,给出了 GA 收敛效率的准确定义,在此基础上,以提高 GA 收敛效率为目的,从微观和宏观两方面对 GA 做出创造和改进。GA 的微观改进体现在新型遗传算子设计上,提出了一种新型自适应选择算子和一种基于个体抽样的新型变异策略。GA 的宏观改进包括三方面内容:一是 GA 与其他优化算法及模拟退火算法的混合策略,提出了 GA 与传统优化算法混合策略的三维结构以及基于退火机制的混合变异算子。二是基于模糊理论提出了度量种群成熟度的新指标——模糊成熟度指标,在此基础上,提出了种群成熟度自适应控制策略,以保证在提高 GA 收敛效率的同时预防早熟,从而解决了 GA 研究中长期存在的一个主要矛盾。三是对种群规模、交叉概率和变异概率等 GA 控制参数进行优化。GA 控制参数作为初始输入对 GA 收敛效率产生重要影响,因此恰当选择控制参数是提高 GA 收敛效率的重要手段之一。本章在总结目前已有的参数优化方法基础上,针对不同编码方案提出新的参数优化方法,包括交叉概率 P_c、变异概率 P_m 基于进化代数调整策略和基于基因位调整策略;最优种群规模确定;动态收敛准则等。

本章的内容为后续各章中新型 GA 设计及其在导弹毁伤效能优化中的应用奠定了理论基础。

参 考 文 献

[1] Goldberg D E. Genetic Algorithm in Search, Optimization and Machine Learning[M]. Reading, MA: Addison – Wesley, 1989.

[2] Kristisson K, Dument G A. System Identification and Control Using Genetic Algorithms[J]. IEEE Trans on SMC, 1992, 22(5): 1033 – 1046.

[3] Yao X. A Review of Evolutionary Artificial Neural Networks [J]. Intelligent J Intelligent Systems, 1993(8): 539 – 567.

[4] Chipperfield A J. Multiobjective Turbine Engine Controller Design Using GA[J]. IEEE Transon Intelligent Electron, 1996, 4(3): 583 – 589.

[5] Buckles B Peael. Fuzzy Clustering with GA[C]. IEEE FUZZY' 1994, 1994: 46 – 50.

[6] Carlos M. Multiobjective Optimization and Multiple Constraint Handling with Evolutionary Algorithm[J]. IEEE Trans on SMC, 1998, 28(1): 26 – 34.

[7] Glovfer F. GA and Tabu Search: Hybrids for Optimization[J]. Computer Ops Res, 1995, 22(1): 111 – 134.

[8] Back T, Forgel D, Michalewicz Zeds. Handbooks of Evolutionary computation[M]. New York: Oxford University Press, 1997.

[9] Sankar K Pal, Fellew, Murthy C A. GA for Generation of Class Boundaries [J]. IEEE Trans on SMC – Part B: Cybernetics, 1998, 28(6): 816 – 828.

[10] Potts J C, et al. The Development and Evaluation of an Improved Genetic Algorithm Based on Migration and Artificial Selection[J]. IEEE Trans on SMC, 1994, 24(1): 73 – 86.

[11] Rudolph G. Convergence Analysis of Canonical GA[J]. IEEE Trans on Neural Networks, 1994, 5(1): 96 – 101.

[12] Srinivas M, Patnaik L M. Adaptive Probabilities of Crossover and Mutation in GA[J]. IEEE Trans on SMC,1994,24(4):656-667.

[13] 孟庆寿. 带有对称编码的基因算法研究[J]. 电子学报,1996,24(10):27-31.

[14] 孙艳丰,王众托. 自然数编码遗传算法的最优群体规模[J]. 信息与控制,1996,25(5):317-320.

[15] 徐宗本,高勇. 遗传算法过早收敛现象的特征分析及预防[J]. 中国科学(E),1996,26(4):364-375.

[16] 章珂,刘贵忠. 杂交位置非等概率选取的遗传算法[R]. 西安:西安交通大学信息工程研究所研究报告,1996.

[17] 陈国良,等. 遗传算法及其应用[M]. 北京:人民邮电出版社,1996.

[18] 潘正君,等. 演化计算[M]. 北京:清华大学出版社,1998.

[19] Pierre S, Legault G. An Evolutionary Approach for Configuring Economical Packet Switched Computer Networks [J]. Artificial Intelligence in Engineering,1996,10(3):127-134.

[20] 李大卫,等. 遗传算法与禁忌算法的混合策略[J]. 系统工程学报,1995,13(3):28-34.

[21] 孙艳丰,王众托. 具有倒位算子的图式定理[J]. 系统工程与电子技术,1995(10):26-31.

[22] 汤服成,薄运承. 模糊方程解的模糊寻优算法[J]. 高技术通讯,1998,11(7):26-30.

[23] 李茂军,樊韶胜. 单亲遗传算法在模式聚类中的应用[J]. 模式识别与人工智能,1999,12(1):32-37.

[24] 恽为民,席裕庚. 遗传算法运行机理[J]. 控制理论与应用,1996,13(3):297-304.

[25] Xiao Fang Qi, Frarcesco P. Theoretical Analysis of Evolutionary Algorithms with on Infinite Population Size in Continuous Space,Part Ⅰ and Part Ⅱ:Basic Properties of Selection and Mutation[J]. IEEE Trans on Neural Network,1994,5(1):102-129.

[26] Davis L. Handbook of Genetic Algorithm [M]. New York:Van Nostrand Reinhold,NYU,1991.

[27] Michalewicz Z. Genetic Algorithms+Data Structure=Evolution Program [M]. 2nd ed. Berlin:Springer-Verlag,1994.

[28] Grefenstette J J. Optimization of Control Parameters for Genetic Algorithm[J]. IEEE Trans on SMC,1986,16(1):122-128.

[29] 吴浩杨. 基于种群过早收敛程度定量分析的改进自适应遗传算法[J]. 西安交通大学学报,1999,33(11):32-30.

[30] 张晓缋. 遗传算法种群多样性的分析研究[J]. 控制理论与应用,1998,15(1):14-22.

[31] 李书金. 一种防止遗传算法成熟前收敛的有效算法[J]. 系统工程理论与实践,1999(5):72-77.

[32] 刘勇,康立山,陈毓屏. 非数值并行计算(第二册):遗传算法[M]. 北京:科学出版社,1995.

[33] Stoffa Pawl, Sen Mrinal K. Nonlinear Multi-parameter Optimization Using Genetic Algorithms:Inversion of Plane-Wave Seismograms[J]. Geophysics,1991,56 (11):1794-1810.

[34] 丁承民. 遗传算法纵横谈[J]. 信息与控制,1997,26(1):40-47.

[35] Xiao Fang Qi, Fracresco P. Theoretical Analysis of Evolutionary Algorithms with on Infinite Population Size in Continuous Space, Part I and Part Ⅱ:Basic Properties of Selection and Mutation[J]. IEEE Trans on Neural Network,1994,5 (1):102-129.

[36] 明亮. 遗传算法的模式理论及收敛理论[D]. 西安:西安电子科技大学,2006.

[37] 曹建文. 遗传算法收敛性问题研究[J]. 中南林业科技大学学报,2008,28(3):163-167.

[38] 朱筱蓉,张兴华. 基于小生境遗传算法的多峰函数全局优化研究[J]. 南京工业大学学报,2006,28(3):39-43.

第3章 新型高效率遗传算法设计

3.1 高效率遗传算子设计

3.1.1 一种高效率自适应选择算子

遗传算子操作方式会对 GA 收敛效率产生重要影响,本节提出一种新型高效率选择算子——自适应选择算子。

自适应选择算子的思想是,随遗传代数变化自适应调整适应度函数值,从而改变个体的选择概率,以防止早熟和停滞现象的发生。

自适应选择算子的操作步骤如下:

步骤 1:设 t 为 GA 遗传代数,$P(t)$ 为第 t 代种群。自 $t=1$ 起,计算第 t 代适应度比值系数

$$K(t) = \frac{f^t_{\max}}{f^t_{\min}} \tag{3.1}$$

式中 $f^t_{\max}$ —— 第 t 代群体中最佳适应度值;

$f^t_{\min}$ —— 第 t 代群体中最小适应度值。

步骤 2:考察 $K(t)$ 的值,若 $K(t) \to \infty$(或 $K(t) > M$,M 为某个大正数),表明种群产生了超级个体,GA 有早熟可能,此时采用某种适应度定标方法减小适应度差异,以拉近个体间的"距离";若 $K(t) \to 1$(或 $K(t) < m$,m 为某个小正数),则 GA 有停滞可能,此时对适应度采用某种合适的定标方法以拉大个体间的"距离"。

步骤 3:采用自适应调整后的适应度函数值计算任一个体 X_i 的比例选择概率,再对 $P(t)$ 作用以赌轮选择算子得到中间群体 $P'(t)$,再以 $P'(t)$ 作为交叉和变异算子的作用对象。

自适应选择算子能有效预防 GA 早熟或停滞,从而提高 GA 收敛效率。与基于适应度定标的比例选择算子(称其为简单选择算子)相比有以下优点:

(1)自适应选择算子可以提高收敛速度。由于自适应选择算子动态调整个体适应度值,即每代根据需要决定是否进行适应度定标,而简单选择算子每代都进行适应度定标,这样有可能对适应度做了不必要变换,即有可能不必要地拉大或缩小了个体"间距",从而延缓 GA 收敛过程。

(2)自适应选择算子可以灵活选择定标方法。在简单选择算子中,所用适应度

定标方法(某种函数)往往是单一的,即每代相同,而自适应选择算子根据需要,灵活选择最符合当代进化需要的适应度定标函数。

3.1.2 一种改进的变异算子及其效率分析

标准遗传算法[1]的变异算子执行过程是依据一定的变异概率P_m,对染色体的所有基因逐位进行变异的。这种执行方法计算量大、计算时间长,影响进化速度,尤其当染色体编码的位串较长时更是如此。本节在不改变CGA变异算子的遗传功能并保持等价的变异效果的前提下,提出一种改进的变异算子,该算子能提高变异操作的速度,相对于CGA的变异算子具有明显的优越性。为了证明其有效性,还对改进的变异算子做了数学分析。

1. 改进的变异算子(Modified Mutation Operator,MMO)

(1)CGA变异算子的不足。设GA的变异概率为P_m,其含义是任一染色体之任一基因位发生变异的概率均为P_m,且各基因位的变异是相互独立的。CGA的变异过程是依概率P_m对所有染色体的所有基因位逐位进行的。当种群规模为N,染色体长度为m时,每一代进化中,共需进行Nm次变异操作,当种群规模N和染色体长度m较大时,计算量非常之大。

(2)改进的变异算子(MMO)。为了减小变异操作的计算量,提出一种改进的变异策略。改进的变异算子分两步执行,先由P_m计算得到任一个体发生变异的概率P_{m1},以概率P_{m1}对种群中所有个体进行随机抽样,得出需进行变异的个体,设为l个,再对此l个个体逐位以概率P_m进行变异操作,此时变异操作的次数减少为lm次,而先前对N个个体以P_{m1}进行的随机变异抽样仅相当于N次位变异操作(甚至不超过位变异操作的计算量),因此,可认为总计算量相当于$lm+N$次基因位变异操作。

(3)个体变异概率P_{m1}的计算。显然任一个体发生变异等价与于该个体的m个基因位中至少有一个基因发生变异,由于各基因位的变异是相互独立事件,则P_{m1}的计算式为

$$P_{m1} = 1 - (1 - P_m)^m$$

2. MMO有效性的数学分析

(1)MMO有效性的理论分析。由MMO的执行流程可知,对一个规模为N,染色体长度为m的种群,在一代进化中,变异的总计算量由Nm次基因位变异操作变为$lm+N$次位变异操作,其中l是需进行变异的个体数($l \leqslant N$)。要判断MMO是否是变异的计算量减少可利用下面的定理。

定理3.1 MMO算子的计算量

当$l=N$时,采用MMO对种群变异的计算量不减反增。

证明 因为$(lm+N)-Nm=(l-N)m+N$,而$l=N$,故$(lm+N)-Nm$

$=N>0$,所以变异的总计算量增加。证毕。

由于 P_m 一般很小,因此,由式(3.1)可知 P_{m1} 也较小,而
$$P\{l=N\}=[1-(1-P_m)^m]^N$$
可见,$P\{l=N\}$ 较 P_{m1} 更小,因而在变异过程中 $l=N$ 的情形很少发生,一般情况下总有 $l<N$,此时,关于 MMO 的有效性有以下定理。

定理 3.2　MMO 算子计算量减少的充要条件

MMO 算子使变异的总计算量减少的充要条件是 $l<N$ 且 $m>\dfrac{N}{N-l}$。

证明　充分性。

由 $m>\dfrac{N}{N-l}$,$l<N$ 得 $m(N-l)>N$,即 $mN-(ml+N)>0$。充分性得证。

必要性。

由定理 2.3,在 MMO 作用下,使总计算量减少必有
$$l<N$$
即
$$Nm-(lm+N)>0$$
$$(N-l)m-N>0$$
$$m>\frac{N}{N-l}$$
必要性得证。

推论 3.1　MMO 算子计算量减少量与 m 的关系

采用 MMO 对种群变异时,计算量的减少量与 m 成正比。

证明　设总计算量的减少量为 ΔC,则
$$\Delta C=Nm-(lm+N)=(N-l)m-N \tag{3.2}$$
由 ΔC 之表达式可知推论 3.1 成立。

由推论 3.1 可知,m 越大,即染色体编码长度越大,被减少的计算量也越大,MMO 的效益也越大,这正说明了新变异算子意义之所在。因为当 m 较大时,采用原来的变异方法,计算量急剧增加,影响收敛速度,此时,恰恰需要改进的变异算子。

(2) MMO 有效性指标及其计算。由于 l 是依赖概率 P_{m1} 进行个体随机独立抽样的结果,因此,l 是在 $[0,N]$ 上取整数的一个离散型随机变量,由变异过程可知,l 服从二项分布。又由式(3.2)可知,采用 MMO 对任意第 i 代种群进行变异时总计算量的减少量 ΔC_i 也是一个随机变量,因此,直接以 ΔC_i 作为 MMO 有效性的度量是不恰当的,为此选用 ΔC_i 的期望值即平均减少量 $E(\Delta C_i)$ 作为 MMO 在第 i 次进化中有效性度量指标。$E(\Delta C_i)$ 的计算方法如下。

由 P_{m1} 可得

$$P(l=q) = C_N^q P_{m1}^q (1-P_{m1})^{N-q} \tag{3.3}$$

式中，$q \in [0, N]$ 且为整数，于是

$$E(\Delta C_i) = \sum_{q=0}^{N} P(l=q)[(N-q)m - N] \tag{3.4}$$

必须指出的是，当 q 不满足使计算量减少的条件时，$(N-q)m - N$ 有可能为负值，即此时计算量不减反增，但 $E(\Delta C_i)$ 体现的是计算量减少量的平均特性。

以上计算的是 MMO 在某一代进化中的有效性指标，衡量的是 MMO 在一代进化中的效益，对于 MMO 在整个种群进化过程的效益必须另选指标来度量。

设进化的总代数为 g，当每代的基因位变异概率不同时，采用 MMO 变异时的计算量减少也不同，这是因为基因位的变异概率影响个体的变异。基因变异的概率随代数变化的一个典型例子是所谓自适应(adaptive)变异概率[12]，表达式如下：

$$P_m = \begin{cases} \dfrac{K_1(f_{i\max} - f')}{f_{i\max} - f'}, & f' \geqslant \bar{f}_i \\ K_2, & f' < \bar{f}_i \end{cases}$$

式中　$f_{i\max}$——第 i 代种群最大的适应度；

　　　$\bar{f}_i$——第 i 代种群平均适应度；

　　　f'——待变异个体的适应度；

　　　K_1, K_2——常数，一般取 0.5。

设第 i 代进化采用 MMO 后计算量的减少量为 ΔC_i，则经 g 代进化后的总减少量

$$\Delta C = \sum_{i=1}^{g} \Delta C_i$$

以 $E(\Delta C_i)$ 作为整个进化过程采用 MMO 进行变异的效益指标，则有

$$E(\Delta C) = E\left(\sum_{i=1}^{g} \Delta C_i\right) = \sum_{i=1}^{g} E(\Delta C_i) \tag{3.5}$$

特别地，当每一代的基因变异概率保持为常数时，$E(\Delta C_i)$ 也为常数，设为 e，则由式(3.3)得

$$E(\Delta C) = ge \tag{3.6}$$

(3) 实际应用中 MMO 的有效性指标。以上建立的 MMO 有效性指标虽然计算较为方便，但仍不够直观。在 GA 的实际应用中，CPU 时间往往用作一个重要的性能指标，因此可以用下列两种时间指标来度量 MMO 的有效性。

定义 3.1　MMO 的绝对有效性——采用 MMO 后被减少的 CPU 时间。

定义 3.2　MMO 的相对有效性——采用 MMO 对种群进行变异后被减少的 CPU 时间与原来所需 CPU 时间之比。

事实上，绝对有效性指标衡量的是算子的经济特性，相对有效性指标才是衡量

其性能优劣的最佳指标。

以上建立的两种有效性指标不仅适用于两种不同的遗传算子性能优劣的比较,同样适用于两种不同 GA 性能优劣的比较。

3. 算例及分析

用 GA 求解下列单目标优化问题:

$$\max f(x) = \frac{x_1^2 x_2 x_3^2}{2x_1^3 x_3^2 + 3x_1^2 x_2^2 + 2x_2^2 x_3^3 + x_1^3 x_2^2 x_3^2}$$

$$\text{s.t.} \quad x_1^2 + x_2^2 + x_3^2 \geqslant 1$$

$$x_1^2 + x_2^2 + x_3^2 \leqslant 4$$

$$x_1, x_2, x_3 > 0$$

取种群规模为 30,交叉概率为 0.6,变异概率为 0.5,遗传代数为 50,采用浮点数编码。

最优解为 $X^* = (0.859\ 7, 0.527\ 3, 1.324\ 5)$。

最优目标函数值为 $f(X^*) = 0.153\ 7$。

用 CGA 变异算子花费的 CPU 时间为 42 s 左右。

用改进变异算子花费的 CPU 时间为 34 s 左右。

MMO 绝对有效指标为 8 s。

MMO 相对有效指标为 $\frac{42-34}{42} \times 100\% \approx 20\%$。

由算例的计算结果可知,由于该问题规模较小,表面上看来采用 MMO 后减少的 CPU 时间不多,似乎效益不大,但正如前面所分析的,对于大规模问题,其效益将是明显的。事实上,即使被减少的计算时间仅以秒计,对于广泛存在的计算机实时控制问题,其意义也是很大的。

3.2 提高非线性优化全局收敛性的新型 GA

非线性优化问题的求解一直是最优化研究中的难点之一。对于该问题的求解,现有的基于爬山法(climbing)的传统求解算法效率低下,且通常只能获得次优解。当问题规模较大时(变量个数较多),上述算法的计算量将呈指数增长,其时间复杂性和空间复杂性均不能接受,这是由于这些算法均采用确定性搜索规则,当问题规模较大时,势必导致计算量剧增。而遗传算法是一种概率性搜索算法,且具有隐并行性,能够通过对有限个点的适应性比较实现更大范围甚至是无穷空间的搜索,因而能快速逼近最优解。由于这些优点,GA 在优化领域的应用越来越广泛[2-5],包括求解非线性优化问题的 GA 也有所报道[6-10]。但由于目标函数的复杂性,非线性优化问题属于多峰欺骗性(deceptive)函数优化问题,在用 GA 求解的过程中易陷入局部极优,即存在早熟收敛问题。此外,由于非线性优化问题的可行域存在非凸性等复杂性,对搜索过程产生影响,主要表现为增加搜索时间,降低求解效率。本节探讨一种求解非线性约束优化问题的新型 GA,其特点是具有较高的全局收敛性和求解效率。

3.2.1 非线性优化模型的一般形式(The Standard Form of Nonlinear Programming)

设决策向量 X 为 $\mathbf{R}^n$ 中的 n 维向量,形式为
$$X = [X_1 \quad X_2 \quad \cdots \quad X_n]^T$$
一个非线性约束优化问题通常可以描述为下列模型形式:
$$\begin{aligned} \max & f(X) \\ \text{s.t.} \quad & g_i(X) \geqslant 0, \quad i = 1, 2, \cdots, P \\ & h_i(X) = 0, \quad i = P, P+1, \cdots, m \end{aligned} \quad (3.7)$$

决策变量 $X_i \in [a_i, b_i] (i = 1, 2, \cdots, n)$ 且取实数。

采用精确罚函数法将上述约束问题转化为无约束形式
$$\max F(X) = f(X) - \theta \left(\sum_{i=1}^{p} |\min\{0, g_i(X)\}| + \sum_{i=p}^{m} |h_j(X)| \right) \quad (3.8)$$

式中,$\theta > 0$ 为惩罚因子。

以下提出的改进 GA 是针对这种转化后的无约束非线性优化模型的。

3.2.2 非线性优化遗传算法的设计(Design of Genetic Algorithm for Solving Nonlinear Programming)

1. 改进的实数编码方案

对于非线性优化问题,若仍采用基本遗传算法的二进制编码方案,当决策变量取值范围大,精度要求高时,将导致二进制字符串过长,从而降低搜索效率,影响 GA 收敛速度。为此,提出一种改进的实数编码方案,称为实数直接编码。

设变量 $X_j \in [a_j, b_j]$,X_j 的编码过程如下。

产生 $[a_j, b_j]$ 上的一个随机数,设其整型部分有 p 位数字,小数部分有 q 位数字,分别将整型部分的数字直接编码为 p 个基因位,将小数部分的数字直接编码为 q 个基因位,即每个数字占一个基因位,因此,变量 X_j 的编码所形成的基因段(字符串)共由 $p+q$ 个基因位构成。示例如下:

设变量 $X_j \in [520.600, 630.800]$,产生的 $[520.600, 630.800]$ 上的随机数为 586.369,则该变量的初始编码如图 3.1 所示。

5	8	6	3	6	9

图 3.1 变量编码示意图

对所有变量 $X_i \in [a_i, b_i] (i=1,2,\cdots,n)$ 均采用实数直接编码,再将它们的字符串级联构成一个染色体,从而完成对一个个体的编码。设种群规模为 P_{size},将以上过程重复 P_{size} 次,便获得了初始种群。

实数直接编码不仅保持一般实数编码所具有的优点,如能够降低染色体编码长度、消除二进制字符串离散性带来的误差,还由于实数直接编码对变量的整型部分和小数部分分别独立编码,从而有利于根据需要设置小数部分编码长度,达到控制求解精度的目的。实际上,实数直接编码更重要的作用是为改进交叉算子和变异算子打下基础。

2. 自适应选择算子

选择算子操作方式对 GA 运行效率产生重要影响,本节提出一种新型高效率选择算子——自适应选择算子。

自适应选择算子的思想是,随遗传代数和种群成熟度的变化自适应调整个体的适应度函数值,从而改变个体的选择概率,以防止早熟收敛现象的发生。

在种群进化过程中,允许其成熟度随代数递增。以线性递增为例,设初始时种群成熟度指标值为 N_0,预定遗传代数为 G,则第 t 代种群成熟度指标 N_t 可递增为

$$N_t = N_0 + \frac{t(1-N_0)}{G} \tag{3.9}$$

以 N_t 作为第 t 代种群 P_t 成熟度指标的阈值,将实际计算出的种群成熟度指标 $\overline{N}(P_t)$ 与 N_t 作比较,若 $\overline{N}(P_t) > N_t$,则调整个体的适应度函数值,否则不进行调整。种群成熟度指标 $\overline{N}(P_t)$ 的计算采用 2.6.2 节中的方法。

自适应选择算子的操作步骤如下:

步骤 1:设 t 为 GA 当前遗传代数,P_t 为第 t 代种群。计算种群 P_t 的模糊成熟度指标 $\overline{N}(P_t)$。

步骤 2:考察 $\overline{N}(P_t)$ 的值,若 $\overline{N}(P_t) > N_t$,表明 GA 有早熟的可能,此时对个体适应度采用某种合适的定标方法增加适应度差异,以拉大个体间的"距离"。

步骤 3:采用自适应调整后的适应度函数值计算第 t 代第 i 个个体 x_i^t 的比例选择概率,依据此概率对 P_t 作用以赌轮选择算子得到中间群体 P_{tm},再以 P_{tm} 作为交叉和变异算子的作用对象。

3. 改进的离散交叉算子

实数直接编码交叉算子的操作与一般实数编码的离散交叉算子相类似[11-12],其流程如下:

(1) 确定交叉概率 P_c;

(2) 对种群中的个体进行随机配对;

(3) 对任一个体配对,以交叉概率 P_c 判断其是否需要交叉,若是,在染色体上随机选定一个交叉点,然后将交叉点后的基因互换,否则,不做改变。

虽然实数直接编码交叉算子的操作流程与一般实数编码的离散交叉算子类似,但产生的效果完全不同。一般实数编码由于变量值只占一个基因位,其离散交叉算子的交叉点只能位于变量的交界处,交叉的结果只发生基因转移而不会改变变量的取值,而实数直接编码交叉算子的交叉点可位于任意位置,只要随机选定的交叉点处在某个变量编码的字符串内,交叉的结果就会改变该变量的取值,从而增强了交叉算子的探索能力,表现为探索范围的扩大和搜索的加速,有利于提高遗传算法的全局收敛性和求解效率。

4. 非均匀变异算子

变异算子在维持种群多样性、改变搜索区域方面发挥着重要作用。实数直接编码变异算子的操作流程如下:

(1) 在非线性优化问题的 n 个变量中,随机选定一个需变异的变量;

(2) 以概率 P_m 对该变量编码的字符串逐位进行判断,以确定需要进行变异的基因;

(3) 产生[0,9]上的随机整数,来替换需变异基因位的码值。

实数直接编码变异算子的主要优势在于可灵活选择变异幅度,从而增强了局部开发能力,有利于提高遗传算法的全局收敛性。如在进化的前期或种群有早熟倾向时,可选择变量编码字符串的高位进行变异,以获得较大的变异幅度,维持种群多样性;在进化的后期,可选择变量编码字符串的低位甚至小数位进行变异,以获得较小的变异幅度,避免破坏已产生的优良模式,同时进行局部"微调",有利于获取全局最优解。

必须指出的是,对于实数编码,变异成为主要算子,变异概率较之二进制编码有较大增加。根据经验,二进制编码变异概率取值范围为 $0.001 \sim 0.05$,而实数编码的变异概率的取值范围为 $0.2 \sim 0.5$。

3.2.3 算法测试(Simulation Experiment)

为了评估本节算法的性能,选取文献[13]中使用的测试函数测试本节提出的算法,测试函数如下:

$$\min f(x) = (x_1 - 2)^2 + (x_2 - 1)^2$$

$$\text{s.t.} \begin{cases} G(x) = x_1 - 2x_2 + 1 = 0 \\ H(x) = -\dfrac{x_1^2}{4} - x_2^2 + 1 \geqslant 0 \end{cases}, \quad 0 \leqslant x_1, x_2 < 10$$

在此问题中共有两个未知量,按照实数编码规则,在编码过程中,每个参数的精度为 10^{-9},由此确定染色体的长度为 20。设定成熟度指标为 0.6,交叉概率为 0.7,变异概率为 0.3,利用本节提出的改进遗传算法进行求解,进化 200 代,将得到的结果与文献[13]和文献[14]中的求解结果进行比较(见表 3.1)。

表 3.1　测试函数不同算法的数值结果对照

算法	函数		
	$G(x)$	$H(x)$	$f(x)$
本节提出的改进遗传算法	0	3.4×10^{-10}	1.393 463 2
退火精确罚函数法	0	0.000 004 8	1.393 474
退火二次型罚函数法	$-0.000\ 000\ 17$	0.000 001 02	1.393 536
遗传算法	0.000 255	0.004 406	1.401 217
改进遗传算法	0	$-0.000\ 000\ 46$	1.393 465

从上面的计算结果可以看出,与其他算法相比,本节提出的改进遗传算法更能够提高非线性优化全局收敛性。同时,从算法的收敛性来看,与经典的遗传算法相比,运行 200 代得到的结果如图 3.2 所示。

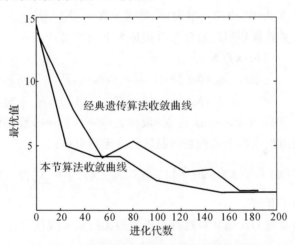

图 3.2　经典遗传算法与本节算法收敛性比较

由图 3.2 可以看出,经典的遗传算法在收敛过程中,容易出现"振荡现象",本节提出的遗传算法,则一直在向最优结果逼近。同时,从图上还可以看出,本节提出的遗传算法的收敛速度优于经典遗传算法。

3.3　求解非线性混合整数规划的新型 GA

整数规划的求解一直是运筹学研究中的难点之一,已被归入 NP-hard 类问题。现有的算法[8-10]如隐枚举法、分枝定界法和割平面法等都是针对线性整数规划设计的,而适于求解非线性整数规划尤其是非线性混合整数规划的(Nonlinear Hybrid Integer Programming,NLHIP)的有效算法尚未出现。即便是求解线性整数规划,当问题规模较大时(变量个数较多),上述算法的计算量将呈指数增长,其时间复杂性和空间复杂性均不能被接受,这是由于这些算法均采用确定性搜索规则,其思想都是通过求解多个连续变量优化问题来逐步逼近线性整数规划问题的解。当问题规模较大时,势必导致计算量剧增。近年来,已有研究人员尝试将求解线性整数规划的算法推广至非线性整数规划[11],但算法思想及立足点仍没有实质改变,有效性也未得到证明。而 GA 是一种概率性搜索算法,且具有隐并行性,能够通过对有限个点的适应性比较实现更大范围甚至是无穷空间的搜索,因而能快速逼近最优解。由于 GA 的这些优点,GA 在优化领域的应用[12-15]也越来越广泛,但求解非线性整数规划 GA 仍鲜见报道。本节探讨一种求解非线性混合整数规划的新型 GA(NLHIPGA),为小规模空-地火力最优规划打下基础。

3.3.1　非线性混合整数规划的一般形式

设决策向量 X 为 R^n 中的 n 维向量,形式为 $X=[X_1 \quad X_2 \quad \cdots \quad X_n]^T$,一个非线性带约束混合整数规划问题通常可以描述为下列形式:

$$\begin{aligned} & \max f(X) \\ & \text{s.t.} \quad g_i(X) \geqslant 0, \quad i=1,2,\cdots,P \\ & \quad\quad h_i(X) = 0, \quad i=P,P+1,\cdots,m \end{aligned} \quad (3.10)$$

$X_i \in [a_i,b_i](i=1,2,\cdots,n)$ 且 X_j 取整数 $(j=1,2,\cdots q,$ 且 $q \leqslant n)$。

采用精确罚函数法将上述约束问题转化为无约束形式

$$\max F(X) = f(X) - \theta \Big(\sum_{i=1}^{p} |\min\{0, g_i(X)\}| + \sum_{i=p}^{m} |h_j(X)| \Big) \quad (3.11)$$

式中,$\theta > 0$ 为惩罚因子。

以下提出的改进 GA 是针对这种改进后的无约束非线性混合整数规划的。

3.3.2　求解非线性混合整数规划 GA 设计

1. 混合编码方案

由于非线性混合整数规划的决策变量既有整型,又有实型,若仍采用标准遗传算法(CGA)的二进制编码方案,当决策变量取值范围大、精度要求高时,将导致二进制字符串过长,从而降低搜索效率,影响 GA 收敛速度。为此,提出一种改进的编码方法——混合编码法。

对所有整型变量用二进制编码,以整型变量的最大值决定二进制编码长度。此时,编码长度只要能满足由变量取值范围到二进制字符串的映射即可,不存在精度要求。

设整型变量 $X_j \in [a_j, b_j]$,X_j 的二进制编码长度 m_j 确定过程如下:

由映射要求

$$2^{m_j} \geqslant b_j - a_j + 1 \Rightarrow m_j \geqslant \frac{\ln(b_j - a_j + 1)}{\ln 2} = \text{lb}(b_j - a_j + 1)$$

则

$$m_j = \begin{cases} \text{lb}(b_j - a_j + 1), & \text{当 lb}(b_j - a_j + 1) \text{ 为整数时} \\ [\text{lb}(b_j - a_j + 1)] + 1, & \text{当 lb}(b_j - a_j + 1) \text{ 不为整数时} \end{cases}$$

对所有实型变量,采用实数直接编码。实数编码带来两个益处:一是有效降低染色体编码长度;二是消除了二进制字符串离散性带来的误差。

对所有变量编码后,将它们的字符串级联构成一个染色体,从而完成对一个个体的编码。

2. 适应度函数

一般情形下,当目标函数为收益型(极大形式)时,可直接映射为适应度函数,但对于带约束非线性混合整数规划问题,在化为无约束形式后,由广义目标函数$F(\boldsymbol{X})$的形式可以看出,$F(\boldsymbol{X})$可能取负值,因此,不能直接以$F(\boldsymbol{X})$作适应度函数,而应进行某种变换,在此提出两种变换方法。

设第i个个体X_i的适应度值为$f_{it}(X_i)$,可令

$$f_{it}(X_i) = \begin{cases} F(X_i), & F(X_i) > 0 \\ 0, & F(X_i) \leqslant 0 \end{cases} \tag{3.12}$$

或者取一个足够大的正数$C_{\max}$(如到当前代,所有个体适应度中的最大值),令

$$f_{it}(X_i) = F(X_i) + C_{\max} \tag{3.13}$$

3. 改进的选择算子

对基于适应度比例的赌轮选择算子做两点改进,即同时进行最佳个体保留和动态调整个体间的距离。

在此采用的是一种改进的最佳个体保留策略,主要思想是使每一代最佳个体不仅能被保持到下一代,同时还能参加进化过程。设种群规模为N,第K代种群为$P(K)$,第$K+1$代种群为$P(K+1)$,由$P(K)$向$P(K+1)$进化时,首先按正常方法作用交叉、变异算子产生$N-1$个个体,若此$N-1$个个体中不含第K代最佳个体,则将$P(K)$中最佳个体直接进入$P(K+1)$作为第N个个体;若$P(K+1)$的前$N-1$个个体中已包含$P(K)$的最佳个体,则$P(K+1)$的第N个个体仍按正常方法产生。这种改进的最佳个体保留策略既能保证当前最佳个体得到保护,又能使最佳个体参与进化过程,从而有利于提高GA的收敛速度,且能保证GA的收敛性[6],否则,将使最佳个体中的有用遗传信息得不到利用。

所谓动态调整个体间"距离"是指当GA出现早熟(premature)或停滞(stalling)现象时,重新选择种群,在选择过程中适当拉大个体间的距离,在此采用欧氏距离。

设已产生了 t 个个体,记为 $G=\{X_1,X_2,\cdots,X_t\}(t<N)$,通过选择产生第 $t+1$ 个个体的步骤如下:

(1) 由赌轮法产生一个个体,记为 X'_{t+1}。

(2) 计算 X'_{t+1} 与 G 中个体的欧氏距离

$$r_j = \|X'_{t+1} - X_j\| = \sqrt{\sum_{i=1}^{n}(x'_{t+1,i}-x_{ji})^2}, \quad j=1,2,\cdots t$$

并记 $r_{\max} = \max\limits_{1\leq j\leq t} r_j$。

(3) 若 $r_{\max}$ 大于某一阈值 r,返回 a;否则,令 $X_{t+1}=X'_{t+1}$。

4. 分段交叉算子

由于采用混合编码方法,每一染色体分为两个基因段,一个基因段对应整型变量,所有码值均为二进制字符;另一个基因段对应实型变量,所有码值均为实数。在搜索过程中,整型变量的变化是离散的,而实型变量的变化是连续的,亦即在搜索最优解的过程中,由整型变量构成的子向量(整型子向量)及由实型变量构成的子向量(实型子向量)分别在搜索空间的离散子空间和连续子空间迭代,不失一般性,设决策向量 X 的整型子向量为 $X_I=[x_1 \quad x_2 \quad \cdots \quad x_q]^T$,实型子向量为 $X_R=[X_{q+1} \quad X_{q+2} \quad \cdots \quad X_n]^T$。由于交叉算子是产生后代解的主要算子,因而对 GA 的搜索效率影响甚大。为了实现分子空间并行搜索,以提高 GA 的收敛速度,提出一种分段并行交叉算子,对每个染色体的整型段和实型段以不同交叉概率 P_{c1} 和 P_{c2} 分别作交叉运算,其解码意义是在 X_I 和 X_R 中并行搜索。分段并行交叉算子的执行流程如下:

(1) 确定整型段和实型段交叉概率 P_{c1} 和 P_{c2}。

(2) 对种群中的个体进行随机配对。

(3) 对任一染色体配对,以概率 P_{c1} 判断其整型段是否需要交叉。若是,则按照 CGA 二进制单点交叉方法作基因交换,否则,不做改变。以概率 P_{c2} 对实型段作单点交叉运算,即在实型段随机选定一个交叉点,然后将交叉点后的基因互换。

5. 混合变异算子

变异算子在维持种群多样性、改变搜索区域方面发挥着重要作用。由于同一染色体有两种不同基因型,故提出混合变异算子。

混合变异算子的操作流程如下:

(1) 以概率 P_{m1} 对染色体的整型段逐位进行判断,以概率 P_{m2} 对染色体的实型段进行判断,以确定需要进行变异的基因。

(2) 若需变异的基因位于整型段,则按 CGA 的变异方法进行取反操作;若需变异基因位于实型段,则按实数编码的变异方法进行变异。

必须指出的是,对于实数编码,变异成为主要算子,变异概率较之二进制编码有较大增加。根据经验,二进制编码变异概率 P_{m1} 取值范围为 $0.001\sim0.05$,而实

数编码的变异概率 P_{m2} 的取值范围为 $0.2\sim0.5$。

3.3.3 非线性混合整数规划 GA 与传统算法的混合

以上对 NLHIPGA 做了详尽的设计,除此之外,为提高 NLHIPGA 的搜索效率,还可以与传统算法相混合。

首先用传统快速算法(各种基于梯度的非线性优化算法)在不考虑整数约束的条件下,对非线性混合整数规划求解,将所得最优解中受整数约束的分量取整($[X_i]$),其余分量保持不变,然后将其加入 NLHIPGA 的初始种群中,这实际上是为 NLHIPGA 提供了"优良种子",有利于引导遗传方向,符合进化思想。

3.4 求解多目标规划的新型 GA

多目标规划是一类重要的优化模型,有着广泛的实际应用,但多目标规划的求解至今仍是一个难点,对大规模问题尤为如此。通常不能求出最优解,而只能求出非劣解。即便是求非劣解,往往也非易事。除了一些特殊的多目标规划外,绝大多数多目标规划不能直接求解,需要将其化为单目标规划来求解,在这方面,有许多方法[16-18]可供使用,如约束法、分层序列法、加权和法及理想点法等。但无论何种方法都已违背多目标规划的初衷,或者说已不是"真正的"多目标规划。近年来,由于遗传算法在求解复杂大规模单目标函数优化问题方面表现出的有效性,一些学者开始探索将 GA 用于多目标规划的求解[19-21]。用 GA 求解多目标规划无须进行单目标化,从而最大限度地体现多目标规划的决策思想,这是用 GA 求解多目标规划最突出的优点。但用 GA 求解多目标规划也存在一些难点,其中最为关键的是多目标规划的目标函数构成一个向量(目标向量),这就给解的适应性度量和比较带来困难,因为两个向量往往无法比较优劣。在克服这一困难方面已有一些有益的探索。文献[19]提出根据个体非劣性的不同进行分级,对不同级别的个体赋予不同的适应度,同一级别的个体适应性不加区别,以此衡量个体优劣;文献[20]以整个群体在各个目标分量的平均值作为阈值,对个体进行逐步淘汰,以此逼近非劣解;文献[21]将个体的选择过程分解为一个循环过程,每次循环在某一个目标分量上进行,这样求出的解具有在某个分量上占优的特性。虽然这些方法在某种程度上都是有效的,但均有其局限性和不足。例如,文献[19]是针对多目标 0-1 规划得出的,不具有普遍性;文献[21]不能保证求出目标分量均取中间值的非劣解,而这种非劣解在实际应用中却是比较重要的。本节针对一般约束多目标优化问题,提出一种新型多目标 GA(Novel Multiple-Objective GA,NMOGA),其中设计了新的适应度函数和选择算子,较好地解决了个体适应性度量问题。NMOGA 将在后续的毁伤效能多目标优化中发挥重要的作用。

3.4.1 NMOGA 设计

考虑多目标规划的一般形式

$$\max f = [f_1(X), f_2(X), \cdots, f_n(X)]$$
$$\text{s.t.} \quad g_i(X) \geqslant 0, \quad i = 1, 2, \cdots, P$$
$$h_i(X) = 0, \quad i = P+1, P+2, \cdots, K$$
$$X_j \in [a_j, b_j], \quad j = 1, 2, \cdots, m$$

式中 $X = [x_1 \quad x_2 \quad \cdots \quad x_m]^{\text{T}}$ ——决策向量;

f ——目标向量;

$f_j(X)$ ——第 j 个目标分量。

为了求解的方便,应将以上给出的约束多目标规划化为无约束形式,采用精确罚函数法可将其化为下列形式:

$$\max f = [f_1(X) - \theta \Phi(X), f_2(X) - \theta \Phi(X), \cdots, f_n(X) - \theta \Phi(X)]$$

$$\Phi(X) = \sum_{i=1}^{P} |\min(0, g_i(X))| + \sum_{i=P+1}^{k} |h_i(X)| \qquad (3.15)$$

式中 $\Phi(X)$ ——罚函数;

$\theta > 0$ ——惩罚因子,可以取不同值 $\theta_i (i = 1, 2, \cdots, n)$。

以下根据多目标规划的无约束形式设计 NMOGA。

1. 适应度函数设计

根据多目标规划的决策思想,提出多目标适应度函数,由两个函数构成,分别定义如下。

定义 3.3 极值性适应度函数

显然对一个极大化问题,各目标分量越大越好,对此以极值性适应度函数进行度量。

对于任意个体 X(由决策向量编码得到),有一个目标向量 f 与之对应,该向量对应 $\mathbf{R}^n$ 空间中的一点,所有这样的点构成的集合称为像空间,显然像空间是一个 n 维超空间,且为 $\mathbf{R}^n$ 的子空间。以像空间中与向量 f 对应的点与原点(零向量)的欧氏距离作为个体 X 的极值性适应度,形式如下:

$$f_{it1}(X) = \|f\| = \sqrt{f_1^2(X) + f_2^2(X) + \cdots + f_n^2(X)} \qquad (3.16)$$

定义 3.4 均匀性适应度函数

仅用 f_{it1} 度量个体的适应性是不够的,因为可能存在这样的个体,f_{it1} 较大,但某个 $f_i(X)$ 较小,仍然不满足非劣性要求,因此,还需要定义个体的均匀性适应度函数,形式如下:

$$f_{it2}(X) = C - [\max_{1 \leqslant i \leqslant n} f_i(X) - \min_{1 \leqslant i \leqslant n} f_i(X)] \qquad (3.17)$$

式中,C 是某个足够大的常数。

2. 改进的选择算子

由于以上设计的多目标适应度函数实际由两个适应度函数构成,因而,不能再采用 SGA 的选择算子,为此提出一种新型选择算子——多重选择算子,其执行流程是首先以 $f_{it1}(X)$ 为适应度对种群进行选择,得到一个中间种群,再以 $f_{it2}(X)$ 为适应度对中间种群进行选择,这样的选择过程逐代进行,可以使种群的非劣性逐步提高。

3. 改进的最佳个体保留策略

为适应多重选择算子,并保证 NMOGA 的全局收敛性,必须改进最佳个体保护策略。

设 $P(k) = \{X_1^{(k)}, X_2^{(k)}, \cdots, X_N^{(k)}\}$ 为第 K 代种群,则

$$f_{it1}(X_q^{(k)}) = \max_{1 \leq i \leq N} f_{it1}(X_i^{(k)}), f_{it2}(X_r^{(k)}) = \max_{1 \leq i \leq N} f_{it2}(X_i^{(k)})$$

将 $X_q^{(k)}, X_r^{(k)}$ 均直接保留到第 $K+1$ 代。

4. 其他

以上提出了改进的适应度函数和改进的选择算子以适应求解多目标规划的需要,至于 GA 的其他方面无须做过多变动。如在编码方面,可以采用二进制编码,也可以采用实数编码。在选择算子的具体实现方面也有多种方法[22],如赌轮方法、排序方法、锦标赛方法和排挤方法等。选用何种方法,应根据问题需要而定。

3.4.2 NMOGA 流程

NMOGA 流程如下:

步骤 1:确定编码方案。若决策变量的取值范围明确时,可用二进制编码;若决策变量取值范围不明确或精度要求高时,应采用实数编码。

步骤 2:确定 GA 控制参数。包括种群规模 N,遗传代数 G,交叉概率 P_c 和变异概率 P_m。

步骤 3:设置遗传代数计算器 i,将其初值置为 0。

步骤 4:随机产生初始种群,即第 i 代种群,记为

$$\text{PoP}(i) = \{X_1^{(i)}, X_2^{(i)}, \cdots, X_N^{(i)}\}$$

步骤 5:计算种群中各个体的适应度 $f_{it1}(X_j^{(i)}), f_{it2}(X_j^{(i)}) (j=1,2,\cdots,N)$。

步骤 6:对第 i 代种群进行遗传操作,产生新一代种群 $\text{PoP}(i+1)$。

步骤 7:将 i 赋值为 $i+1$,即 $i=i+1$,并判断 $i \geq G$ 是否成立,若是,进化终止,输出当代所有非劣解;否则转至步骤 5。

3.4.3 提高 NMOGA 搜索效率的可行域缩减法

采用附加约束法以使可行域被缩减,从而缩小搜索空间,提高 NMOGA 搜索效率,这在求解大规模多目标优化问题时必要的,其意义在于能有效降低时间复杂性。

设多目标规划为

$$\max f = [f_1(X), f_2(X), \cdots, f_n(X)] \quad (3.18)$$
$$\text{s.t.} \quad X \in D \subset \mathbf{R}^m$$

可行域缩减的步骤如下:

步骤 1:求解 $\max f_i(X)$, s.t. $X \in D$ 得各单目标优化的最优点 X_i^* 及最优值 $f_i(X_i^*) = F_i (i = 1, 2, \cdots, n)$。

步骤 2:对任一 i,计算 $f_i(X_j^*)(i = 1, 2, \cdots, n, j = 1, 2, \cdots n$ 且 $j \neq i$) 并取 $R_i = \min_{\substack{1 \leqslant j \leqslant n \\ j \neq i}} f_i(X_j^*)$,据此得一组新的约束(非劣解应满足的不等式)

$$R_i \leqslant f_i(X) \leqslant F_i (i = 1, 2, \cdots, n)$$

步骤 3:令 $D_i = \{X \mid R_i \leqslant f_i(X) \leqslant F_i\}$,则非劣解集 P 必须满足

$$P \subset D_1 \cap D_2 \cap \cdots \cap D_n \cap D = D'$$

D' 即为缩减后的可行域,将其作为 GA 的搜索空间,编码求非劣解。

可行域缩减后,为在进化中保持解的可行性,有两种方法:一是化为无约束;二是设计新的遗传算子,维持解的可行性。

3.5 高效率混合 GA

作为一种新型仿生类随机寻优算法,GA 具有较强的稳健性(robustness)和全局搜索能力,但其局部搜索能力较差,解决这一问题的策略除了改进遗传操作和优化控制参数外,还有一个有效途径就是将 GA 与传统的基于问题知识的启发式搜索算法(如爬山法)相结合构成混合遗传算法(Hybrid Genetic Algorithm, HGA),HGA 的性能(搜索效率、收敛速度和解的质量)将超过混合前的单纯 GA 和单纯启发式算法,其本质是 HGA 性能的涌现性。此外,混合 GA 也可以预防早熟。本节以求解复杂函数优化问题的 HGA 为研究对象,提出构造 HGA 的形式化策略,对当前典型的函数优化 HGA 进行描述,并指出 HGA 的发展趋势。

3.5.1 混合 GA 策略

虽然 GA 与其他算法的混合方法多种多样,但可对其本质进行抽象,从而实现 HGA 混合策略的形式化描述。HGA 混合策略应从进化时间轨道、种群空间轨

道以及混合模式等三方面来描述。也就是说,GA 与传统算法的混合策略是一种三维策略向量,其中任一个分量代表某个方面的子策略,而子策略又取自子策略集。以下对各子策略集分别进行研究。

1. 时间子策略集

记时间子策略集为 H_t,其中任一子策略记为 $h_{ti}(i=1,2,\cdots,n_t)$,可以采取的时间子策略如下:

(1) 在 GA 种群进化过程中每一代都与传统算法混合,记为 h_{t1};

(2) GA 种群进化若干代后,再与传统算法混合,记为 h_{t2};

(3) GA 种群每进化若干代,与传统算法混合一次,记为 h_{t3}。

因此,$H_t = \{h_{t1}, h_{t2}, h_{t3}\}$。

2. 空间子策略集

空间子策略集为 H_s,其中任一子策略记为 $h_{si}(i=1,2,\cdots,n_s)$,可以采用的空间子策略如下:

(1) 对 GA 种群中每个个体用传统算法作局部寻优,记为 h_{s1};

(2) 只对 GA 种群中的最优个体用传统算法作局部寻优,记为 h_{s2};

(3) 选择种群中若干个体以传统算法作局部寻优,选取的原则是使所选个体尽可能分布广,记为 h_{s3}。

因此,$H_s = \{h_{s1}, h_{s2}, h_{s3}\}$。

3. 混合模式子策略集

记模式子策略集为 H_p,其中任一子策略记为 $h_{pi}(i=1,2,\cdots,n_p)$,可采取的模式子策略如下:

(1) 嵌入式混合模式,记为 h_{p1}。所谓嵌入式混合是指 GA 与传统算法混合时,其中一种算法作为另一种算法的某一操作步骤出现,它又分为内嵌和外嵌两种形式。内嵌是指在 GA 的执行过程中嵌入传统算法,外嵌是指在传统算法执行过程嵌入 GA。

(2) 组合式混合模式,记为 h_{p2}。所谓组合式混合是指两种算法以一定的先后顺序各自执行。

因此,$H_p = \{h_{p1}, h_{p2}\}$。

综上所述,记 GA 与传统算法的混合策略向量为 $\boldsymbol{H}$,则

$$\boldsymbol{H} = [h_t \quad h_s \quad h_p]^{\mathrm{T}}$$

式中,$h_t \in H_t$;$h_s \in H_s$;$h_p \in H_p$。

3.5.2 函数优化混合 GA 的构造

函数优化是最优化中最为典型的一类问题,而复杂函数优化由于其非线性、多峰性和欺骗性(deceptive)等特征,则成为最优化中的难点。传统的基于问题知识

的启发式搜索算法,在求解复杂函数优化问题时往往陷于局部极优,而 GA 求解此类问题时又难以摆脱"早熟"困境,有鉴于此,结合二者优点的 HGA 在求解复杂函数优化问题中得到广泛应用。当前用于复杂函数优化的典型 HGA 有 GA 与梯度法、爬山法等经典函数优化算法的混合;GA 与神经网络学习算法的混合;GA 与禁忌搜索(Tabu Search,TS)算法的混合;GA 与模拟退火(Simulated Annealing,SA)算法的混合等。以下分别对用于连续函数优化的 HGA 和用于离散函数优化(组合优化)的 HGA 进行详细描述。

1. 用于连续函数优化的 GA 与 SA 混合算法(SA-GA)

模拟退火法是模拟物理系统徐徐退火过程的一种搜索技术。在搜索最优解的过程中,SA 除了可以接受优化解外,还用一个随机接受准则(Metropolis)有限度地接受恶化解,并且使接受恶化解的概率逐渐趋于零,这使算法能尽可能找到全局最优解,并保证算法收敛。

SA 最引人注目的地方是它独特的退火机制。所谓 GA 与 SA 混合算法本质上是引入退火机制的 GA,其策略分为两类:一类是在 GA 遗传操作中引入退火机制,形成基于退火机制的遗传算子;一类是在 GA 迭代过程中引入退火机制,形成所谓退火演化算法。

退火遗传算子包括退火选择算子和退火变异算子。

在 GA 迭代前期适当提高性能较差串进入下一代种群的概率以提高种群多样性,而在 GA 迭代后期适当降低性能较差串(劣解)进入下一代的概率以保证 GA 的收敛性,这是 GA 运行的一种理想模式,退火选择算子(Selection Operator Based on Simulated Annealing)有助于这种模式的实现,其原理是利用退火机制改变串的选择概率,它又有两种形式。一种形式是采用退火机制对适应度进行拉伸,从而改变第 i 个个体的选择概率 P_i,公式如下:

$$P_i = \frac{e^{f_i/T}}{\sum_{j=1}^{M} e^{f_j/T}}, \quad T = T_0(0.99^{g-1}) \tag{3.19}$$

式中　f_i——第 i 个个体适应度;

　　　f_j——第 j 个个体适应度;

　　　M——种群规模;

　　　g——遗传代数序号;

　　　T——温度;

　　　T_0——初始温度。

退火选择算子的另一种形式是引入模拟退火算法接受解的 Metropolis 准则对两两竞争选择算子做出改进。设 i,j 为随机选取的两个个体,它们进入下一代的概率为

$$P_i = \begin{cases} 1, & f(i) \geqslant f(j) \\ \exp\left[\dfrac{f(i)-f(j)}{T}\right], & \text{其他} \end{cases}$$
$$P_j = \begin{cases} 0, & f(i) \geqslant f(j) \\ 1-\exp\left[\dfrac{f(i)-f(j)}{T}\right], & \text{其他} \end{cases} \quad (3.20)$$

式中　$f(i)$ 和 $f(j)$——个体 i 和 j 的适应度；

　　　T——温度。

在每一次选择过程之后，T 乘以衰减系数 $a(a<1)$ 以使 T 值下降。

退火变异算子也可以采取两种形式。一种适用于实数编码，其原理是使变异幅度随温度 T 的衰减而减小，目的是在 GA 迭代后期进行局部搜索，以提高 GA 的局部爬山能力。另一种适用于二进制编码，其原理是使变异概率随温度 T 的衰减而减小，目的是在 GA 迭代后期保护较优个体，提高收敛速度。同时，由于变异概率的减小，导致发生变异基因数减少，也能使变异幅度减少，从而达到局部寻优的目的。

关于退火演化算法，以求函数 $f(x)$ 极小值为例描述如下。

首先从一个包含 N 个点的初始种群出发，在每个控制参数 C 下，群体中每个点都产生 L 个新解，这些新解根据 Metropolis 准则被接受或舍弃，经过一个冷却步后，群体由原来的规模增加到至多包含 $N(L+1)$ 个点，按照适应度比例方法从中选择 N 个点作为生存集，然后算法再在一个降低的控制参数下重复以上过程。其伪码描述如下：

```
begin
    K:=0
    Initialize    (c,P(K));
    Evaluate P(K);
    Termination-criterion:=false
    While  terination-criterion=false do
    begin
    K:=K+1;
    Select  P(K)  from  P(K-1);
    For  i:=1  to L    do
    Begin
    For  j=1  to N    do
    Begin
    Generate  y_j  from  x_j;
```

```
If    f(y_j)−f(x_j)≤0
Then   x_j=y_j
Else  if exp[−(f(y_j)−f(x_j)/c)]>rand [0,1]
Then   x_j=y_j
End
End
Lower  c;
Evaluate  P(k);
End
```
End

2. 用于离散函数优化(组合优化)的 GA 与 TS 混合算法(TGA)

禁忌搜索算法求解组合优化问题已显示出一定的有效性,但仍不能摆脱陷于局部极优的困扰,而将禁忌搜索算法与 GA 混合则能既保持禁忌搜索算法局部搜索能力强的特点,又能充分发挥 GA 全局最优性的优势,从而使混合算法(TGA)的性能超出混合前的任一算法。

禁忌搜索算法涉及邻域(neighborhood)、禁忌表(tabu list)、禁忌长度(tabu length)、候选解(candidate)、藐视准则(aspiration criterion)和邻域函数 $N(x)$ 等概念,它们的选取直接影响到优化结果。禁忌表通过设置一个二维数组 m[colonysize][lchrom]来实现,该数组存储二进制串中最近被反位的次数,其中 colonysize 为种群大小,lchrom 为基因长度;禁忌长度 t 随问题规模的大小动态变化,根据经验取 $t=0.5\sim 0.7$;候选解 n 是当前状态的邻域解集的一个子集即 $N(S_{j-1}\subseteq S)$,即禁忌表 m 中对应位为 0 的基因所构成的解集;藐视准则表示禁忌对象所产生的适应度值若优于当前代的最大值,仍选择它作为一个当前状态,这样就能防止遗失最优解。

以下以典型组合优化问题——背包问题为例,设计 GA 与 TS 混合算法(TGA)。

令 $\max f(s), s\in S$ 为一个背包问题,其中 s 为搜索状态,S 为有限状态集(即搜索状态空间),k 为算法执行代数,S_k 为算法执行到第 k 代搜索到的所有解的集合,并令 c_i 为第 i 个物品的价值,w_i 为第 i 个物品的质量。

TGA 算法设计如下:

(1) 首先借助贪婪算法(greedy algorithm)随机产生初始种群,即在基因编制时,按 c_i/w_i 的降序对所有的物品进行排列,优先装入 c_i/w_i 较大且 $x_i=1$ 的物品,直到满足背包质量最大限度,对于不能装下且 $x_i=1$ 的物品,便令 $x_i=0$,这样就能满足约束条件,且解的质量较好,由此得到一组初始解,同时把禁忌表 m 初始化为 0。

(2) 执行进化操作,根据每一个解的变化来修改 m 的值。如果 m 中某位的值大于禁忌长度 t,则相应位清零。

(3) 判断 k 是否大于最大禁忌代数 tsgen,若满足则转向(4)执行,否则对各个体执行禁忌搜索,个体当前解为 s_k,设置 s_{temp} 为一个临时状态。

1) 计算 s_k 的所有邻域解。如 s_k 的所有邻域解均已被测试过,即 m 的相应位均不为 0,s_i 为最早被测试的解,则令 $s_{\text{temp}} = s_i$。

2) 若第1)步不成立,判断满足藐视准则否?如在 S_k 的被禁忌的邻域解中,产生了大于当前代的最大适应度的解 $s_{\max}$,则 $s_{\text{temp}} = s_{\max}$,$S_{k+1} = S_k + \{x_{k+1}\}$;否则按照禁忌准则选取未禁忌的邻域解中的最大值 S_m,令 $S_{\text{temp}} = S_m$,$S_{k+1} = S_k + \{x_{k+1}\}$。

3) 按照先进先出(First In First Out,FIFO)的原则修改禁忌表 m。用临时状态更新当前状态,即 $s_k = s_{\text{temp}}$,并令 $k = k+1$。

(4) 产生新种群,判断 k 是否小于给定的最大迭代次数 maxgen,若满足则转向(3)中的 2) 执行,否则结束算法运行,输出最优值。

3.5.3 算法实验及分析

1. SA-GA 连续函数优化仿真实验

$$\max f(x_1, x_2) = 0.5 - \frac{\sin^2 \sqrt{x_1^2 + x_2^2} - 0.5}{[1 + 0.001(x_1^2 + x_2^2)]^2}$$

此函数的全局极大点是 $(0,0)$,极大值为 1,而在距全局极大点大约 3.14 范围内的隆起部有无限多的局部极大点,具有较高的欺骗性。

对该函数同时运用以上提出的 SA-GA 和标准遗传算法进行求解,结果如下:

利用标准遗传算法优化运行 100 次,每一次进化 50 代,100 次运行的最优求解结果为,最大值为 0.974 4,对应的解为 $x_1 = 1.146~8, x_2 = 2.164~5$。表 3.2 列出了标准遗传算法运行 100 次的最佳结果。

表 3.2 标准遗传算法的运行结果

最优值范围	解的个数
0.9~1	4
0.8~0.9	5
0.7~0.8	16
小于 0.7	75

利用 SA-GA 求解,每一代均采用 Metropolis 准则选择算子和退火变异算子以及基本遗传算法的交叉算子进行进化,初始温度 $T_0 = 20$,运行 100 次,每次进化 30 代,100 次运行的最优结果是最大值为 0.999 995 041 1,对应的解为 $x_1 =$

$-0.0302, x_2 = -0.0295$。表 3.3 列出了利用 SA-GA 的最佳运行结果。

表 3.3 SA-GA 的运行结果

最优值范围	解的个数
0.9~1	100
0.8~0.9	0
0.7~0.8	0

2. TGA 离散函数优化仿真实验

首先利用标准遗传算法对文献[25]中例 1 的数据进行测试,该实例的最优值为 295。

因为共 10 件物品,所以染色体的长度选为 10,算法运行 30 次,每次运行 50 代,种群规模为 100,求解结果:最小值为 252(1 个),最大值为 295(共 8 个),具体分布情况见表 3.4。

表 3.4 标准遗传算法的运行结果

最优值范围	解的个数
295	8
290~294	10
285~289	11
252	1

其次利用 TGA 算法求解。先利用贪婪算法得到的一个较优解的值为 290,禁忌表的长度为 5,邻域规模为 30,候选集规模为 10,生成邻域时剔除物品的数量为 2~4,进化代数为 40,运行 50 次的最优结果均为 295。

本节分别设计了用于连续函数优化和用于离散函数优化(组合优化)的混合遗传算法,并通过仿真实验对其有效性进行了验证。混合遗传算法已成为近年来 GA 研究中的热点和极有价值的课题之一。虽然 HGA 一般是串行的,但由于 HGA 融合了局部搜索能力强的传统算法或是某个领域已被证明有效的专有算法,甚或是其他智能化搜索方法,因而能弥补 GA 局部搜索能力低的局限,充分利用启发式信息,提高 GA 对于具体问题的针对性,这已被大量 HGA 的应用实例所证明。除了上述典型 HGA 外,HGA 又有了一些新发展,例如,GA 与模糊系统等智能算法和智能系统的混合;GA 与进化规划(EP)、进化策略(ES)等其他随机演化算法的混合;GA 与免疫算法、蚁群算法(Ant)等新型仿生算法的混合;GA 与混沌算法的混合;GA 与微粒群算法(Particle Swarm Optimization,PSO)的混合。

目前虽然各种各样的 HGA 研究成果不断出现,但仍需在新的混合策略、混合策略的形式化以及混合算法系统实用化等方面做进一步研究。

3.6 本章小结

本章根据导弹毁伤效能优化模型的非线性、多峰性特点,构造相应的基于 GA 的高效智能优化算法。首先设计高效率遗传算子,包括一种高效率自适应选择算子和一种改进的变异算子,在此基础上,构造了一种提高非线性优化全局收敛性的新型 GA;针对导弹毁伤效能优化中的非线性混合变量优化和多目标优化情形,分别构造求解非线性混合整数规划的新型 GA 和求解多目标规划的新型 GA;为进一步提高 GA 在导弹毁伤效能智能优化中的效率,提出高效率混合 GA,包括 GA 与经典函数优化算法的混合及 GA 与模拟退火算法的混合。

本章的内容为后续各章中的导弹毁伤效能智能优化提供了进化计算方法。

参 考 文 献

[1] Holland J H. Adaptation in Natural and Artificial Systems[M]. 2nd ed. Combridge MA:MIT Press,1992.

[2] Back T, Fogel D, Michalewicz Zeds. Handbooks of Evolutionary Computation[M]. New York:Oxford University Press,1997.

[3] 胡小兵. 模糊理论在遗传算法中的运用[J]. 模式识别与人工智能,2001, 14(1):109-113.

[4] 肖宏峰,谭冠政. 基于单纯形的小生境混合遗传算法[J]. 小型微型计算机系统,2008,29(9):1719-1725.

[5] 潘正君. 演化计算[M]. 北京:清华大学出版社,1998.

[6] Liu Y, Kiang L S, Evans D J. The Annealing Evolution Algorithm as Function Optimizer[J]. Parallel Computing,1995,21(9):389-400.

[7] Booker L B. Classifier System and GAS[J]. Artificial Intelligence,1989,40 (3):235-282.

[8] Glover F,Kelly J, Laguna M. GA and TS:Hybrids for Optimizations[J]. Computers. Ops. Res,1995,22(1):111-134.

[9] 刘胜辉,王丽红. 求解车间作业调度问题的混合遗传算法[J]. 计算机工程与应用,2008,44(29):73-75.

[10] 刘勇,康立山,陈毓屏. 非数值并行计算:遗传算法(第二册)[M]. 北京:科学出版社,1995.

[11] 李大卫. 遗传算法与禁忌搜索算法混合策略[J]. 系统工程学报,1995,13(3):28-34.

[12] 罗小平,韦巍. 一种基于生物免疫遗传学的新优化方法[J]. 电子学报,2003,31(1):36-39.

[13] 王熙法. 一种基于免疫原理的遗传算法[J]. 小型微型计算机系统,1999,20(2):117-120.

[14] Seppo J Ovaska. Fusion of Soft Computing and Hard Computing in Industrial Applications: An Overview[J]. IEEE Trans on System, Man and Cybernetics—Part C: Applications and Reviews,2002,32(2):72-78.

[15] 李宏,焦永昌,张莉,等. 一种求解全局优化问题的新混合遗传算法[J]. 控制理论与应用,2007,24(3):343-348.

[16] 陈国良. 遗传算法及其应用[M]. 北京:人民邮电出版社,1996.

[17] Syslo M M. Discrete Optimization Algorithms[M]. Englewood Cliffs, N J: Prentice-Hall, Inc., 1983.

[18] 魏权龄. 数学规划引论[M]. 北京:北京航空航天大学出版社,1991.

[19] 孙艳丰,王众托. 多目标0-1规划问题的遗传算法[J]. 系统工程与电子技术,1994(10):57-61.

[20] 马良. 多目标投资决策问题的进化算法[J]. 上海理工大学学报,1998,20(10):56-59.

[21] Schaffer J D. Multiple Objective Optimization with Vector Evaluated Genetic Algorithms[C]. Pro Int Conf on GA and Their Applications,1985:83-100.

[22] Goldberg D E. Genetic Algorithms in Search, Optimization and Machine Learning[M]. MA: Addison Wesley,1989.

[23] 贺一,邱玉辉,刘光远. 多维背包问题的禁忌搜求解[J]. 计算机科学,2006(9):169-171.

[24] 廖飞雄,马良,王攀. 一种改进的禁忌搜索算法求解背包问题[J]. 计算机应用与软件,2009(3):131-133.

[25] 秦玲,白云,章春芳. 解0-1背包问题的蚁群算法[J]. 计算机工程,2006,32(6):212-214.

第2篇 基于智能计算的导弹毁伤效能优化方法

第4章 导弹毁伤效能优化导论

4.1 引 言

本篇对导弹毁伤效能智能优化方法开展研究,应用这些方法能够有效提高导弹毁伤效能,从总体上提高对地攻击军事能力,而提高对地攻击军事能力具有战略、战术双重意义。

从战略上看,提高对地攻击军事能力具有以下意义:

(1)有利于维护国家统一。对地攻击能力的提高能从军事上有效震慑分裂势力,从而起到促进祖国统一的作用。

(2)有利于维护海洋权益。中国与多个国家存在海洋权益之争,这种争端一旦诉诸武力,必然要求具有较强的对地(海)攻击能力。

(3)有利于提高中国的国际地位。中国作为一个大国要在地区乃至世界事务中发挥应有作用,必然要求能够在较大范围内实现军事力量投射,而通过运用导弹提高对地面目标的远距离攻击能力正是实现这一目标的重要途径。

(4)有利于维护国家安全。我国周边国家军事实力增长很快,其导弹武器的性能近年来也有很大提高,这就要求必须尽快提高导弹对地攻击能力,以震慑潜在对手,保持和平稳定的周边环境。

(5)有利于维持战略机遇期。目前我国正处在国家发展的重要战略机遇期,但来自外部的安全威胁依然存在,只有以导弹武器作为不对称作战的重要手段,大力提高远距离对地攻击军事能力,才能打破强敌在军事上的绝对优势,努力实现战略平衡,为经济建设创造持续稳定的国际环境。

从战术上看，提高对地攻击军事能力具有以下意义：

（1）具有较强对地攻击能力的导弹可独立遂行作战任务，且能快速、方便、有效地达成作战意图，在此方面，美军已在多场战争中创下典型战例。

（2）具有较强对地攻击能力的导弹可在多军兵种联合作战中发挥重要作用，例如，遂行战场封锁；对步兵的进攻作战实施火力支援等。

（3）具有较强对地攻击能力的导弹能灵活实现精确打击。精确打击既是减少平民伤亡的道义需求，也是提高打击效能的军事需求。现代精确制导技术为精确打击提供了可能。导弹能够通过陆基、海基及空基平台发射，从而更加灵活地实现对地面目标的精确打击，令对手防不胜防。

4.2 国内外导弹毁伤效能分析的研究现状

在导弹效能分析领域，苏联和俄罗斯以及美国始终走在世界前列，这是由其雄厚的航天科技实力特别是导弹研制能力以及作战需求牵引作用决定的。尤其是苏联作为作战效能分析理论的发祥地，为作战效能分析理论的形成和发展做出了许多贡献。

1940 年，苏联专家 B. C. Tuliaev 的著作《空中射击》的问世标志着空中射击效能理论的诞生。至 20 世纪 60 年代，现代武器系统分析的理论基础初步形成，与此同时，空对空单目标、多目标射击效能理论，空对地点目标、面目标、群目标射击效能理论趋于成熟，歼击型武器装备、轰炸型武器装备对抗分析模型也已产生。从 60 年代到 80 年代，航空武器系统效能分析理论逐步形成体系，空中射击和轰炸的效能理论进一步完善，并出现了新的射击效能理论——反导弹效能评估理论。此外，空战效能理论得到更加深入的研究。这一时期取得了许多效能分析研究成果[1-5]，例如，提出了飞机生存力评估理论和方法；针对空战中的不确定因素，提出了基于统计理论的处理方法；导弹武器规划问题得到研究并给出了形式化模型；用于效能评估的数值算法、系统综合的优化算法也相继出现。在此基础上形成了一整套飞行器系统设计理论和方法。

国内开展导弹效能分析研究的历史虽然不长，但发展较快，许多国防工业专家和军事专家进行了卓有成效的工作，其中最有代表性的是 1993 年由军事科学出版社出版的《军事运筹学》一书[6]和 1993 年由航空工业出版社出版的《作战飞机效能评估》一书[7]。前者对效能分析领域一些容易混淆的理论问题做了进一步澄清，对效能概念的形成、效能理论和方法的规范化起到了重要作用；后者系统总结了国内外作战效能评估方法，对实际开展效能评估工作有较大的参考价值。目前，效能分析理论和方法已经渗透到各种武器系统设计制造、系统分析和作战运用等许多方面,其应用越来越广泛[8-9],但在效能分析理论方面具有创新性的成果尚不多见,这反过来又制约了国内作战效能分析总体水平的提高。

目前,国内外有关导弹毁伤效能优化的研究尚不多见。国外的研究以俄罗斯的水平居于前列,而国内的研究[10-11,14,19]是从20世纪90年代开始起步的,至今所取得的成果还不够丰富。从少量的公开出版物来看,导弹毁伤效能优化研究的主要内容包括导弹研制方案总体优化和战术运用方案优化两方面,而每一个方面又包含方案数有限和方案数无限两种情形[20-27]。在方案数有限的情形下,导弹毁伤效能优化本质上是不同方案的优劣比较,这可以通过对方案评估来实现。常用的评估方法有性能对比法、专家评分法、指数法、统计法、作战模拟法、多指标综合评价法、DEA(Data Envelopment Analysis)法以及人工神经网络(ANN)法等。在方案数无限的情形下,通过运用数学规划、运筹学、图论、最优控制和微分对策等最优化理论和方法,建立函数极值、泛函极值等最优化数学模型,实现方案优化选择,从而达到效能优化目的。

虽然已经发展了多种导弹毁伤效能优化方法,但在导弹毁伤效能优化研究中仍然存在下列问题:

(1)导弹毁伤效能优化中相关概念的定义尚欠准确。此外,还存在着术语不一致、概念不统一的现象。例如,经常出现的"系统效能""作战效能""总体效能"以及"作战效率"等概念,它们的内涵和外延均不甚明了。

(2)目前已经发展的导弹毁伤效能优化方法的任务针对性和环境适应性均需加强。主要反映在效能指标不能完整体现作战效能与作战任务、作战环境之间的量化关系。例如,针对具体作战任务,机载武器的组织与优化对效能的影响;风、霜、雨、雪等不良气候以及地形、地貌等环境条件对作战效能的影响。

(3)在导弹毁伤效能优化模型的求解上缺乏有效算法,对大规模复杂优化模型尤为如此。目前,在作战效能优化模型求解中使用的算法主要有求解无约束优化问题的梯度法、Hessian法和直接法;求解约束优化问题的梯度投影法、可行方向法和罚函数法等。这些算法存在以下不足:对目标函数有较强的限制性要求,例如,连续、可微、单峰等;算法结果对初始点选取依赖较大;缺乏简单性和通用性;对某些约束难以处理;一般只能收敛到局部极优解。

在1.1节中已经述及,本书的重点是基于GA的智能化导弹毁伤效能优化理论和方法,目的是从导弹武器战术运用的角度提高导弹毁伤效能,因而有必要对导弹毁伤效能优化概念及其主要问题做进一步探讨。

4.3 导弹毁伤效能优化的系统分析

4.3.1 导弹毁伤效能优化基本概念

定义 4.1 导弹攻击

导弹攻击是指在考虑导弹的类型、数量、飞行状态、战斗部形式、瞄准精度和基本战术以及目标的类型和易损性,使用导弹对目标实施射击的作战行动。

定义 4.2 导弹作战效能

在一定的攻击条件下,导弹完成预定作战任务的程度称为导弹作战效能,其主要的单项效能为导弹毁伤效能。

定义 4.3 导弹毁伤效能优化

运用试验、演习、数学模型以及其他模型化方法,以提高导弹毁伤效能为目标,对导弹武器系统的设计方案、导弹作战行动方案以及导弹武器战术运用方案进行优化选择的过程或活动称为毁伤效能优化。

定义 4.4 导弹毁伤效能分析

导弹毁伤效能分析是导弹毁伤效能评估与毁伤效能优化的总称。

导弹攻击是其作战行动全周期的一个阶段,毁伤效能是导弹的一个单项效能,而毁伤效能分析是导弹总体作战效能分析的基础之一。用模型化方法进行导弹作战效能分析时,必须针对每个阶段建立效能分析模型,所有模型构成一个闭合的模型链,称之为导弹作战效能分析模型体系,如图 4.1 所示,其中对地面目标的攻击模型和杀伤模型对应于毁伤效能分析。

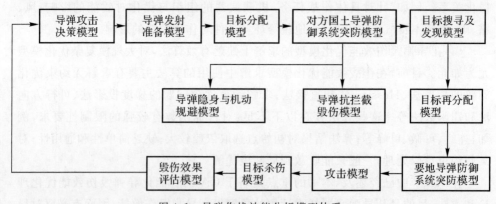

图 4.1 导弹作战效能分析模型体系

下面从导弹武器战术运用角度提出用模型化方法实现导弹毁伤效能优化的基本任务和基本问题。

4.3.2 导弹毁伤效能优化的基本任务

导弹毁伤效能优化任务可分为两类,即正向优化和逆向优化。

定义 4.5 毁伤效能正向优化

在给定的作战资源下,选择最佳的导弹攻击条件,使毁伤效能指标值最大,这一运筹决策过程称为毁伤效能正向优化。

定义 4.6 毁伤效能逆向优化

在给定的毁伤效能指标值下,选择最佳的导弹攻击条件,使作战资源的消耗最少,这一运筹决策过程称为毁伤效能逆向优化。

在以上定义中,作战资源指的是可出动的导弹发射平台数,本质上是可投射的导弹武器总量。导弹攻击条件包括导弹发射平台实施攻击条件和导弹武器射击条件,通常表现为待定参数组,而这些参数一旦确定,实际上就确定了一个战术运用方案,因此,导弹攻击条件的优选也可视为导弹战术运用方案的优选。

运用模型化方法实现导弹毁伤效能优化的过程可用流程图简略表示,如图4.2和图4.3所示,其中最为关键的就是毁伤效能优化模型的建立及其解算。

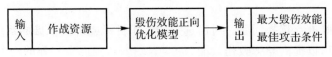

图 4.2 导弹毁伤效能正向优化流程

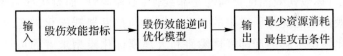

图 4.3 导弹毁伤效能逆向优化流程

可以对导弹毁伤效能优化模型进行形式化描述。

毁伤效能正向优化模型

$$\max E = f_E(L_1, L_2, \cdots, L_m)$$
$$\text{s.t.} \quad N \leqslant N_0$$

式中 E——表毁伤效能指标;

$L_1, L_2, \cdots, L_m$——决策变量表征导弹攻击条件的一组待定参数;

N——可投射弹量;

N_0——投射弹量的限制常数;

f_E——E 与 $L_i(i=1,2,\cdots,m)$ 之间的函数关系。

毁伤效能逆向优化模型

$$\min N = f_n(L_1, L_2, \cdots, L_m)$$
$$\text{s. t.} \quad E \geqslant E_0$$

式中 f_n——N 与 $L_i(i=1,2,\cdots,m)$ 之间的函数关系；

E_0——毁伤效能限制常数。

4.3.3 导弹毁伤效能优化的基本问题

根据地面目标特性和攻击任务的不同，可以将导弹毁伤效能优化问题概括为五类：

(1)战略目标选择问题。目标选择问题实质上是目标重要性评估，这是毁伤效能优化中最高层次的决策问题，具有宏观意义。

(2)导弹投射数量优化问题。这类问题见于对各类地面目标的攻击中。

(3)导弹火力规划问题。火力规划问题本质上是大规模多层次火力分配问题，这类问题见于对单个一体化地面目标多波次攻击和对多个地面目标多波次攻击中。

(4)导弹火力分配问题。这类问题见于对已选定的某个稀疏目标系的导弹攻击中。

(5)导弹瞄准点选择问题。对已选定的面积目标或密集多目标系攻击时，要选择最佳瞄准点，以提高导弹毁伤效能。

导弹攻击的终端效应是目标毁伤，这与一般的陆基制导武器是一致的，而文献[29]已证明：目标毁伤效能优化问题是非线性、多峰问题，而且大多数都是高度非凸的，因此，毁伤效能优化研究中的一个迫切课题是发展智能化问题求解技术，以克服多峰优化模型求解的局部极优障碍和大规模优化模型求解的可计算性问题，而 GA 因其独特的优点有望成为一个有力工具，这也正是撰写本书的初衷。

由于本篇是从导弹战术运用的角度出发开展研究的，因此，在以后各章中，作为约定，"目标杀伤效能"将作为与"毁伤效能"同等的概念出现。

4.4 本篇主要内容

本篇以 GA 为智能算法工具，针对导弹毁伤效能优化的基本问题，从导弹武器战术运用角度出发，以实现导弹毁伤效能智能优化为目的开展研究，主要内容包括以下几方面：

(1)系统阐述了导弹毁伤效能优化概念。首先定义了导弹攻击、毁伤效能以及毁伤效能分析等基本概念，在此基础上，形成了用模型化方法进行导弹毁伤效能分析的模型体系，分析了导弹毁伤效能优化的基本任务和基本问题，把导弹毁伤效能优化科学地划分为正向优化和逆向优化，并给出了形式化描述。

(2)系统定义了导弹广义射击、各种类型地面目标等毁伤效能优化中的基本概念,概括和总结了度量导弹毁伤效能的随机型指标,并对其中一部分指标提出了新算法。针对毁伤效能随机型指标存在的不足,提出了一种新型毁伤效能指标——模糊型指标,并给出了对各种类型地面目标射击时,相应的毁伤效能模糊型指标计算方法。随机型指标与模糊型指标相辅相成,构成完整的毁伤效能指标体系,使导弹毁伤效能度量更为全面和准确。

(3)针对导弹打击目标选择中存在的目标重要性不易评定的难点,以GA与模糊系统理论为基础,提出新的目标优选算法。首先将目标选择过程从纵向划分为两个层次,即战略目标选择与子目标选择,与之相应的分别提出一种改进的模糊分类算法和一种新型遗传模糊C-均值聚类算法,提高了目标选择的合理性。

(4)针对导弹武器对不同类型的单个地面目标射击的最优战术运用问题,根据毁伤效能优化模型的非线性、多峰性特点,提出了相应的基于GA的智能优化算法。对单个小目标,研究了两种不同射击方式下导弹武器的杀伤效能,构造了杀伤效能的马尔可夫链分析模型,提出了实现弹序优化的新型GA;对单个面积目标和单个密集型集群目标,建立了瞄准点选择的多目标优化模型,并通过新型多目标GA求解该模型;对单个疏散型集群目标,提出了空-地武器火力分配最优化模型和相应的基于GA的求解新算法;对各种类型的地面目标,提出了在给定的毁伤效能指标下必须投射导弹数的新算法。

(5)针对导弹毁伤效能总体优化问题,即导弹武器火力规划问题,提出基于GA的智能化火力规划算法,用以提高多地面目标、多波次、多平台情形下导弹毁伤效能。根据火力规划问题的总体最优性,相对于不同的问题规模,提出了相应的智能优化算法。对于小规模导弹武器火力规划问题,提出一种改进的非线性混合变量优化GA,以此作为算法基础,实现小规模情形下导弹武器火力最优规划;对于大规模导弹武器火力规划问题,提出了一种新型分层嵌套GA,有效地解决了大规模火力规划问题求解的可计算性问题。对于多波次导弹攻击问题,提出一种改进的单亲GA,实现多波次导弹攻击的最优火力分配,提高了多波次导弹攻击的总体毁伤效能。

参 考 文 献

[1] Didonate A R, Jarnagin M P. A Method for Computing the Generalized Circular Error Function and the Circular Coverage Function [R]. AD270739.

[2] Eckler A R, Burr S A. Mathematical Model of Target Coverage and Missile Allocation[R]. New York: Military Operations Research Society, 1972.

[3] 勒列宾 A M.航空可控武器的作战效能[M].莫斯科:莫斯科航空学院出版社,1985.

[4] 伊合叶夫 A C.航空综合体的效能分析与综合基础[M].莫斯科:莫斯科航空学院出版社,1983.

[5] 乌里金 A C.地空导弹综合火力控制[M].莫斯科:莫斯科军事出版社,1987.

[6] 张最良.军事运筹学[M].北京:军事科学出版社,1993.

[7] 朱宝鎏.作战飞机效能评估[M].北京:航空工业出版社,1993.

[8] 李廷杰.射击效能[M].北京:北京航空航天大学出版社,1997.

[9] 姜长生,孙隆和.先进武装直升机的一种新型组合火力综合控制系统[J].火力与指挥控制,1998,23(2):6-15.

[10] 张安,佟明安.空地航空子母弹毁伤效能分析建模研究[J].火力与指挥控制,2000,25(1):22-25.

[11] 高晓光.作战效能分析的基本问题[J].火力与指挥控制,1998,23(1):56-59.

[12] 杨秀珍,等.战场环境下 C^3I 系统效能研究[J].火力与指挥控制,2000,25(1):39-42.

[13] Bouthnnier V, Levis A H. Effectiveness Analysis of C^3I System[J]. IEEE Trans on SMC,1984,14(1):127-135.

[14] 罗继勋,高晓光.机群对地攻击分析动力学模型建立及仿真分析[J].火力与指挥控制,2000,25(1):51-53.

[15] Katzw. Distributed Interactive Simulation, Interoperability is Key to Success in Simulation Working[J]. Defense Electronics,1994,26(6):61-66.

[16] Rieger L M. An Army View toward Future Training[C]. Proceedings of the 1994 Summer Computer Simulation Conference,1994:544-549.

[17] 王宏伦.智能控制理论在多机协同空战分析中的应用研究[D].西安:西北工业大学,1998.

[18] 罗继勋.截击机作战效能分析及其系统优化[D].西安:西北工业大学,2000.

[19] 艾剑良.多任务攻击型航空综合体作战效能评估的理论与方法研究[D].西安:西北工业大学,1997.

[20] 刘栋,等.武器系统方案评价与决策的 DEA 模型[J].军事系统工程,1996(1):12-16.

[21] 李东胜,朱定栋.用 DEA 法解决武器装备论证中装备结构优化问题[C].国防系统分析专业组 1994 年会论文集,1994.

[22] Bowlin W F. Evaluating the Efficiency of Us Air Force Real－Property Maintenance Activities[J]. J Opl Res Soc 1987,38(1):127-135.

[23] 徐培德.武器研制方案评估的 DEA 方法[R].国防科技资料,GF75377,1989.

[24] 李林森.多机协同空战系统的综合智能控制[D].西安:西北工业大学,2000.

[25] 练永庆,等.基于 ANN 的武器作战效能评估方法[C].军事运筹学会 1998 年会论文集,1998.

[26] 袁克余.武器系统效能研究中几个问题的探讨[J].系统工程与电子技术,1991(6):61-69.

[27] 王和平.飞机总体参数与作战效能的关系研究[J].航空学报,1994,15(9):1077-1080.

[28] Flemings G H. A Decision Theoretic Approach to Recommending Action in the Air-to-Ground Aircraft of the Future[R]. AD—A248158.

[29] Edmund G Boy. An Investigation of Optimal Aiming Points for Multiple Nuclear Weapons Against Installation in A Target Complex[R]. AD—A141034.

第5章 导弹毁伤效能的随机型与模糊型指标

5.1 引 言

正确选择效能指标并提出相应计算方法是毁伤效能分析中的一项基础性工作,同时,由于效能指标选取恰当与否直接关系到效能度量的准确性,因而这项工作也显得十分重要。在以往的武器系统射击效能分析中(包括导弹武器射击效能分析),根据射击任务及目标特性,选取下列三类随机型指标[1-3]:

(1) 完成任务的概率 $P(A)$,其中 A 表示完成任务这一随机事件。

(2) 目标的平均相对损伤 $M[U]$,其中 U 表示"目标相对损伤"这一随机变量。

(3) 目标相对损伤程度不低于给定值的概率 $P_u = P\{U \geqslant u\}$。

以上三类随机型指标简单明了,较好地反映了弹着点的随机性对杀伤效能的影响,但仍有其不足。随机型指标的提出与计算实际上是基于二值杀伤判断的,即没有考虑到射弹杀伤边界的模糊性。此外,随机型指标也未考虑到目标"损伤"的多值性,因而不能体现出目标损伤程度的差异。为此,本章以导弹武器毁伤效能为研究对象,在系统定义各种随机型效能指标并提出相应计算方法的基础上,提出毁伤效能模糊型指标及其计算方法的新理论。随机型指标与模糊型指标恰当地反映了毁伤效能的两个不同侧面,同时,模糊型指标的多值性弥补了随机型指标二值性的缺陷,而随机型指标的简洁性弥补了模糊型指标不够直观的缺陷,二者相辅相成,使毁伤效能度量更加全面和准确。本章的内容将为后续各章中对各种地面目标射击毁伤效能解析优化模型的建立打下基础。

5.2 基本概念

5.2.1 广义射击

定义5.1 广义射击

从陆基、海基及空基等平台发射各种导弹的作战行动总称为广义射击。通常广义射击的毁伤效能以目标所遭受的损伤来度量。

在广义射击概念下,进行毁伤效能分析时无须区分导弹的具体类型,而仅须根据导弹战斗部作用机理的不同区别为远距作用式和撞击作用式两类[3]。在本书以后的论述中,将各种导弹均简称为导弹。

5.2.2　目标分类

通常在作战效能分析中,根据目标组成及几何特性的不同,将目标划分为四类:单个小目标、线目标、面积目标及集群目标。

定义 5.2　单个小目标

具有一定职能的、单个的、尺寸较小的目标称为单个小目标,例如一架飞机、一艘舰艇、一辆坦克等。

用撞击作用式导弹攻击单个小目标时,必须考虑目标的几何形状。当用远距作用式导弹攻击单个小目标时,若单个小目标幅员小于远距弹作用范围的 1/25 时,可不必考虑单个小目标的形状,此时又称单个小目标为点目标。

定义 5.3　线目标

若目标形状呈带状,且其幅宽小于长度的 1/10 时,称为线目标。

定义 5.4　面积目标

一组不能确知坐标而只知分布区域的单个小目标或一个本身几何形状即呈面状且幅员较大的目标称为面积目标,例如机场跑道、停机坪、导弹发射场等。

定义 5.5　集群目标

具有一定组织方式、有相互联系的单个小目标的集合称为一个集群目标。集群目标有坦克群和飞机群等。

集群目标又分为密集型和疏散型两类。如果对集群目标中某个目标的射击不会影响对其他目标的射击结果,称其为疏散型集群目标,反之,称其为密集型集群目标。集群目标中以点目标群最为典型。

5.3　导弹毁伤效能随机型指标及其计算

5.3.1　单个小目标毁伤效能随机型指标

对单个小目标射击的任务是要击毁目标,因此射击效能指标取为击毁目标的概率 $P(A)$,其中 A 表示"击毁目标"这一随机事件。

远距作用式导弹与撞击作用式导弹对目标击毁概率的计算方法是不同的。

对远距作用式导弹,$P(A)$ 的通式为

$$P(A) = \int_{-\infty}^{+\infty} \int_{-\infty}^{+\infty} G(x,y) f(x,y) \mathrm{d}x \mathrm{d}y \tag{5.1}$$

式中 $G(x,y)$——坐标毁伤律;

$f(x,y)$——弹着点散布律,通常为二维正态分布。

为简便起见,在远距作用弹的射击效能计算中,需要引入广义目标概念。

定义 5.6 广义目标

单个小目标相对某一远距作用式导弹的肯定击毁区域称为该目标的广义目标。

在广义目标概念下,$P(A)$ 的计算归结为弹着点位于广义目标上的概率计算

$$P(A) = \iint_{S_h} f(x,y) \mathrm{d}x \mathrm{d}y \tag{5.2}$$

式中,S_h 表示广义目标。特别地,当射弹的杀伤无方向性且目标尺寸较小时,S_h 为以目标中心 (x_0, y_0) 为圆心的一个圆域,其方程为

$$(x - x_0)^2 + (y - y_0)^2 \leqslant R_n^2$$

式中,R_n 表示射弹杀伤半径。

远距作用式导弹对点目标的击毁概率计算与之类似。

对于撞击作用式导弹,通常必须命中目标才有可能击毁目标,此时 $P(A)$ 的通式为

$$P(A) = P_m P_h \tag{5.3}$$

式中 P_m——撞击作用式导弹命中目标概率;

P_h——命中后击毁目标的概率,由条件毁伤律决定。

P_m 的通式为

$$P_m = \iint_{S_m} f(x,y) \mathrm{d}x \mathrm{d}y \tag{5.4}$$

式中,S_m 表示目标在散布平面的投影区域。

P_h 由下式决定:

$$P_h = \frac{1}{\omega}$$

式中,ω 表示平均必须命中数。

在 P_h 的具体计算中,一般需考虑目标的几何外形,典型目标有矩形、椭圆形、圆形等,此时计算较复杂。以中心在坐标原点的矩形目标为例,给出正态散布律下命中概率 P_m 计算式如下:

$$P_m = \frac{1}{4} \left[\Phi\left(\frac{\bar{x} + L_x/2}{\sqrt{2}\sigma_x}\right) - \Phi\left(\frac{\bar{x} - L_x/2}{\sqrt{2}\sigma_x}\right) \right] \left[\Phi\left(\frac{\bar{y} + L_y/2}{\sqrt{2}\sigma_y}\right) - \Phi\left(\frac{\bar{y} - L_y/2}{\sqrt{2}\sigma_y}\right) \right] \tag{5.5}$$

式中 $\bar{x}, \bar{y}$——射弹散布中心坐标;

L_x, L_y——矩形目标的两条边长;

σ_x, σ_y——弹着点坐标的均方差；

$\Phi(z)$——拉普拉斯函数，表达式为

$$\Phi(z) = \frac{2}{\sqrt{2\pi}} \int_0^z \exp\left(-\frac{t^2}{2}\right) dt$$

若目标体积较大，则需考虑空间散布，此时 P_m 计算式为

$$P_m = \iiint_\Omega f(x,y,z) dx dy dz \tag{5.6}$$

式中　$f(x,y,z)$——弹着点散布律；

　　　Ω——目标所在的空域。

典型的三维目标有圆柱体、长方体、椭球体及球体等。

作为对单个小目标射击毁伤效能指标计算的典型示例，下面给出远距作用式导弹在高斯毁伤律下对点目标击毁概率的新型算法。

设导弹落点散布为正态分布

$$f(x,y) = \frac{1}{2\pi\sigma_x\sigma_y} e^{-\frac{1}{2}\left[\left(\frac{x-a}{\sigma_x}\right)^2 + \left(\frac{y-b}{\sigma_y}\right)^2\right]} \tag{5.7}$$

式中　σ_x, σ_y——散布标准差；

　　　(a,b)——散布中心坐标。

高斯毁伤律为

$$G(x,y) = e^{-\frac{1}{2\sigma_k^2}(x^2+y^2)} \tag{5.8}$$

式中，σ_k 为扩散高斯毁伤参数，它随目标类型、武器型号和爆炸方式而定。

将式(5.7)和式(5.8)式代入式(5.1)得

$$P(A) = \int_{-\infty}^{+\infty}\int G(x,y)f(x,y) dx dy =$$
$$\frac{1}{2\pi\sigma_x\sigma_y}\int_{-\infty}^{+\infty}\int e^{-\frac{x^2+y^2}{2\sigma_k^2}} e^{-\frac{1}{2}\left[\frac{(x-a)^2}{\sigma_x^2}+\frac{(y-b)^2}{\sigma_y^2}\right]} dx dy =$$
$$\frac{1}{2\pi\sigma_x\sigma_y}\int_{-\infty}^{+\infty}\int e^{-\frac{1}{2}\left[\frac{x^2+y^2}{\sigma_k^2}+\frac{(x-a)^2}{\sigma_x^2}+\frac{(y-b)^2}{\sigma_y^2}\right]} dx dy \tag{5.9}$$

下面只给出当导弹落点为椭圆散布，瞄准点不在原点，即 $\sigma_x \neq \sigma_y, (a,b) \neq (0,0)$ 时的公式。其他各种情况为这种情形的特殊形式，可由这种情况的结果很容易地导出。

由于

$$P(A) = \frac{1}{2\pi\sigma_x\sigma_y}\int_{-\infty}^{+\infty}\int e^{-\frac{1}{2}\left[\frac{(x^2+y^2)}{\sigma_k^2}+\frac{(x-a)^2}{\sigma_x^2}+\frac{(y-b)^2}{\sigma_y^2}\right]} dx dy$$

将其分解得

$$P(A) = \frac{1}{2\pi\sigma_x\sigma_y}\int_{-\infty}^{+\infty}\int \exp\left\{-\frac{1}{2}\left[\frac{x^2}{\sigma_k^2}+\frac{y^2}{\sigma_k^2}+\frac{x^2-2ax+a^2}{\sigma_x^2}+\frac{y^2-2by+b^2}{\sigma_y^2}\right]\right\} dx dy =$$
$$\frac{1}{2\pi\sigma_x\sigma_y}\int_{-\infty}^{+\infty}\int \exp\left\{-\frac{1}{2}\left[\frac{x^2}{\sigma_k^2}+\frac{x^2}{\sigma_x^2}-\frac{2ax}{\sigma_x^2}+\frac{a^2}{\sigma_x^2}\right]-\right.$$

$$\frac{1}{2}\left[\frac{y^2}{\sigma_k^2}+\frac{y^2}{\sigma_y^2}-\frac{2by}{\sigma_y^2}+\frac{b^2}{\sigma_y^2}\right]\Big\}\mathrm{d}x\mathrm{d}y=$$

$$\frac{1}{2\pi\sigma_x\sigma_y}\int_{-\infty}^{+\infty}\!\!\int\exp\Big\{-\frac{1}{2}\left[\frac{(\sigma_k^2+\sigma_x^2)x^2}{\sigma_k^2\sigma_x^2}-\frac{2ax}{\sigma_x^2}+\frac{(\sigma_k^2+\sigma_x^2)a^2}{(\sigma_k^2+\sigma_x^2)\sigma_x^2}\right]-$$

$$\frac{1}{2}\left[\frac{(\sigma_k^2+\sigma_y^2)y^2}{\sigma_k^2\sigma_y^2}-\frac{2by}{\sigma_y^2}+\frac{(\sigma_k^2+\sigma_y^2)b^2}{(\sigma_k^2+\sigma_y^2)\sigma_y^2}\right]\Big\}\mathrm{d}x\mathrm{d}y=$$

$$\frac{1}{2\pi\sigma_x\sigma_y}\int_{-\infty}^{+\infty}\!\!\int\exp\Big\{-\frac{1}{2}\left[\frac{(\sigma_k^2+\sigma_x^2)x^2}{\sigma_k^2\sigma_x^2}-\frac{2ax}{\sigma_x^2}+\frac{a^2}{\sigma_k^2+\sigma_x^2}+\frac{\sigma_k^2 a^2}{(\sigma_k^2+\sigma_x^2)\sigma_x^2}\right]-$$

$$\frac{1}{2}\left[\frac{(\sigma_k^2+\sigma_y^2)y^2}{\sigma_k^2\sigma_y^2}-\frac{2by}{\sigma_y^2}+\frac{b^2}{\sigma_k^2+\sigma_y^2}+\frac{\sigma_k^2 b^2}{(\sigma_k^2+\sigma_y^2)\sigma_y^2}\right]\Big\}\mathrm{d}x\mathrm{d}y=$$

$$\frac{1}{2\pi\sigma_x\sigma_y}\int_{-\infty}^{+\infty}\!\!\int\exp\Big\{-\frac{1}{2}\left[\frac{a^2}{\sigma_k^2+\sigma_x^2}+\frac{b^2}{\sigma_k^2+\sigma_y^2}\right]-$$

$$\frac{1}{2}\left[\frac{(\sigma_k^2+\sigma_x^2)x^2}{\sigma_k^2\sigma_x^2}-\frac{2ax}{\sigma_x^2}+\frac{\sigma_k^2 a^2}{(\sigma_k^2+\sigma_x^2)\sigma_x^2}\right]-$$

$$\frac{1}{2}\left[\frac{(\sigma_k^2+\sigma_y^2)y^2}{\sigma_k^2\sigma_y^2}-\frac{2by}{\sigma_y^2}+\frac{\sigma_k^2 b^2}{(\sigma_k^2+\sigma_y^2)\sigma_y^2}\right]\Big\}\mathrm{d}x\mathrm{d}y$$

提出常数项 $\exp\left\{-\frac{1}{2}\left[\frac{a^2}{\sigma_k^2+\sigma_x^2}+\frac{b^2}{\sigma_k^2+\sigma_y^2}\right]\right\}$ 得

$$P(A)=\frac{1}{2\pi\sigma_x\sigma_y}e^{-\frac{1}{2}\left[\frac{a^2}{\sigma_k^2+\sigma_x^2}+\frac{b^2}{\sigma_k^2+\sigma_y^2}\right]}\int_{-\infty}^{+\infty}\!\!\int\exp\Big\{-\frac{1}{2}\left[\frac{(\sigma_k^2+\sigma_x^2)x^2}{\sigma_k^2\sigma_x^2}-\frac{2ax}{\sigma_x^2}+\frac{\sigma_k^2 a^2}{(\sigma_k^2+\sigma_x^2)\sigma_x^2}\right]-$$

$$\frac{1}{2}\left[\frac{(\sigma_k^2+\sigma_y^2)y^2}{\sigma_k^2\sigma_y^2}-\frac{2by}{\sigma_y^2}+\frac{\sigma_k^2 b^2}{(\sigma_k^2+\sigma_y^2)\sigma_y^2}\right]\Big\}\mathrm{d}x\mathrm{d}y$$

变换后得

$$P(A)=\frac{1}{2\pi\sigma_x\sigma_y}e^{-\frac{1}{2}\left[\frac{a^2}{\sigma_k^2+\sigma_x^2}+\frac{b^2}{\sigma_k^2+\sigma_y^2}\right]}\int_{-\infty}^{+\infty}\!\!\int\exp\Big\{-\frac{1}{2}\frac{\sigma_k^2+\sigma_x^2}{\sigma_k^2\sigma_x^2}\left[x^2-\frac{2ax\sigma_k^2}{(\sigma_k^2+\sigma_x^2)}+\frac{(\sigma_k^2 a)^2}{(\sigma_k^2+\sigma_x^2)^2}\right]-$$

$$\frac{1}{2}\frac{\sigma_k^2+\sigma_y^2}{\sigma_k^2\sigma_y^2}\left[y^2-\frac{2by\sigma_k^2}{\sigma_k^2+\sigma_y^2}+\frac{(\sigma_k^2 b)^2}{(\sigma_k^2+\sigma_y^2)^2}\right]\Big\}\mathrm{d}x\mathrm{d}y=$$

$$\frac{1}{2\pi\sigma_x\sigma_y}e^{-\frac{1}{2}\left[\frac{a^2}{\sigma_k^2+\sigma_x^2}+\frac{b^2}{\sigma_k^2+\sigma_y^2}\right]}\int_{-\infty}^{+\infty}\!\!\int\exp\Big\{-\frac{1}{2}\frac{\sigma_k^2+\sigma_x^2}{\sigma_k^2\sigma_x^2}\left(x-\frac{\sigma_k^2 a}{\sigma_k^2+\sigma_x^2}\right)^2-$$

$$\frac{1}{2}\frac{\sigma_k^2+\sigma_y^2}{\sigma_k^2\sigma_y^2}\left(y-\frac{\sigma_k^2 b}{\sigma_k^2+\sigma_y^2}\right)^2\Big\}\mathrm{d}x\mathrm{d}y \tag{5.10}$$

现在的问题是求出式(5.10)中的积分。为简化起见,令

$$A=\frac{\sigma_x^2+\sigma_k^2}{\sigma_k^2\sigma_x^2},\quad A_1=\frac{\sigma_k^2 a}{\sigma_k^2+\sigma_x^2}$$

$$B=\frac{\sigma_y^2+\sigma_k^2}{\sigma_k^2\sigma_y^2},\quad B_1=\frac{\sigma_k^2 b}{\sigma_k^2+\sigma_y^2}$$

则式(5.10)变为

$$P(A) = \frac{1}{2\pi\sigma_x\sigma_y} e^{-\frac{1}{2}\left[\frac{a^2}{\sigma_k^2+\sigma_x^2}+\frac{b^2}{\sigma_k^2+\sigma_y^2}\right]} \int_{-\infty}^{+\infty}\!\!\int \exp\left\{-\frac{1}{2}A(x-A_1)^2 - \frac{1}{2}B(y-B_1)^2\right\} \mathrm{d}x\mathrm{d}y \tag{5.11}$$

变换后得

$$P = \frac{1}{2\pi\sigma_x\sigma_y} e^{-\frac{1}{2}\left[\frac{a^2}{\sigma_k^2+\sigma_x^2}+\frac{b^2}{\sigma_k^2+\sigma_y^2}\right]} \int_{-\infty}^{+\infty} \exp\left\{-\frac{1}{2}A(x-A_1)^2\right\} \mathrm{d}x \times$$

$$\int_{-\infty}^{+\infty} \exp\left\{-\frac{1}{2}B(y-B_1)^2\right\} \mathrm{d}y \tag{5.12}$$

考虑到积分 $\int_{-\infty}^{+\infty} \exp\left\{-\frac{1}{2}A(x-A_1)^2\right\} \mathrm{d}x$ 与 $\int_{-\infty}^{+\infty} \exp\left\{-\frac{1}{2}B(y-B_1)^2\right\} \mathrm{d}y$ 是等价的，只要求出其中一个即可。

对积分 $\int_{-\infty}^{+\infty} \exp\left\{-\frac{1}{2}A(x-A_1)^2\right\} \mathrm{d}x$，令

$$u = \sqrt{A}(x-A_1)$$

则

$$x = \frac{u}{\sqrt{A}} + A_1$$

$$\mathrm{d}x = \frac{1}{\sqrt{A}}\mathrm{d}u$$

那么

$$\int_{-\infty}^{+\infty} \exp\left\{-\frac{1}{2}A(x-A_1)^2\right\} \mathrm{d}x = \int_{-\infty}^{+\infty} \exp\left\{-\frac{u^2}{2}\right\} \frac{1}{\sqrt{A}} \mathrm{d}u = \frac{1}{\sqrt{A}} \int_{-\infty}^{+\infty} \exp\left\{-\frac{u^2}{2}\right\} \mathrm{d}u \tag{5.13}$$

已知 $\int_0^{\infty} e^{-x^2} \mathrm{d}x = \frac{\sqrt{\pi}}{2}$，则

$$\frac{1}{\sqrt{A}}\int_{-\infty}^{+\infty} \exp\left\{-\frac{u^2}{2}\right\} \mathrm{d}u = \frac{\sqrt{2}}{\sqrt{A}} \int_{-\infty}^{+\infty} \exp\left\{-\left(\frac{u}{\sqrt{2}}\right)^2\right\} \mathrm{d}\left(\frac{u}{\sqrt{2}}\right) =$$

$$\frac{\sqrt{2}}{\sqrt{A}}\left[\int_{-\infty}^{0} e^{-\left(\frac{u}{\sqrt{2}}\right)^2} \mathrm{d}\left(\frac{u}{\sqrt{2}}\right) + \int_{0}^{\infty} e^{-\left(\frac{u}{\sqrt{2}}\right)^2} \mathrm{d}\left(\frac{u}{\sqrt{2}}\right)\right] =$$

$$\frac{\sqrt{2}}{\sqrt{A}}\left[\frac{\sqrt{\pi}}{2} + \frac{\sqrt{\pi}}{2}\right] = \sqrt{\frac{2\pi}{A}}$$

即

$$\int_{-\infty}^{+\infty} \exp\left\{-\frac{1}{2}A(x-A_1)^2\right\} \mathrm{d}x = \sqrt{\frac{2\pi}{A}} \tag{5.15}$$

同理

$$\int_{-\infty}^{+\infty} \exp\left\{-\frac{1}{2}B(y-B_1)^2\right\} \mathrm{d}y = \sqrt{\frac{2\pi}{B}} \tag{5.16}$$

将式(5.15)和式(5.16)代入式(5.12)得

$$P(A) = \frac{1}{2\pi\sigma_x\sigma_y} e^{-\frac{1}{2}\left[\frac{a^2}{\sigma_k^2+\sigma_x^2}+\frac{b^2}{\sigma_k^2+\sigma_y^2}\right]} \sqrt{\frac{2\pi}{A}} \sqrt{\frac{2\pi}{B}} \tag{5.17}$$

将 $A = \dfrac{\sigma_x^2+\sigma_k^2}{\sigma_k^2\sigma_x^2}, B = \dfrac{\sigma_y^2+\sigma_k^2}{\sigma_k^2\sigma_y^2}$ 代入，整理得

$$P(A) = \frac{\sigma_k^2}{\sqrt{(\sigma_k^2+\sigma_x^2)(\sigma_k^2+\sigma_y^2)}} e^{-\frac{1}{2}\left[\frac{a^2}{\sigma_k^2+\sigma_x^2}+\frac{b^2}{\sigma_k^2+\sigma_y^2}\right]} \tag{5.18}$$

式(5.18)就是扩散高斯毁伤律下，单弹对点目标的毁伤概率。

当瞄准点在目标中心，即 $a=0, b=0$ 时，式(5.18)简化为

$$P(A) = \frac{\sigma_k^2}{\sqrt{(\sigma_k^2+\sigma_x^2)(\sigma_k^2+\sigma_y^2)}} \tag{5.19}$$

以上讨论的是单弹条件下击毁单个小目标概率 $P(A)$ 的计算，至于多弹条件下 $P(A)$ 的计算可在单弹击毁概率的基础上得到[1-3]。

5.3.2 线目标毁伤效能随机型指标

对线目标射击毁伤效能随机型指标取平均相对杀伤长度 $M[l]$。对于中心在原点且位置与 X 轴重合的直线目标，单弹条件下 $M[l]$ 表达式如下：

$$M[l] = \frac{E_x}{4L_d}\left[\hat{\Psi}\left(\frac{L_d+L_x+x_o}{E_x}\right) + \hat{\Psi}\left(\frac{L_d+L_x-x_o}{E_x}\right) - \hat{\Psi}\left(\frac{L_d-L_x+x_o}{E_x}\right) - \right.$$
$$\left. \hat{\Psi}\left(\frac{L_d-L_x-x_o}{E_x}\right)\right] \tag{5.20}$$

式中　L_d——线目标长度；

　　　x_o——瞄准点横坐标；

　　　E_x——导弹的横向概率偏差（沿 X 轴）；

　　　L_x——导弹杀伤幅员等效矩形的 1/2 宽度；

　　$\hat{\Psi}(z)$——简化的拉普拉斯函数积分，公式为

$$\hat{\Psi}(z) = \int_0^z \hat{\Phi}(t)\mathrm{d}t = z\hat{\Phi}(z) - \frac{1}{\rho\sqrt{\pi}}[1-\exp(-\rho^2 x^2)] \tag{5.21}$$

式中，$\hat{\Phi}(t)$ 是简化的拉普拉斯函数。

5.3.3 面积目标毁伤效能随机型指标

对面积目标射击一般采用远距作用式导弹以求得最大的杀伤效果，此时，毁伤效能随机型指标取平均相对杀伤面积 $M[\overline{s_h}] = M\left[\dfrac{s_h}{s}\right]$，其中 s_h 表示杀伤面积，s 表示目标面积。此外，也可以用达到给定相对杀伤面积的概率 $P_u\{\overline{s_h} \geqslant u\}$ 作为效能指标，其中 u 为给定的相对杀伤面积限额。

设弹着点散布律为 $f(x,y)$，面积目标所在区域记为 S_A，则导弹对 S_A 上以任一点 (x',y') 为中心的面积元（相对于 S_A，该面积元又称为元目标即最小杀伤单元）的杀伤概率为

$$P(x',y') = \int_{-\infty}^{+\infty}\int_{-\infty}^{+\infty} G(x-x',y-y')f(x,y)\mathrm{d}x\mathrm{d}y \tag{5.22}$$

则单弹的平均相对杀伤面积为

$$M\left[\frac{s_h}{s}\right] = \frac{1}{s}\iint_{S_A}\left[\int_{-\infty}^{+\infty}\int_{-\infty}^{+\infty} G(x-x',y-y')f(x,y)\mathrm{d}x\mathrm{d}y\right]\mathrm{d}x'\mathrm{d}y' \tag{5.23}$$

对于 n 次集群射击，需分独立射击与相关射击两种情况来考虑。

在 n 次独立射击下，总的平均相对杀伤面积为

$$M_n\left[\frac{s_h}{s}\right] = \frac{1}{s}\iint_{S_A}\left\{1 - \prod_{i=1}^{n}[1 - P_i(x',y')]\right\}\mathrm{d}x'\mathrm{d}y' \tag{5.24}$$

式中：$P_i(x',y')$ 表示第 i 枚弹对元目标 (x',y') 的杀伤概率，其计算式与单弹情形相同。

在 n 次相关射击下，总的平均相对杀伤面积为

$$M_n[\overline{s_h}] = \frac{1}{s_A}\iint_{S_A}\int_{-\infty}^{+\infty}\int_{-\infty}^{+\infty}\left\{1 - \prod_{i=1}^{n}[1 - P_i(x',y',x_G,y_G)]\right\}\varphi_G(x_G,y_G)\mathrm{d}x_G\mathrm{d}y_G\mathrm{d}x'\mathrm{d}y' \tag{5.25}$$

式中 (x_G,y_G) —— 固定的集体随机误差；

         $\varphi_G(x_G,y_G)$ —— 集体误差的分布密度函数；

         $P_i(x',y',x_G,y_G)$ —— 在固定的集体误差 (x_G,y_G) 下第 i 次射击杀伤元目标 (x',y') 的概率，计算公式如下：

$$P_i(x',y',x_G,y_G) = \int_{-\infty}^{+\infty}\int_{-\infty}^{+\infty} G_i(x-x',y-y')f_i(x,y/x_G,y_G)\mathrm{d}x\mathrm{d}y \tag{5.26}$$

式中 $G_i(x-x',y-y')$ —— 第 i 次射击的坐标毁伤律；

         $f_i(x,y/x_G,y_G)$ —— 在固定的集体误差 (x_G,y_G) 下第 i 次射击弹着点的条件散布律。

5.3.4 集群目标射击毁伤效能随机型指标

对由同类目标组成的集群目标，采用平均杀伤目标数 $\overline{M_n}$ 作为效能指标。设集群目标由 n 个目标构成，$\overline{M_n}$ 公式如下：

$$\overline{M_n} = \sum_{i=1}^{n} P_i \tag{5.27}$$

式中，P_i 表示对第 i 个目标的杀伤概率。

对由不同类目标组成的集群目标，取平均杀伤价值 $\overline{V_n}$ 作为效能指标

$$\overline{V_n} = \sum_{i=1}^{n} P_i v_i \tag{5.28}$$

式中,v_i 表示第 i 个目标的相对价值,亦即相对重要性量度。

集群射击下集群目标毁伤效能指标与单弹射击相同,但计算方法有所不同,主要是 P_i 的计算不同。集群射击下对目标群中第 i 个目标的杀伤概率计算也须分独立射击与相关射击两种情形,其计算过程完全类同于 5.3.3 节中对面积目标中元目标杀伤概率的计算,不再赘述。

5.4 导弹毁伤效能模糊型指标及其计算

本节运用模糊系统理论[4-5]建立毁伤效能指标,这是以往文献中未见报道的。建立模糊型毁伤效能指标的意义除了引言所述之外,还能起到将各种毁伤律下效能指标的计算统一到同一个模糊理论框架中的作用。

5.4.1 点目标毁伤效能模糊型指标

对点目标射击毁伤效能模糊型指标取为模糊杀伤概率,以下分单弹和多弹两种情形讨论。

1. 单弹对点目标的模糊杀伤概率

(1) 弹着点未知时模糊杀伤概率的计算。以点目标为坐标原点建立直角坐标系,导弹的有效杀伤域构成其威力场,在导弹杀伤边界模糊化的前提下,可将整个坐标平面视为导弹的威力场,以威力场上所有点的集合为论域 U,则可能杀伤点目标的弹着点构成 U 上的一个模糊集 $\underline{H}$,设论域上任意点 (x,y) 对 $\underline{H}$ 的隶属度为 $h(x,y)$,导弹散布律为 $f(x,y)$,则单弹对点目标的模糊杀伤概率为

$$\overline{P} = \int_{-\infty}^{+\infty} \int_{-\infty}^{+\infty} h(x,y) f(x,y) \mathrm{d}x \mathrm{d}y \tag{5.29}$$

(2) 弹着点已知时模糊杀伤概率的计算。在弹着点坐标已知时,以其为坐标原点建立直角坐标系,则整个坐标平面仍为导弹的威力场,以威力场为论域 U,则所有可能被杀伤点构成 U 上的一个模糊集 $\underline{H}$,设任意点 (x,y) 对 $\underline{H}$ 的隶属度为 $h(x,y)$,对于任意常数 C,曲线 $h(x,y)=C$ 上的所有点对 $\underline{H}$ 的隶属度相同,称该曲线为"等杀伤线"。特别地,当导弹的杀伤效应无方向性时(杀伤区域相对于弹着点对称),曲线 $h(x,y)=C$ 为一族同心圆。在对称杀伤情况下,任意点 (x,y) 被杀伤的可能性取决于该点与弹着点的距离 $\mu = \sqrt{x^2+y^2}$,此时可将论域 U 化简为一个无穷开区间 $(0,+\infty)$,而模糊集 $\underline{H}$ 的隶属函数转化为一元函数 $h_1(\mu)$。

当点目标的杀伤分为严重、中等和轻微等多个等级时,以上提出的模糊型指标及其算法仍然适用,只不过此时要针对每一种杀伤等级分别确定隶属函数。关于

隶属函数的确定,除了理论分析法外,还可以通过靶场试验并进行模糊统计得出。

在弹着点已知的情况下,任一点(x,y)相对于$\underline{H}$的隶属度等效于该点目标的模糊杀伤概率$\overline{P}$。

2. 多弹对点目标的模糊杀伤概率

设有两枚导弹,弹着点坐标分别为(x_1,y_1)和(x_2,y_2),坐标平面上可能被单枚弹杀伤的点构成的模糊集分别为$\underline{H}_1$和$\underline{H}_2$,对应的隶属函数分别为$\mu_{\underline{H}_1}(x,y)$,$\mu_{\underline{H}_2}(x,y)$,则在不考虑杀伤积累的条件下,可能被两枚导弹杀伤的点构成的模糊集可由模糊集运算规则得出

$$\underline{H} = \underline{H}_1 \cup \underline{H}_2 \tag{5.30}$$

$\underline{H}$的隶属函数可表示为

$$\mu_{\underline{H}}(x,y) = \mu_{\underline{H}_1}(x,y) \vee \mu_{\underline{H}_2}(x,y) \tag{5.31}$$

对导弹数在三枚以上的情形可类推。

当导弹的弹着点已知时,对坐标平面上任意点(x,y)的模糊杀伤概率等效为$\mu_{\underline{H}}(x,y)$。

当导弹弹着点未知时,对某个点目标(x_0,y_0)的模糊杀伤概率计算需分独立射击和相关射击两种情形来考虑。

在独立射击情形下,以两枚导弹为例,设随机弹着点为(x_1,y_1),(x_2,y_2),此时,点目标(x_0,y_0)相对于模糊集$\underline{H}$的隶属度不仅与其本身坐标有关,而且与(x_1,y_1)和(x_2,y_2)有关,记为$\mu_{\underline{H}}(x_0,y_0,x_1,y_1,x_2,y_2)$。由于两枚弹独立射击,其弹着点联合分布为

$$f(x_1,y_1,x_2,y_2) = f_1(x_1,y_1)f_2(x_2,y_2)$$

则对点目标(x_0,y_0)的模糊杀伤概率

$$\overline{p} = \int_{-\infty}^{+\infty}\int_{-\infty}^{+\infty}\int_{-\infty}^{+\infty}\int_{-\infty}^{+\infty} \mu_{\underline{H}}(x_0,y_0,x_1,y_1,x_2,y_2) f(x_1,y_1,x_2,y_2) \mathrm{d}x_1 \mathrm{d}y_1 \mathrm{d}x_2 \mathrm{d}y_2 \tag{5.32}$$

式(5.32)可推广至n弹情形

$$\overline{p} = \int_{-\infty}^{+\infty}\int_{-\infty}^{+\infty}\cdots\int_{-\infty}^{+\infty}\int_{-\infty}^{+\infty} \mu_{\underline{H}}(x_0,y_0,x_1,y_1,x_2,y_2,\cdots,x_n,y_n) \times$$
$$f(x_1,y_1,x_2,y_2,\cdots,x_n,y_n) \mathrm{d}x_1 \mathrm{d}y_1 \mathrm{d}x_2 \mathrm{d}y_2 \cdots \mathrm{d}x_n \mathrm{d}y_n$$

当多弹相关射击时,若能确定弹着点坐标的联合分布,同样可计算对固定点目标的模糊杀伤概率。

5.4.2 线目标毁伤效能模糊型指标

1. 单弹对线目标射击模糊型效能指标

(1) 弹着点已知时模糊型效能指标及其计算。建立如图 5.1 所示的直角坐标

系,(x_0,y_0)为已知的单弹弹着点坐标,L为线目标,以整个坐标平面(威力场)为论域,则所有可能被杀伤的点构成该论域上的一个模糊集$\underline{H}$,设其隶属函数为$\mu_{\underline{H}}(x,y)$,式中(x,y)为论域上任一点坐标,则单弹对线目标射击模糊效能指标的定义及计算如下。

当L为均匀线目标时(线目标重要性程度处处相同),定义模糊杀伤长度为效能指标,运用对弧长的曲线积分方法可以计算出模糊杀伤长度

$$\bar{l}=\int_L \mu_{\underline{H}}(x,y)\mathrm{d}s \tag{5.33}$$

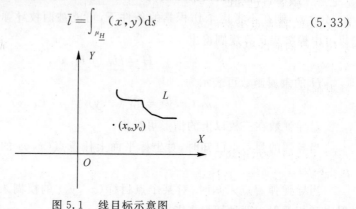

图 5.1 线目标示意图

当L为非均匀线目标时,定义模糊杀伤价值为效能指标,运用对坐标的曲线积分可以计算出模糊杀伤价值

$$\bar{V}=\int_L \mu_{\underline{H}}(x,y)\mathrm{d}v(x,y)=\int_L \mu_{\underline{H}}(x,y)\left(\frac{\partial v}{\partial x}\mathrm{d}x+\frac{\partial v}{\partial y}\mathrm{d}y\right)=$$
$$\int_L \mu_{\underline{H}}(x,y)\frac{\partial v(x,y)}{\partial x}\mathrm{d}x+\int_L \mu_{\underline{H}}(x,y)\frac{\partial v(x,y)}{\partial y}\mathrm{d}y \tag{5.34}$$

式中,$v(x,y)$表示线目标L的价值函数。若线目标L的价值不构成连续函数,可采用离散求和的方法计算。将线目标划分为n段,设每一段中点坐标为(x_i,y_i),每一段价值为V_i,则

$$\bar{V}=\sum_{i=1}^{n}\mu_{\underline{H}}(x_i,y_i)V_i \tag{5.35}$$

以上效能指标的计算在线目标为直线目标时大大简化,尤其当所建立的坐标系使直线目标位于坐标轴上时,曲线积分很容易计算。

(2) 弹着点未知时模糊型效能指标及其计算。在单弹弹着点未知时,对线目标射击效能指标仍为$\bar{V},\bar{l}$,但其计算方法有所不同。此时,由于弹着点的随机性,$\bar{V},\bar{l}$将变为随机值,且$\bar{V},\bar{l}$均为弹着点坐标(x_0,y_0)的函数,分别记为$\bar{V}(x_0,y_0)$和$\bar{l}(x_0,y_0)$。取平均模糊杀伤长度和平均模糊杀伤价值作为射击效能指标,计算如下:

$$E(\bar{l}) = \int_{-\infty}^{+\infty}\int_{-\infty}^{+\infty} \bar{l}(x_0,y_0)f(x_0,y_0)\mathrm{d}x_0\mathrm{d}y_0 \tag{5.36}$$

$$E(\bar{V}) = \int_{-\infty}^{+\infty}\int_{-\infty}^{+\infty} \bar{V}(x_0,y_0)f(x_0,y_0)\mathrm{d}x_0\mathrm{d}y_0 \tag{5.37}$$

式中,$f(x_0,y_0)$ 为单弹散布律。

2. 多弹对线目标射击模糊型效能指标

(1) 弹着点已知时模糊型效能指标及其计算。不失一般性,设对线目标投射两枚导弹,弹着点坐标已知为 (x_1,y_1) 和 (x_2,y_2),令坐标平面上可能被第一枚弹杀伤的点构成的模糊集为 $\underline{H}_1$,可能被第二枚弹杀伤的点构成的模糊集为 $\underline{H}_2$,则在不考虑杀伤积累的条件下,可能被两枚导弹杀伤的点构成的模糊集可由模糊集运算规则得到

$$\underline{H} = \underline{H}_1 \cup \underline{H}_2 \tag{5.38}$$

$$\mu_{\underline{H}}(x,y) = \mu_{\underline{H}_1}(x,y) \vee \mu_{\underline{H}_2}(x,y) \tag{5.39}$$

式中,(x,y) 表示论域(坐标平面)上的任意点坐标。仍取模糊杀伤长度和模糊杀伤价值为效能指标,其计算过程完全类似于单弹情形,不再重述。

上述结果可推广至 n 弹情形,例如

$$\mu_{\underline{H}}(x,y) = \bigvee_{i=1}^{n} \mu_{\underline{H}_i}(x,y) \tag{5.40}$$

(2) 弹着点未知时模糊型效能指标及其计算。仍以两枚导弹为例,设其弹着点坐标未知,即分别是二维随机向量 (x_1,y_1) 和 (x_2,y_2),此时,模糊杀伤长度 $\bar{l}$ 和模糊杀伤价值 $\bar{V}$ 将是弹着点坐标的函数,且由弹着点坐标的随机性可知,二者也为随机变量,记为 $\bar{l}(x_1,y_1,x_2,y_2)$ 和 $\bar{V}(x_1,y_1,x_2,y_2)$。因此,以平均模糊杀伤长度和平均模糊杀伤价值作为效能指标,设为 $E(\bar{l})$ 和 $E(\bar{V})$。

当两枚弹的射击相互独立时,设导弹散布律分别为 $f_1(x_1,y_1)$ 和 $f_2(x_2,y_2)$,则弹着点坐标的联合分布为

$$f(x_1,y_1,x_2,y_2) = f_1(x_1,y_1)f_2(x_2,y_2)$$

此时,$E(\bar{l})$ 和 $E(\bar{V})$ 计算公式分别如下:

$$E(\bar{l}) = \int_{-\infty}^{+\infty}\int_{-\infty}^{+\infty}\int_{-\infty}^{+\infty}\int_{-\infty}^{+\infty} \bar{l}(x_1,y_1,x_2,y_2)f(x_1,y_1,x_2,y_2)\mathrm{d}x_1\mathrm{d}y_1\mathrm{d}x_2\mathrm{d}y_2 \tag{5.41}$$

$$E(\bar{V}) = \int_{-\infty}^{+\infty}\int_{-\infty}^{+\infty}\int_{-\infty}^{+\infty}\int_{-\infty}^{+\infty} \bar{V}(x_1,y_1,x_2,y_2)f(x_1,y_1,x_2,y_2)\mathrm{d}x_1\mathrm{d}y_1\mathrm{d}x_2\mathrm{d}y_2 \tag{5.42}$$

当导弹射击相关时,若能确定弹着点坐标的联合分布,也可按上式计算效能指标。

以上结果可推广至 n 枚弹情形,即

$$E(\bar{l}) = \int_{-\infty}^{+\infty}\int_{-\infty}^{+\infty}\cdots\int_{-\infty}^{+\infty}\int_{-\infty}^{+\infty} \bar{l}(x_1,y_1,x_2,y_2,\cdots,x_n,y_n)$$
$$f(x_1,y_1,x_2,y_2,\cdots,x_n,y_n)\mathrm{d}x_1\mathrm{d}y_1\mathrm{d}x_2\mathrm{d}y_2\cdots\mathrm{d}x_n\mathrm{d}y_n$$
$$E(\bar{V}) = \int_{-\infty}^{+\infty}\int_{-\infty}^{+\infty}\cdots\int_{-\infty}^{+\infty}\int_{-\infty}^{+\infty} \bar{V}(x_1,y_1,x_2,y_2,\cdots,x_n,y_n)$$
$$f(x_1,y_1,x_2,y_2,\cdots,x_n,y_n)\mathrm{d}x_1\mathrm{d}y_1\mathrm{d}x_2\mathrm{d}y_2\cdots\mathrm{d}x_n\mathrm{d}y_n$$

5.4.3 面积目标毁伤效能模糊型指标

对面积目标射击时的模糊型效能指标取为模糊杀伤面积 $\bar{S}$ 和模糊杀伤价值 $\bar{V}$，其计算过程类似于 5.4.2 节。

5.4.4 集群目标毁伤效能模糊型指标

对集群目标射击模糊型效能指标取模糊杀伤目标数 $\bar{M}$ 和模糊杀伤价值 $\bar{V}$，这里针对一般点目标群，在 5.4.1 节的基础上，实现这两类指标的计算，公式如下：

$$\bar{M} = \sum_{i=1}^{n} \overline{P_i} \tag{5.43}$$

$$\bar{V} = \sum_{i=1}^{n} \overline{P_i} v_i \tag{5.44}$$

式中　　n——群内点目标数；

v_i——第 i 个点目标价值；

$\overline{P_i}$——对第 i 个点目标的模糊杀伤概率。

5.5 本章小结

本章系统定义了导弹广义射击和各种类型地面目标等毁伤效能优化中的基本概念，系统总结了度量导弹毁伤效能的随机型指标，并对其中一部分指标提出了新算法。针对毁伤效能随机型指标存在的不足，提出了一种新型毁伤效能指标——模糊型效能指标，并给出了对各种类型地面目标射击时，相应的毁伤效能模糊型指标计算方法。随机型指标与模糊指标相辅相成，构成完整的毁伤效能指标体系，使导弹毁伤效能度量更加全面和准确。

参考文献

[1] 张最良. 军事运筹学[M]. 北京:军事科学出版社,1993.

[2] Przemieniecki J S. Mathematical Methods in Defense Analysis[M]. New York:AIAA Inc,1994.

[3] 艾剑良. 多任务攻击型航空综合体作战效能评估的理论与方法研究[D]. 西安:西北工业大学,1997.

[4] Zimmermann H J. Fuzzy Sets and Decision Analysis[M]. New York: Oxford University Press,1984.

[5] Zimmermann H J. Fuzzy Set Theory and Its Applications[M]. Boston: Kluwer Nijhor, 1985.

[6] Yager R R. On the Specificity of a Possibility Distribution[J]. Fuzzy Sets and Systems,1992,50(2):279-292.

[7] Yazenin A V. On the Problem of Possibilistic Optimization[J]. Fuzzy Sets and Systems,1996,81(1):133-140.

[8] 李洪兴,汪培庄. 模糊数学[M]. 北京:国防工业出版社,1984.

[9] 田棣华. 高射武器系统效能分析[M]. 北京:国防工业出版社,1991.

[10] Saade J J. Maximization of a Function over a Fuzzy Domain[J]. Fuzzy Sets and Systems,1994,62(6):55-70.

[11] Mares M. Computation Over Fuzzy Quantities[M]. Boca Raton: Crc Press, 1994.

[12] Luhandjula M K. Fuzziness and Randomness in an Optimization Framework[J]. Fuzzy Sets and Systems,1996,77(3):291-297.

[13] 舒健生. 常规导弹毁伤效率指标及其计算[D]. 西安:第二炮兵工程学院,1997.

[14] 邹开其,徐扬. 模糊系统与专家系统[M]. 重庆:西南交通大学出版社,1989.

[15] 马特韦楚克 Ф A. 运筹学手册[M]. 程云门,译. 北京:新时代出版社,1982.

[16] Sivazlian B D. Aircraft Sortie Effectiveness Model[R]. AD—A211594.

[17] Bowlin W F. Evaluating the Efficiency of US Air Force Real-Property Maintenance Activities[J]. J Opl Res Soc 1987,38:127-135.

[18] Flemings G H. A Decision Theoretic Approach to Recommending Action In the Air-to-Ground Aircraft of The Future[R]. AD—A248158.

第6章 基于遗传算法与模糊理论的导弹攻击目标选择算法

6.1 引 言

自本章起,将对导弹毁伤效能优化中各个层次的决策问题展开研究。本章首先研究最高层次的决策问题——导弹攻击目标优化选择问题。

在导弹攻击作战行动全周期中,目标选择是其射前预规划的重要一环,是实施对地攻击的前提。目标选择恰当与否直接关系到作战效能的高低,甚至于整个导弹攻击行动的成败,因而颇受重视,无论我军还是外军,均无例外。在科索沃战争中,美军动用大量卫星及无人机等高技术侦察手段,在充分掌握目标信息的基础上,层层筛选,慎重选择打击目标,以期追求最高的作战效费比。可以说,美军为目标选择投入了大量的人力、物力,这是目标选择重要性的一个明证。所谓目标选择就是在掌握目标情报资料的基础上,在导弹发射之前,预先指定最佳攻击目标,以取得最大的作战效能或最大程度达成战役目的。在现今的高技术战争中,仅靠定性方法进行目标选择是远远不够的,必须具备一定的定量分析手段。诚然,高速、大容量计算机是必不可少的工具,但必须具备与之相适应的目标选择算法。目标选择的表现形式是分类,其实质是对目标相对重要性进行评估,但如何评估却是一个难点。这一问题曾吸引了不少从事作战效能分析研究的学者的关注,但从以往的研究文献可以看出,目前目标选择算法的主流是价值评估法[1-5],这种算法除经常失效外,本质上是硬划分,不符合目标特性,也不能满足现代精确打击的需要。事实上,由于目标之间界线的模糊性,适宜对目标做软划分。本章对导弹广义射击条件下目标选择问题进行研究,提出新的目标选择理论和方法,基本思想是将目标选择过程划分为两个层次,第一层次是战略目标选择,对应战役决策;第二层次是子目标选择,对应战术决策。针对不同层次的特点,提出相应的目标选择理论和算法。对第一层次,提出改进的模糊分类算法;对第二层次,提出一种新型遗传模糊C-均值聚类算法。从导弹作战运用角度看,目标选择的意义表现在两点:一是从所有可能的攻击目标中选择最佳攻击目标;二是在攻击目标既定的情况下,对所有目标的重要性进行排序,以便进行合理的目标编组,从而满足分波次攻击等战术需求。

6.2 基于模糊分类的战略目标选择算法

所谓战略目标是指范围大、包含子目标多且价值高的一类目标,如敌方的重要城市、港口、交通枢纽所在地等。战略目标选择本质上是对导弹火力的一种宏观控制,通过对待选目标进行相对重要性评价来实现。本节以模糊集合论[6-7]为理论依据,提出用于战略目标相对重要性评价的模糊模式识别和模糊聚类分析算法。

6.2.1 战略目标选择的模糊模式识别算法

1. 数学描述

战略目标的相对重要性可划分为四等,即重要、较重要、一般和不重要,分别设为 1,2,3,4 等,将这四类重要性等级视为四个标准模式,而将每一个待评价的战略目标视为待识别的具体对象。通过模糊模式识别实现战略目标选择的本质是决定各个待选目标相对于四个标准模式的相对归属即决定其相对重要性。由于战略目标的相对重要性受多个因素的影响,因此,这是一个多因素模式识别问题。经论证,选择以下 8 种影响因素:人口、面积、工农业产值、政治重要性、军事重要性、文化重要性、战略地位和威胁程度。取这 8 个因素的取值范围为论域,设为 $U_j(j=1,2,\cdots,8)$,则对标准模式而言,这 8 个因素是其具有的 8 个模糊特征,它们分别为 $U_j(j=1,2,\cdots,8)$ 上的模糊集,设为 $A_{ij}(i=1,2,3,4;j=1,2,\cdots,8)$。同样,具体的待识别目标也具有 8 个模糊特征,记为 $B_j(j=1,2,\cdots,8)$,构造下列广义模糊向量:

$$\overline{A}_i = [A_{i1} \quad A_{i2} \quad \cdots \quad A_{i8}], \quad i=1,2,3,4$$

$$\overline{B} = [B_1 \quad B_2 \quad \cdots \quad B_8]$$

这里 $\overline{A}_i(i=1,2,3,4)$ 分别对应四个重要性等级。

设 $U = U_1 \times U_2 \times \cdots \times U_8$,由 $\overline{A}_i(i=1,2,3,4)$ 及 $\overline{B}$ 构造 U 上相应的综合模糊集如下:

$$A_i = <\overline{A}_i> = <(A_{i1},A_{i2},\cdots,A_{i8})>, \quad i=1,2,3,4$$

$$B = <\overline{B}> = <B_1,B_2,\cdots,B_8>$$

这样,问题归结为判断 B 与 $A_i(i=1,2,3,4)$ 中哪一个更接近?

2. 模糊模式识别算法

根据问题的实际意义,取 $A_{ij}(i=1,2,3,4;j=1,2,\cdots,8)$ 及 $B_j(j=1,2,\cdots,8)$ 为正态模糊集,其隶属函数为

$$\mu_{A_{ij}}(x) = e^{-\left(\frac{x-a_{ij}}{\sigma_{ij}}\right)^2} \tag{6.1}$$

$$\mu_{B_j}(x) = e^{-\left(\frac{x-a_j}{\sigma_j}\right)^2} \tag{6.2}$$

式中，$(a_{ij}, \sigma_{ij})(i=1,2,3,4; j=1,2,\cdots,8)$ 及 (a_j, σ_j) 为参数。

下面的步骤实际上是应用择近原则的过程。

步骤1：计算 $\boldsymbol{B}$ 与 $\boldsymbol{A}_i$ 单项贴近度，即分别计算 B_j 与 $\boldsymbol{A}$ 的贴近度，取格贴近度，公式如下：

$$N(A_{ij}, B_j) = \frac{1}{2}(A_{ij}B_j + (A_{ij}\Theta B_j)^c), \quad i=1,2,3,4; j=1,2,\cdots,8 \tag{6.3}$$

由于 A_{ij}，B_j 均为正态模糊集，因此，很容易计算得到

$$N(A_{ij}, B_j) = \frac{1}{2}\left[e^{-\left(\frac{a_{ij}-a_j}{\sigma_{ij}-\sigma_j}\right)^2} + 1\right], \quad i=1,2,3,4; j=1,2,\cdots,8 \tag{6.4}$$

步骤2：计算 $\boldsymbol{B}$ 与 $\boldsymbol{A}_i$ 的综合贴近度。

$$N(\boldsymbol{A}_i, \boldsymbol{B}) = \sum_{j=1}^{8} a_j N(A_{ij}, B_j), \quad i=1,2,3,4 \tag{6.5}$$

式中，a_j 为各单项贴近度的权重，显然满足 $0 < a_j < 1$ 且 $\sum_{j=1}^{8} a_j = 1$。

步骤3：应用择近原则判断 $\boldsymbol{B}$ 与哪个 $\boldsymbol{A}_i$ 最靠近，即决定目标 $\boldsymbol{B}$ 的相对重要级。

设 $i_0 \in \{1,2,3,4\}$ 且 $N(\boldsymbol{A}_{i_0}, \boldsymbol{B}) = \max\{N(\boldsymbol{A}_i, \boldsymbol{B})\}$（$i_0 \in \{1,2,3,4\}$），则认为战略目标 $\boldsymbol{B}$ 的相对重要性为第 i_0 等级。

对于多个战略目标，可以采用上述方法决定每一个目标的重要性等级，将属于同一等级的目标视为一类，从而实现了以重要性程度的高低为标准的分类，为正确选择打击目标提供了决策依据。

6.2.2 战略目标选择的改进模糊聚类算法

本书提出一种改进的模糊聚类分析方法，通过评价战略目标的相对重要性，实现打击目标的正确选择。

步骤1：确定待评价战略目标的重要性指标值矩阵。

设有 N 个待评价的战略目标，每个目标的重要性显然是多指标的，仍选取人口、面积、工农业产值、政治重要性、军事重要性、文化重要性、战略地位和威胁程度等8个指标构成指标集，设第 i 个目标的第 j 个指标值为 $x_{ij}(i=1,2,3,4; j=1,2,\cdots,8)$，据此得到目标重要性指标值矩阵

$$\boldsymbol{X} = \begin{pmatrix} x_{11} & x_{12} & \cdots & x_{18} \\ x_{21} & x_{22} & \cdots & x_{28} \\ \cdots & \cdots & & \cdots \\ x_{n1} & x_{n2} & \cdots & x_{n8} \end{pmatrix} = (x_{ij})_{n \times 8}$$

步骤 2：建立增广的目标重要性指标值矩阵。

所谓增广的目标重要性指标值矩阵，是指相对于重要、较重要、一般和不重要等四个重要性等级中的每一个等级，分别设立与之相对应的标准目标，且确定其重要性指标值为(表现为指标值向量)

$$\bar{X}_{n+i} = (x_{n+i,1}, x_{n+i,2}, \cdots, x_{n+i,8}), \quad i = 1, 2, 3, 4$$

于是得增广的目标重要性指标值矩阵

$$X' = (x_{ij})'_{(n+4) \times 8}$$

步骤 3：将 X' 标准化，得标准化后的指标值矩阵

$$Y' = (y_{ij})'_{(n+4) \times 8}$$

式中，y_{ij} 计算如下：

$$y_{ij} = \frac{x_{ij} - \min_j x_{ij}}{\max_j x_{ij} - \min_j x_{ij}}, \quad i = 1, 2, 3, 4; j = 1, 2, \cdots, 8 \tag{6.6}$$

步骤 4：建立模糊相似矩阵

$$R = (r_{ij})_{(n+4) \times (n+4)}$$

其中相似矩阵的元素(相似系数) $r_{ij}(i = 1, 2, \cdots, n+4, j = 1, 2, \cdots, n+4)$ 可采用两种方法计算，其一为夹角余弦法，公式如下：

$$r_{ij} = \frac{\sum_{k=1}^{8} y_{ik} y_{jk}}{\sqrt{\sum_{k=1}^{8} y_{ik}^2} \sqrt{\sum_{k=1}^{8} y_{jk}^2}} \tag{6.7}$$

其二为绝对值指数法，公式如下：

$$r_{ij} = e^{-\sum_{k=1}^{8} |y_{ik} - y_{jk}|} \tag{6.8}$$

步骤 5：计算 R 的等价闭包。

因为此时等价闭包等于传递闭包，故只需计算传递闭包 $R^* = t(R)$。采用平方法计算如下：

$$R \rightarrow R^2 \rightarrow \cdots \rightarrow R^{2^m}$$

式中，m 满足 $2^{m-1} < n < 2^m$。

步骤 6：得到待评价战略目标的重要性等级。

选定一个适当的聚类水平因子 λ，依 R^* 得到 λ 截矩阵 R_λ^*，从而实现待评价目标的分类，然后观察分类结果，凡是与某个标准目标分为一类的战略目标，其重要性等级即可认为等同于该标准目标所对应的重要性等级。必须指出的是，只要聚类水平因子和标准目标选取恰当，这种分类总是可以实现的。

6.3 基于遗传算法的子目标选择算法

C-均值聚类算法[8-14]是一种重要的聚类算法,它主要分为硬 C-均值聚类算法(HCM)和模糊 C-均值聚类算法(FCM)。HCM 在对样本归类时采用二值判断(非此即彼),因而其划分矩阵是布尔阵;而 FCM 采用模糊判断(亦此亦彼)其划分矩阵是 F 阵。与 HCM 相比,FCM 更加符合分类的客观实际和自然属性。尽管如此,二者并无根本区别,本质上,HCM 是 FCM 的特殊形式。无论是 HCM 还是 FCM 都存在两个不足,一是有可能陷入局部极优;二是由于目标函数中采用向量范数,而收敛条件中采用矩阵范数,这种范数形式的不一致性不能保证迭代的精度。本节提出一种新型遗传模糊 C-均值聚类算法,以满足导弹攻击子目标选择的需要。其基本思想是将 GA[17]与 FCM 相混合,利用 GA 搜索效率高,具有全局最优性的特点,来克服 FCM 的不足,同时又不改变 FCM 的聚类思想。

6.3.1 聚类问题的数学描述

设 $\mathbf{R}^m$ 中向量 $\mathbf{x}_i = [x_{i1} \quad x_{i2} \quad \cdots \quad x_{im}]^T (i=1,2,\cdots,n)$ 构成样本集 $Z = \{x_1, x_2, \cdots, x_n\} \subset \mathbf{R}^m$,要求将 Z 划分为 C 类。

FCM 采用梯度法求下列目标函数的极小点:

$$J_F = \sum_{k=1}^{n} \sum_{i=1}^{c} u_{ik}^q \| \mathbf{x}_k - \mathbf{v}_i \|^2 \tag{6.9}$$

式中 u_{ik} —— 划分矩阵 $\mathbf{U} = [u_{ik}]_{c \times n}$ 的元素;

    $\mathbf{v}_i \in \mathbf{R}^m$ —— 第 i 个$(i=1,2,\cdots,c)$聚类中心向量,由求解 $\min J_F$ 获得;

    q —— 模糊指数且 $q \in [1,\infty]$,$\| \cdot \|$ 是某种范数,在此选用欧几里得范数。此外,假定 $\mathbf{x}_k$ 已通过某种方法进行了归一化。

在设置初始划分阵 $\mathbf{U}^{(0)}$ 之后,FCM 通过迭代逐次逼近最优聚类中心向量 $\mathbf{v}_i^* (i=1,2,\cdots,c)$,最终获得最优划分矩阵 $\mathbf{U}^*$。FCM 迭代公式如下:

$$\forall i,k, \quad u_{ik} \in [0,1]$$

且当 $d_{ik} = 0$ 时

$$\forall 1 \leqslant i \leqslant c, \quad 1 \leqslant k \leqslant n, \quad u_{ik} = 0$$

当 $d_{ik} \neq 0$ 时,$\forall 1 \leqslant i \leqslant c, 1 \leqslant k \leqslant n$,有

$$u_{ik} = \frac{1}{\sum_{l=1}^{c} \left(\frac{d_{ik}}{d_{lk}} \right)^{\frac{2}{q-1}}} \tag{6.10}$$

$$\mathbf{v}_i = \frac{\sum_{k=1}^{n} u_{ik}^q \mathbf{x}_k}{\sum_{k=1}^{n} u_{ik}^q}, \quad i = 1, 2, \cdots, c \tag{6.11}$$

式中

$$d_{ik} = \| \boldsymbol{x}_k - \boldsymbol{v}_i \| = \Big[\sum_{j=1}^{m}(x_{kj} - v_{ij})^2\Big]^{1/2} \tag{6.12}$$

FCM 迭代过程本质上是基于局部搜索的爬山法,因而对初始点敏感,而选择恰当的初始点是十分困难的。为了克服 FCM 的不足,在聚类过程中,不采用梯度法求 $\boldsymbol{v}_i^*(i=1,2,\cdots,c)$,代之以改进的模糊遗传算法(FGA),从而充分发挥各自优点,实现 FGA 与 FCM 的混合,形成新型遗传模糊 C-均值聚类算法,以下是该算法的详细描述。

6.3.2 编码方案

由于要用 GA 求最优聚类中心向量 $\boldsymbol{v}_i^*(i=1,2,\cdots,c)$,因此要对聚类中心 $\boldsymbol{v}_i$ 进行适当编码。每个 $\boldsymbol{v}_i(i=1,2,\cdots,c)$ 均为 m 维实向量,若采用二进制编码方法,将 $\boldsymbol{v}_i$ 的每个分量编码为 p 位二进制字符,则每个 $\boldsymbol{v}_i$ 的编码长度为 mp,而整个解(各 $\boldsymbol{v}_i$ 级联)的编码长度将达到 cmp,如此长的染色体编码将严重制约 GA 的搜索效率,为此,对 $\boldsymbol{v}_i$ 采用实数编码方法直接编码,每个分量占用一个基因位,每一个 $\boldsymbol{v}_i$ 编码构成染色体上的一个基因段,整个解的编码长度为 cm。图 6.1 是染色体编码的一个示例。

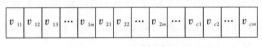

图 6.1 染色体编码示例

6.3.3 模糊适应度(fuzzy fitness) 设计

在样本集 $\{x_1,x_2,\cdots,x_n\}$ 中各样本向量均已归一化的前提下,聚类中心向量 $\boldsymbol{v}_i = [v_{i1} \quad v_{i2} \quad \cdots \quad v_{im}](v_{ij} \in [0,1])$ 可视为样本特征集上的模糊集,因而 GA 所要寻求的实际上是"最优的"模糊集的集合 $\psi^*(F) = \{\boldsymbol{v}_1^*, \boldsymbol{v}_2^*, \cdots, \boldsymbol{v}_c^*\}$,而适应度函数度量的是任一模糊集的集合 $\psi(F) = \{\boldsymbol{v}_1, \boldsymbol{v}_2 \cdots, \boldsymbol{v}_c\}$ 的优劣,称为模糊适应度,相应的 GA 称为 FGA。而普通 GA 则与之不同,要寻找的是最优的 Cantor 集,相应的适应度用于度量一个 Cantor 集的优劣。当然,不论 FGA,还是普通 GA,其生物学意义都是寻找种群中的最佳个体。

设 $ff(\boldsymbol{x})$ 表示个体 $\boldsymbol{x}$ 的模糊适应度,其函数表达式如下:

$$ff(\boldsymbol{x}) = \frac{1}{1+J_H} \tag{6.13}$$

式中,J_H 是聚类目标函数,其表达式为

$$J_H = \sum_{k=1}^{N}\sum_{i=1}^{c} u_{ik}^q \| \boldsymbol{x}_k - \boldsymbol{v}_i \|^2$$

6.3.4 改进的交叉算子

在遗传模糊 C-均值聚类算法中,设计一种新的交叉算子 —— 多重交叉算子。

设有两个染色体

$$a_1 = v_1^{(1)} v_2^{(1)} \cdots v_c^{(1)}, \quad a_2 = v_1^{(2)} v_2^{(2)} \cdots v_c^{(2)}$$

使 $v_i^{(1)} = v_{i1}^{(1)} v_{i2}^{(1)} \cdots v_{im}^{(1)}$ 与 $v_i^{(2)} = v_{i1}^{(2)} v_{i2}^{(2)} \cdots v_{im}^{(2)}$ 以交叉概率 P_{ci} 进行实数编码的单点离散交叉操作。每个基因段的交叉概率 P_{ci} 也可取相同值 P_c。设两个待交叉基因段的第 K 位被选为交叉点,则基因段交叉操作可形式化描述如下。

对 $j < K$

$$\begin{cases} \text{child}[1].\text{chrom}[j] = \text{Parent}[1].\text{chrom}[j] \\ \text{child}[2].\text{chrom}[j] = \text{Parent}[2].\text{chrom}[j] \end{cases}$$

对 $j \geqslant K$

$$\begin{cases} \text{child}[1].\text{chrom}[j] = \text{Parent}[2].\text{chrom}[j] \\ \text{child}[2].\text{chrom}[j] = \text{Parent}[1].\text{chrom}[j] \end{cases}$$

采用多重交叉算子可以使 $v_i (i=1,2,\cdots,c)$ 同时发生变化,有利于提高 GA 的搜索效率。若仍采用普通单点交叉算子,每一次操作事实上至多只能使一个 v_i 发生变化,搜索效率低,而且当交叉点恰好位于某两个相邻基因段 v_i 与 v_{i+1} 的交叉点处时,交叉的结果是各 v_i 没有任何变化。

6.3.5 其他

在遗传模糊 C-均值聚类算法中,FGA 的选择操作仍使用赌轮选择算子,某个个体 z_i 的选择概率

$$P_S(z_i) = \frac{ff(z_i)}{\sum_{j=1}^{N} ff(z_j)} \quad (6.14)$$

式中,N 为种群规模。为保证全局收敛性,可采取最佳个体保护策略。

FGA 的变异算子仍为实数编码的均匀变异算子,执行流程为,以变异概率 P_m 对染色体上各基因逐位判断是否进行变异,若是则产生 $[0,1]$ 上随机数对其替换;否则不改变。形式化描述如下:

设第 i 个个体的第 j 个基因发生变异,则该次变异操作为

$$\begin{cases} \text{child}[i].\text{chrom}[k] = \text{random}(\ ), & k = j \\ \text{child}[i].\text{chrom}[k] = \text{Parent}[i].\text{chrom}[k], & k \neq j \end{cases}$$

式中,random( ) 表示 $[0,1]$ 上均匀随机数。

6.3.6 算法流程

在对 FGA 遗传算子及适应度函数进行设计之后,得到遗传模糊 C-均值聚类算法流程如下:

步骤1:确定编码方案以将各聚类中心编码并级联成一个字符串(染色体)。

步骤2:确定 GA 的控制参数:种群规模 N,遗传代数 G,交叉概率 P_c 以及变异概率 P_m。

步骤3:设置遗传代数计数器 K,将其初值置为 0,并产生初始种群 $\{a_1^{(0)}, a_2^{(0)}, \cdots, a_N^{(0)}\}$。

步骤4:计算第 K 代种群 $P(k) = \{a_1^{(k)}, a_2^{(k)}, \cdots, a_N^{(k)}\}$ 的个体适应度 $ff(a_i^{(k)})$,并通过遗传操作产生第 $K+1$ 代种群 $P(k+1) = \{a_1^{(k+1)}, a_2^{(k+1)}, \cdots, a_N^{(k+1)}\}$。

步骤5:判断 $K+1 \geqslant G$ 是否成立,若是,则输出当前最佳个体,并将其解码成最优聚类中心向量 $v_1^*, v_2^*, \cdots, v_c^*$,否则置 $K = K+1$,并转至步骤4。

步骤6:根据最优聚类中心向量 v_i^* $(i=1,2,\cdots,c)$ 计算最优模糊划分矩阵 U^* 的元素 u_{ik}^*,得到最优划分阵 $U^* = [u_{ik}^*]_{c \times n}$,并根据 U^* 对样本集 $Z = \{x_1, x_2, \cdots, x_n\}$ 进行聚类。

6.3.7 算法在子目标选择中的应用

前已述及,子目标选择是目标选择的第二层次,其目的是从已选定的战略目标中为攻击机确定具体的投射子目标。对子目标选择采用 4.3 节中提出的 GFCMC 算法。之所以采用与第一层次不同的算法,主要基于以下原因:

(1)两个层次目标特性不同。第一层次目标选择针对的是战略目标,目标之间包括几何特性在内的各种性质都十分相似,而第二层次针对的是某个战略目标所包含的子目标,而这些子目标的特性可能千差万别。例如,子目标可以是单个小目标、面积目标或线目标等,由于不同子目标特性的不可公度性,无法用 4.2 节中提出的基于模糊分类的目标选择算法进行子目标分类。

(2)两个层次目标选择任务不同。第一层次目标选择实际上是对战略目标进行大范围宏观分类,不涉及空-地导弹具体攻击对象,是一种粗分类,只需考虑分类的模糊性而对分类精度要求不变;而第二层次目标选择要决定具体的攻击子目标,为导弹火力运用做准备,因而是一种细分类,对分类精度要求较高,故需采用 GFCMC 算法,充分发挥 GA 全局搜索功能,尽可能降低目标函数值,以提高聚类精度。

(3)降低问题维数的需要。一个战略目标可能包含成百上千个子目标,若仍采用第一层次的模糊算法,将由于相似矩阵维数过高而导致"维数灾难",实际上无法实现。例如,若一个战略目标包含 200 个子目标,则相似矩阵为 200 阶,如此高阶矩阵无论存储还是运算都很困难。

要运用遗传模糊 C-均值聚类算法实现子目标选择，只需合理确定子目标指标集，亦即聚类中的样本向量。经比较论证，提出以下 6 个指标。以第 i 个子目标为例，分述如下：

x_{i1}：目标价值，可以采用多种度量，在此采用价值系数。

x_{i2}：目标易损性，以抗毁力度量。

x_{i3}：目标防御能力，以攻击机和导弹突防概率度量。

x_{i4}：目标发现可能性，以攻击机发现目标概率度量。

x_{i5}：目标定位精度，以攻击机对目标的瞄准误差度量。

x_{i6}：对目标攻击可能性。以对目标的可攻击概率度量。

由 $x_{ij}(j=1,2,\cdots,6)$ 构成第 i 个子目标的样本向量

$$\boldsymbol{x}_i = [x_{i1} \quad x_{i2} \quad x_{i3} \quad x_{i4} \quad x_{i5} \quad x_{i6}]^\mathrm{T}$$

在确定了各子目标样本向量之后，即可按遗传模糊 C-均值聚类算法流程进行子目标聚类，具体过程将在算例中说明。

6.4 算　例

算例 1　基于模糊聚类算法的战略目标选择

设有 6 个战略目标，$\boldsymbol{x}_i(i=1,2,\cdots,6)$ 其重要性指标值向量分别为

$\boldsymbol{x}_1 = [90 \quad 40 \quad 80 \quad 0.7 \quad 0.67 \quad 0.52 \quad 0.8 \quad 0.63]$

$\boldsymbol{x}_2 = [120 \quad 35 \quad 117 \quad 0.37 \quad 0.28 \quad 0.73 \quad 0.62 \quad 0.43]$

$\boldsymbol{x}_3 = [200 \quad 47 \quad 202 \quad 0.44 \quad 0.71 \quad 0.8 \quad 0.46 \quad 0.77]$

$\boldsymbol{x}_4 = [400 \quad 52 \quad 360 \quad 0.9 \quad 0.86 \quad 0.92 \quad 0.9 \quad 0.85]$

$\boldsymbol{x}_5 = [70 \quad 23 \quad 90 \quad 0.3 \quad 0.48 \quad 0.3 \quad 0.72 \quad 0.54]$

$\boldsymbol{x}_6 = [140 \quad 34 \quad 110 \quad 0.5 \quad 0.75 \quad 0.2 \quad 0.39 \quad 0.74]$

再设 4 个标准目标的重要性指标值向量为

$\boldsymbol{x}_7 = [350 \quad 60 \quad 400 \quad 0.86 \quad 0.82 \quad 0.88 \quad 0.9 \quad 0.81]$

$\boldsymbol{x}_8 = [250 \quad 40 \quad 300 \quad 0.73 \quad 0.69 \quad 0.74 \quad 0.7 \quad 0.68]$

$\boldsymbol{x}_9 = [150 \quad 30 \quad 200 \quad 0.65 \quad 0.57 \quad 0.66 \quad 0.5 \quad 0.56]$

$\boldsymbol{x}_{10} = [50 \quad 20 \quad 100 \quad 0.42 \quad 0.39 \quad 0.43 \quad 0.3 \quad 0.44]$

以上各指标值向量所含的 8 个指标值分别表示人口、面积、工农业产值、政治重要性、军事重要性、文化重要性、战略地位及威胁程度。在上述各指标值向量的指标值中，人口的单位为万人，面积的单位为平方千米（km^2），工农业产值单位为万货币单位，其余指标值均为 [0,1] 上无量纲数。

下面运用改进的模糊聚类算法对给定的 6 个战略目标的相对重要性做出

评定。

(1) 根据各目标的指标值向量得到增广的目标重要性指标矩阵

$$X' = \begin{pmatrix} 90 & 40 & 80 & 0.7 & 0.67 & 0.52 & 0.8 & 0.63 \\ 120 & 35 & 117 & 0.37 & 0.28 & 0.73 & 0.62 & 0.43 \\ 200 & 47 & 202 & 0.44 & 0.71 & 0.8 & 0.46 & 0.77 \\ 400 & 52 & 360 & 0.9 & 0.86 & 0.92 & 0.9 & 0.85 \\ 70 & 23 & 90 & 0.3 & 0.43 & 0.3 & 0.72 & 0.54 \\ 140 & 34 & 110 & 0.5 & 0.75 & 0.2 & 0.39 & 0.74 \\ 350 & 60 & 400 & 0.86 & 0.82 & 0.88 & 0.9 & 0.81 \\ 250 & 40 & 300 & 0.73 & 0.69 & 0.74 & 0.7 & 0.68 \\ 150 & 30 & 200 & 0.65 & 0.57 & 0.66 & 0.5 & 0.56 \\ 50 & 20 & 100 & 0.42 & 0.39 & 0.43 & 0.3 & 0.44 \end{pmatrix}$$

(2) 计算标准化指标值矩阵

$$Y = \begin{pmatrix} 0.114 & 0.5 & 0 & 0.667 & 0.672 & 0.444 & 0.833 & 0.476 \\ 0.2 & 0.375 & 0.116 & 0.116 & 0 & 0.736 & 0.533 & 0 \\ 0.429 & 0.675 & 0.381 & 0.233 & 0.741 & 0.833 & 0.266 & 0.81 \\ 1 & 0.8 & 0.875 & 1 & 1 & 1 & 1 & 1 \\ 0.057 & 0.075 & 0.031 & 0 & 0.259 & 0.139 & 0.7 & 0.262 \\ 0.257 & 0.35 & 0.094 & 0.333 & 0.81 & 0 & 0.15 & 0.738 \\ 0.857 & 1 & 1 & 0.933 & 0.931 & 0.944 & 1 & 0.905 \\ 0.571 & 0.5 & 0.668 & 0.717 & 0.707 & 0.75 & 0.667 & 0.595 \\ 0.286 & 0.25 & 0.375 & 0.583 & 0.5 & 0.639 & 0.333 & 0.31 \\ 0 & 0 & 0.063 & 0.2 & 0.19 & 0.319 & 0 & 0.024 \end{pmatrix}$$

(3) 建立模糊相似矩阵

$$R = \begin{pmatrix} 1 & 0.073 & 0.069 & 0.019 & 0.106 & 0.106 & 0.162 & 0.148 & 0.148 & 0.048 \\ 0.073 & 1 & 0.059 & 0.004 & 0.145 & 0.05 & 0.004 & 0.044 & 0.13 & 0.153 \\ 0.069 & 0.059 & 1 & 0.037 & 0.024 & 0.139 & 0.041 & 0.159 & 0.146 & 0.028 \\ 0.019 & 0.004 & 0.037 & 1 & 0.002 & 0.007 & 0.47 & 0.084 & 0.012 & 0.001 \\ 0.106 & 0.145 & 0.024 & 0.002 & 1 & 0.075 & 0.002 & 0.024 & 0.083 & 0.212 \\ 0.106 & 0.05 & 0.139 & 0.007 & 0.075 & 1 & 0.008 & 0.052 & 0.109 & 0.076 \\ 0.021 & 0.004 & 0.041 & 0.47 & 0.002 & 0.008 & 1 & 0.093 & 0.014 & 0.001 \\ 0.162 & 0.044 & 0.159 & 0.084 & 0.024 & 0.052 & 0.093 & 1 & 0.147 & 0.012 \\ 0.148 & 0.13 & 0.146 & 0.012 & 0.083 & 0.109 & 0.014 & 0.147 & 1 & 0.084 \\ 0.048 & 0.153 & 0.028 & 0.001 & 0.212 & 0.076 & 0.001 & 0.012 & 0.084 & 1 \end{pmatrix}$$

(4) 采用平方法计算 R 的等价闭包 R^*。由于 $(R^4)^2 = R^8 = R^4$，故 $R^* = R^4$，由此得

$$R^* = \begin{bmatrix} 1 & 0.13 & 0.159 & 0.093 & 0.13 & 0.139 & 0.093 & 0.162 & 0.148 & 0.13 \\ 0.13 & 1 & 0.13 & 0.093 & 0.153 & 0.13 & 0.093 & 0.13 & 0.13 & 0.153 \\ 0.159 & 0.13 & 1 & 0.093 & 0.13 & 0.139 & 0.093 & 0.159 & 0.148 & 0.13 \\ 0.093 & 0.093 & 0.093 & 1 & 0.093 & 0.093 & 0.47 & 0.093 & 0.093 & 0.093 \\ 0.13 & 0.153 & 0.13 & 0.093 & 1 & 0.13 & 0.093 & 0.13 & 0.13 & 0.212 \\ 0.139 & 0.13 & 0.139 & 0.093 & 0.13 & 1 & 0.093 & 0.139 & 0.153 & 0.13 \\ 0.093 & 0.093 & 0.093 & 0.47 & 0.093 & 0.093 & 1 & 0.093 & 0.093 & 0.093 \\ 0.162 & 0.13 & 0.159 & 0.093 & 0.13 & 0.139 & 0.093 & 1 & 0.148 & 0.13 \\ 0.148 & 0.13 & 0.148 & 0.093 & 0.13 & 0.153 & 0.093 & 0.148 & 1 & 0.13 \\ 0.13 & 0.153 & 0.13 & 0.093 & 0.212 & 0.13 & 0.093 & 0.13 & 0.13 & 1 \end{bmatrix}$$

(5) 确定待选战略目标的重要性等级。

取聚类水平因子 $\lambda = 0.15$，得 R^* 的 λ 截矩阵如下：

$$R^*_{0.15} = \begin{bmatrix} 1 & 0 & 1 & 0 & 0 & 0 & 0 & 1 & 0 & 0 \\ 0 & 1 & 0 & 0 & 1 & 0 & 0 & 0 & 0 & 1 \\ 1 & 0 & 1 & 0 & 0 & 0 & 0 & 1 & 0 & 0 \\ 0 & 0 & 0 & 1 & 0 & 0 & 1 & 0 & 0 & 0 \\ 0 & 1 & 0 & 0 & 1 & 0 & 0 & 0 & 0 & 1 \\ 0 & 0 & 0 & 0 & 0 & 1 & 0 & 0 & 1 & 0 \\ 0 & 0 & 0 & 1 & 0 & 0 & 1 & 0 & 0 & 0 \\ 1 & 0 & 1 & 0 & 0 & 0 & 0 & 1 & 0 & 0 \\ 0 & 0 & 0 & 0 & 0 & 1 & 0 & 0 & 1 & 0 \\ 0 & 1 & 0 & 0 & 1 & 0 & 0 & 0 & 0 & 1 \end{bmatrix}$$

于是，连同标准目标在内的 10 个战略目标的聚类结果如下：

$$\{x_1, x_3, x_8\}, \{x_2, x_5, x_{10}\}, \{x_4, x_7\}, \{x_6, x_9\}$$

据此，得到 6 个待选战略目标的相对重要性等级：x_4 是重要的战略目标，x_1 和 x_3 是较重要的战略目标，x_6 是一般的战略目标，而 x_2 和 x_5 是不重要的战略目标。

本算例的所有计算均通过编制 Mathematica 语言程序而由计算机完成。

算例 2 基于遗传模糊 C-均值聚类算法的子目标选择

设某个战略目标包含 15 个子目标，记为 $T_i(i = 1, 2, \cdots, 15)$。子目标的第 j 个指标值设为 $x_{ij}(i = 1, 2, \cdots, 15; j = 1, 2, \cdots, 6)$。已知由所有 x_{ij} 构成的指标值矩阵如下：

$$[x_{ij}]_{15\times 6} = \begin{bmatrix} 0.95 & 0.54 & 0.38 & 0.20 & 0.64 & 0.24 \\ 0.93 & 0.58 & 0.40 & 0.25 & 0.61 & 0.23 \\ 0.91 & 0.61 & 0.42 & 0.27 & 0.60 & 0.20 \\ 0.92 & 0.57 & 0.43 & 0.23 & 0.57 & 0.27 \\ 0.85 & 0.48 & 0.35 & 0.28 & 0.75 & 0.45 \\ 0.86 & 0.50 & 0.36 & 0.22 & 0.72 & 0.48 \\ 0.83 & 0.51 & 0.38 & 0.24 & 0.70 & 0.42 \\ 0.81 & 0.49 & 0.37 & 0.29 & 0.69 & 0.47 \\ 0.20 & 0.60 & 0.10 & 0.55 & 0.80 & 0.60 \\ 0.18 & 0.57 & 0.13 & 0.53 & 0.83 & 0.65 \\ 0.22 & 0.61 & 0.15 & 0.51 & 0.79 & 0.70 \\ 0.19 & 0.56 & 0.16 & 0.56 & 0.82 & 0.67 \\ 0.35 & 0.55 & 0.10 & 0.50 & 0.48 & 0.79 \\ 0.30 & 0.52 & 0.08 & 0.56 & 0.51 & 0.82 \\ 0.32 & 0.54 & 0.05 & 0.60 & 0.50 & 0.84 \end{bmatrix}$$

以上矩阵的第 i 行对应第 i 个子目标的指标值向量 $x_i (i=1,2,\cdots,15)$,在用遗传模糊 C-均值聚类算法对这些子目标聚类时, x_i 实际上是第 i 个聚类样本向量。

设分类数 $C=4$,遗传模糊 C-均值聚类算法的控制参数为,种群规模 $N=40$,遗传代数 $G=50$,交叉概率 $P_c=0.4$,变异概率 $P_m=0.3$,模糊指数 $q=2$。计算结果如下:

最优聚类中心向量

$$\boldsymbol{v}_1^* = [0.1630 \quad 0.4882 \quad 0.9901 \quad 0.5511 \quad 0.8319 \quad 0.6313]^T$$
$$\boldsymbol{v}_2^* = [0.8277 \quad 0.3933 \quad 0.7961 \quad 0.0798 \quad 0.6651 \quad 0.5268]^T$$
$$\boldsymbol{v}_3^* = [0.6470 \quad 0.1270 \quad 0.0303 \quad 0.2791 \quad 0.0351 \quad 0.1774]^T$$
$$\boldsymbol{v}_4^* = [0.1369 \quad 0.5175 \quad 0.2244 \quad 0.5741 \quad 0.9110 \quad 0.8823]^T$$

最佳适应度

$$f_{\max} = 0.590815$$

由 $f_{\max}$ 并根据式(4.13)得最小目标函数值

$$J_H^* = 0.692577$$

最优划分矩阵

$$U^* = \begin{bmatrix} 0.595\ 739 & 0.546\ 411 & 0.465\ 113 & 0.582\ 973 \\ 0.595\ 436 & 0.547\ 442 & 0.471\ 847 & 0.582\ 702 \\ 0.607\ 740 & 0.564\ 026 & 0.490\ 817 & 0.607\ 045 \\ 0.587\ 238 & 0.555\ 350 & 0.470\ 542 & 0.558\ 474 \\ 0.454\ 288 & 0.526\ 829 & 0.353\ 961 & 0.441\ 728 \\ 0.483\ 719 & 0.537\ 416 & 0.371\ 920 & 0.448\ 901 \\ 0.503\ 548 & 0.555\ 683 & 0.396\ 603 & 0.496\ 608 \\ 0.455\ 086 & 0.518\ 629 & 0.354\ 812 & 0.417\ 760 \\ 0.386\ 394 & 0.482\ 876 & 0.561\ 836 & 0.553\ 126 \\ 0.395\ 714 & 0.467\ 714 & 0.549\ 535 & 0.528\ 876 \\ 0.390\ 946 & 0.450\ 214 & 0.522\ 906 & 0.478\ 765 \\ 0.381\ 682 & 0.438\ 786 & 0.521\ 875 & 0.479\ 389 \\ 0.222\ 248 & 0.317\ 554 & 0.193\ 449 & 0.317\ 723 \\ 0.204\ 724 & 0.300\ 789 & 0.180\ 860 & 0.301\ 024 \\ 0.191\ 868 & 0.287\ 226 & 0.170\ 659 & 0.288\ 288 \end{bmatrix}$$

根据 U^*，按照最大隶属原则，得到子目标 $1 \sim 15$ 的模糊分类结果为
$\{T_1, T_2, T_3, T_4\}, \{T_5, T_6, T_7, T_8\}, \{T_9, T_{10}, T_{11}, T_{12}\}, \{T_{13}, T_{14}, T_{15}\}$
从给定的指标值矩阵 $[x_{ij}]_{15 \times 6}$ 可以看出，这一分类结果显然是合理的。

遗传模糊 C-均值聚类算法的收敛性能如图 6.2 和图 6.3 所示。图中所示曲线为遗传模糊 C-均值聚类算法一次运行结果。gen 表示当前遗传代数，$f_{\max}$ 表示当前种群最大适应度，f_2 表示当前种群平均适应度。

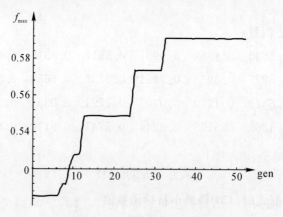

图 6.2 最佳适应度曲线

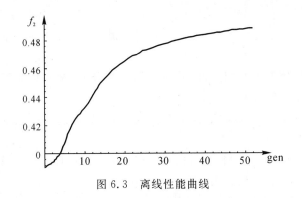

图 6.3 离线性能曲线

由以上计算结果及图形可知,遗传模糊 C-均值聚类算法收敛速度快、收敛性能良好。对于本问题,当采用纯粹 FCM 算法进行子目标聚类时,经充分搜索,得到的最小目标函数值为 $J_F^* = 0.874\,364$。由此可见,FCM 算法的迭代精度明显低于遗传模糊 C-均值聚类算法,当分类精度要求高或目标特性差异微弱时,FCM 算法将不能实现对子目标的合理分类。

6.5 本章小结

本章针对广义射击条件下,导弹选择打击目标中存在的目标相对重要性不易评定的难点,以 GA 与模糊系统理论为基础,提出新的目标选择算法。首先将目标选择过程从纵向划分为两个层次,即战略目标选择与子目标选择。与之相应,分别提出一种改进的模糊分类算法和一种新型遗传模糊 C-均值聚类算法(GFCMCA),提高了目标选择的合理性。

本章提出的用于导弹选择战略目标的模糊算法具有理论先进性。在以往的目标选择研究文献中,一般采用加权平均的方法计算目标价值,并进行大小比较,以此实现目标重要性排序,并最终以该排序作为目标选择的优先序。由于目标价值的多指标性,指标量纲的不一致性以及权函数确定的困难,这种方法往往不易实现甚至失效。本章提出的模糊算法充分考虑目标重要性差异的模糊性,不采用计算目标价值的方法,避免权函数计算,通过分类实现评价,因而比确定性综合评价方法更为先进。

此外,本章提出的用于子目标选择的新型遗传模糊 C-均值聚类算法,其编码方法除了可对聚类中心编码外,也可以对样本编码,此时聚类问题成为一个组合优化问题。

参 考 文 献

[1] 美国陆军训练与条令司令部. 陆军武器系统分析[M]. 兵器工业部兵器系统工程研究所,译. 北京,1985.

[2] 莫尔斯 P M,金博尔 G E. 运筹学方法[M]. 吴沧浦,译. 北京:科学出版社,1985.

[3] Przemienieck J S. Mathematical Methods in Defense Analysis [M]. Washington DC:AIAA Inc,1994.

[4] 王红,高晓光. 多目标攻击火控决策[J]. 兵工学报,1997(3):85-88.

[5] 袁再江. 目标选择动态规划方法[J]. 火力与指挥控制,1998(1):88-93.

[6] Zimmermann H J. Fuzzy Set Theory and Its Applications [M]. Boston:Kluwer Nijhof,1985.

[7] 李洪兴. 工程模糊数学方法及其应用[M]. 天津:天津科学技术出版社,1993.

[8] Dubes R C, Tain A K. Algorithms for Clustering Data [M]. Englewood Cliffs, NJ:Prentice Hall,1988.

[9] 李相镐. 模糊聚类分析及其应用[M]. 贵阳:贵州科学技术出版社,1994.

[10] 裴继红. 一种新的高效软聚类方法:截集模糊 C-均值聚类算法[J]. 电子学报,1998,26(2):83-86.

[11] Kamel M S,Selim S Z. A Threshold Fuzzy C-Means Algorithm for Semi-Fuzzy Clustering [J]. Pattern Recognition,1991,24(9):825-833.

[12] Pal N R,Bezdek J C. On Cluster Validity for the Fuzzy C-Means Mode [J]. IEEE Trans on Fuzzy Systems,1995,3(3):370-379.

[13] Bobrowski L. C-Means Clustering With the L_1 and L_∞ noms[J]. IEEE Trans on SMC,1991,21(3):545-554.

[14] 高新波,谢维信. 模糊聚类理论及应用的研究进展[J]. 科学通报,1999,44(21):2241-2251.

[15] Kuo T,Huang S Y. A Genetic Algorithm with Disruptive Selection[J]. IEEE Trans on System Man and Cyber,1996,26(2):299-306.

[16] Robert J Sreifel. Dynamic Fuzzy Control of Genetic Algorithm Parameters [J]. IEEE Trans on SMC-Part B:Cybernetics, 1999, 29(3):426-433.

[17] Goldberg D E. Genetic Algorithms in Search, Optimization and Machine Learning[M]. Reading, MA:Addison-Wesley,1989.

第7章 基于遗传算法的导弹对单个目标毁伤效能智能优化

7.1 引　　言

在第6章中,研究了广义射击条件下导弹打击目标优选问题,在此基础上,本章研究在打击目标既定时如何提高导弹毁伤效能,即对单个目标射击时导弹毁伤效能优化问题。对于这类问题,传统的方法是建立优化模型,并采用一些基于梯度的启发式算法[1-3]进行解算,但正如在本篇导论中所阐述的,这些方法存在一些明显不足,而运用 GA 可以有效弥补这些不足,这是由于以下几点原因:一是在毁伤效能优化中存在大量 NP-hard 问题,例如,对于单个小目标射击弹序优化问题,传统算法往往失效,而 GA 在求解这样的组合优化问题时有其独特的优势,因为 GA 具有隐并行性,能够应付组合爆炸。二是毁伤效能优化中一些问题无明显的目标函数表达式,致使传统算法无法运行,而 GA 不需要以显式表达的目标函数。三是文献[4]已证明:毁伤效能优化问题的目标函数是一个多峰函数,传统算法易陷入局部极优,而 GA 的全局最优性及搜索过程的智能特征可以保证以较大的概率获得全局最优解。本章围绕对单个目标射击时的导弹毁伤效能优化中的正、逆两类问题开展研究。对单个小目标,提出了毁伤效能马尔可夫链分析模型,并运用改进 GA 进行攻击弹序优化,从而提高射击效能;对单个面积目标及集群目标,建立毁伤效能多目标优化模型,并运用一种新型多目标 GA 对其求解;针对不同类型的地面目标,提出给定效能指标下必需弹数优化计算的新型算法。

7.2 两种射击方式下导弹对单个小目标毁伤效能的计算方法

齐射与连射是导弹攻击中最常采用的两种射击方式,在以往的研究文献[5-6]中,对齐射方式下武器射击效能没有予以足够重视,研究焦点集中于连射下武器射击效能,而且对连射下的效能研究,也多集中于独立射击情形。随着目标防御水平的提高以及导弹攻击中用弹量的增加,齐射方式在现代作战中越来越多地被采用,因此,研究齐射方式下导弹的作战效能显得越来越迫切。本节研究对单个坚固小目标攻击时,两种不同射击方式下导弹武器毁伤效能的计算方法,并进行定量的比较分析,为导弹武器的射击决策提供依据和方法,并为后续的导弹毁伤效能优化打下基础。

7.2.1 两种射击方式下远距作用式导弹毁伤效能的计算方法

1. 齐射方式下远距作用式导弹的毁伤效能

在研究齐射方式下远距作用式导弹的效能时,"齐射"的含义除了指各枚导弹被同时发射外,还指各枚导弹同时着爆或空爆,即忽略爆炸时刻的差异。在此条件下,n 枚导弹的齐射将产生一个倍增效应,但这种倍增绝不是各枚导弹爆炸效应的简单求和,而必须以恰当的方法加以度量。

设第 i 枚导弹之杀伤半径为 $r_i(i=1,2,\cdots,n)$,目标坐标为 (x_0,y_0),采用等效方法估算 n 弹齐射时作战效能的倍增效应,即将 n 弹齐射等效为一枚杀伤半径为 R_n 的导弹射击效能,此时,击毁目标概率为

$$P_h = \iint_\Omega f(x,y)\mathrm{d}x\mathrm{d}y \tag{7.1}$$

式中,Ω 为圆域 $(x-x_0)^2+(y-y_0)^2 \leqslant R_n^2$,$f(x,y)$ 为等效导弹的弹着点散布律,一般为正态分布密度函数。

当 $r_1=r_2=\cdots=r_n=r$ 时,R_n 可表示为 Kr,其中 K 称为效应倍增系数,只与 n 有关,记为

$$K = f_k(n) \tag{7.2}$$

R_n 与 K 的解析函数式的确定,一般须通过试验获得经验公式。对于给定的 n,可以通过靶场试验得到相应的 R_n 或 K 值。

2. 连射方式下远距作用式导弹效能

连射方式下远距作用式导弹效能的计算又分两种情形,即相互独立的连射和相关连射。

(1) 相互独立的连射。设第 i 枚导弹杀伤半径为 $r_i(i=1,2,\cdots,n)$,则第 i 枚导弹对目标的击毁概率为

$$P_i = \iint_\Omega f_i(x,y)\mathrm{d}x\mathrm{d}y \tag{7.3}$$

式中,$f_i(x,y)$ 为第 i 枚导弹着弹点散布律。

n 枚相互独立连射导弹对目标的击毁概率为

$$P_h = 1 - \prod_{i=1}^{n}(1-P_i) \tag{7.4}$$

特别地,当 $P_1=P_2=\cdots=P_n=P$ 时,有

$$P_h = 1-(1-P)^n$$

(2) 相关连射。首先给出相互独立随机向量的定义。

定义7.1 相互独立的 m 维随机向量

设 $\boldsymbol{X}=[X_1 \quad X_2 \quad \cdots \quad X_m]$, $\boldsymbol{Y}=[Y_1 \quad Y_2 \quad \cdots \quad Y_m]$ 为两个 m 维随机向量，若 X_i 与 $Y_i(i=1,2,\cdots,m)$ 为两两相互独立的随机变量，则称 $\boldsymbol{X}$ 与 $\boldsymbol{Y}$ 为两个相互独立的 m 维随机向量。

相关连射时，在两组误差型下[7]，第 i 枚导弹坐标可表示为

$$\left.\begin{array}{l} x_i = \overline{x_i} + x_a + x_{bi} \\ y_i = \overline{y_i} + y_a + y_{bi} \end{array}\right\} \tag{7.5}$$

式中　　$\overline{x_i},\overline{y_i}$——第 i 枚弹散布中心坐标；

x_a,y_a——集体随机误差；

x_{bi},y_{bi}——个别随机误差。

对于固定的 x_a 和 y_a，各枚弹坐标 (x_i,y_i) 为相互独立二维随机变量。设第 i 枚导弹弹着点的条件分布密度为 $\varphi_i(x_i,y_i/x_a,y_a)$，则第 i 枚导弹击毁目标概率

$$P_i = \iint_{D_i} \varphi_i(x_i,y_i/x_a,y_a) \mathrm{d}x_i \mathrm{d}y_i \tag{7.6}$$

式中，D_i 为第 i 枚导弹的射击有效域。对单个小目标射击时，D_i 一般为以目标为中心的一个圆域。

对固定的 (x_a,y_a)，n 枚导弹击毁目标概率

$$P_n(x_a,y_a) = 1 - \prod_{i=1}^{n}(1-P_i) \tag{7.7}$$

考虑到 (x_a,y_a) 的不确定性，一般情形下，n 枚弹对目标的击毁概率

$$P_n = \int_{-\infty}^{+\infty} \int_{-\infty}^{+\infty} P_n(x_a,y_a) \varphi_a(x_a,y_a) \mathrm{d}x_a \mathrm{d}y_a \tag{7.8}$$

式中，$\varphi_a(x_a,y_a)$ 为二维随机变量 (x_a,y_a) 的概率密度函数。

7.2.2　两种射击方式下撞击作用式导弹的毁伤效能

1. 齐射方式下撞击作用式导弹的作战效能

齐射方式下撞击作用式导弹的作战效能需分几种情形讨论。

(1) 各枚导弹射击独立(如由不同平台发射)且任一枚导弹命中目标后击毁目标概率为1。

在此情形下，n 枚撞击作用式导弹击毁目标的概率即为至少一枚命中目标的概率

$$P_h = 1 - \prod_{i=1}^{n}(1-P_i) \tag{7.9}$$

式中，P_i 为第 i 枚导弹命中目标的概率。

从形式上看，与连射条件下远距作用式导弹的击毁概率相同，但它们代表完全

不同的两种击毁过程,且 P_i 的计算也不相同。

(2) 各枚导弹的射击相互独立,任一枚导弹命中目标后击毁目标的概率不为1。

此时,若各枚导弹命中概率均为 P_m,命中后击毁目标的概率均为 P_c,则由全概率公式可得 n 枚导弹击毁目标的概率

$$P_h = \sum_{i=1}^{n} C_n^i P_m^i (1-P_m)^{n-i} f(i) \tag{7.10}$$

式中,$f(i)$ 是齐射命中 i 发后击毁目标的概率,当 $i=1$ 时,$f(i)=P_c$。

若第 i 枚导弹命中目标概率为 $P_{mi}(i=1,2,\cdots,n)$,命中后击毁目标概率为 $P_{ci}(i=1,2,\cdots,n)$,P_h 的计算思想仍为全概率公式,但要对 n 枚导弹所有可能的射击命中组合分别计算求和,其通式不能列写。

(3) 各枚导弹射击相关且任一枚导弹命中目标后击毁目标的概率为1。

由于任一枚导弹命中目标后击毁目标概率为1,因此,n 枚导弹对目标的击毁概率等于至少一枚导弹命中目标的概率,即至少有一枚导弹的弹着点位于目标区域 D 上的概率。

设 A_i 表示第 i 枚导弹命中目标这一随机事件,则所求概率

$$P_h = P(A_1 \cup A_2 \cup \cdots \cup A_n) =$$
$$\sum_{i=1}^{n} P(A_i) - \sum_{1 \leqslant i<j \leqslant n} P(A_i A_j) + \sum_{1 \leqslant i<j<k \leqslant n} P(A_i A_j A_k) - \cdots +$$
$$(-1)^{n-1} P(A_1 A_2 \cdots A_n) \tag{7.11}$$

式中,有 $P(A_{i1} A_{i2} \cdots A_{im})$ ($ij \neq ik$,且 $ij \in [1,n]$) 需计算。

不失一般性,下面以 $P(A_1 A_2 \cdots A_m)(m \leqslant n)$ 的计算为例。

在两组误差型下,对于固定的集体误差 (x_a, y_a),各弹的命中是相互独立的随机事件,设第 i 枚导弹在固定集体误差下命中目标概率为 P_i,则

$$P_i = \iint_D \varphi_i(x_i, y_i / x_a, y_a) dx_i dy_i \tag{7.12}$$

式中,$\varphi_i = (x_i, y_i / x_a, y_a)$ 为在固定的 x_a 和 y_a 下弹着点的条件分布律。

由此得

$$P(A_1 A_2 \cdots A_m / x_a, y_a) = \prod_{i=1}^{m} P_i \tag{7.13}$$

由全概率公式

$$P(A_1 A_2 \cdots A_m) = \int_{-\infty}^{+\infty} \int_{-\infty}^{+\infty} \prod_{i=1}^{n} P_i \varphi_a(x_a, y_a) dx_a dy_a$$

式中,$\varphi_a(x_a, y_a)$ 为 (x_a, y_a) 的概率密度函数。

特别地,当 $P_1 = P_2 = \cdots = P_m = P_M$ 时,有

$$P(A_1 A_2 \cdots A_m) = \int_{-\infty}^{+\infty} \int_{-\infty}^{+\infty} P_M^m \varphi_a(x_a, y_a) \mathrm{d}x_a \mathrm{d}y_a \tag{7.14}$$

（4）各枚导弹射击相关且任一枚导弹命中后摧毁目标的概率为 P_c。

此时，齐射方式下 n 枚导弹击毁目标概率

$$P_h = \sum_{m=1}^{n} P_{n,m} G(m) \tag{7.15}$$

式中　　$P_{n,m}$——n 枚中有 m 枚命中目标的概率；

$G(m)$——命中 m 枚时击毁目标的概率。

若第 i 枚导弹在集体误差 (x_a, y_a) 固定时命中目标的概率为常数 $P(x_a, y_a)$，则 $P_{n,m}$ 可计算如下：

$$P_{n,m} = \int_{-\infty}^{+\infty} \int_{-\infty}^{+\infty} C_n^m [P(x_a, y_a)]^n [1 - P(x_a, y_a)]^{n-m} \varphi_a(x_a, y_a) \mathrm{d}x_a \mathrm{d}y_a \tag{7.16}$$

若第 i 枚导弹在固定的 (x_a, y_a) 下命中目标的概率不为常数，设为 $P_i(x_a, y_a)$，此时 $P_{n,m}$ 的计算公式复杂，将由 C_n^m 项之和构成，其中任一项均对应某一种命中情形。以 n 枚导弹中前 m 枚命中的情形为例，其对应项为

$$\int_{-\infty}^{+\infty} \int_{-\infty}^{+\infty} \prod_{i=1}^{m} P_i(x_a, y_a) \prod_{j=m+1}^{n} [1 - P_j(x_a, y_a)] \varphi_a(x_a, y_a) \mathrm{d}x_a \mathrm{d}y_a \tag{7.17}$$

其余项可类推。

当各弹命中后摧毁目标的概率 P_{hi} 不为常数，$G(m)$ 的形式将发生变化。此时，$G(m)$ 不仅与命中弹数有关，还与命中导弹的单发击毁概率有关。例如，在命中导弹数不变时，若命中的导弹不同，击毁概率将不同。相关齐射下 $G(m)$ 不易直接计算，一般需通过试验确定。

2. 连射方式下撞击作用式导弹效能

连射方式下撞击作用式导弹的作战效能同样需要分多种情形讨论。

（1）各枚导弹的射击相互独立且任一枚导弹命中目标后击毁目标概率为 1。

此时，对撞击作用式导弹而言，连射方式与齐射方式效能计算无差异。

（2）各枚导弹射击相互独立且第 i 枚导弹命中后击毁目标概率为 P_{hi}。

此时，n 弹连射对目标的击毁概率

$$P_h = 1 - \prod_{i=1}^{n} (1 - P_i P_{hi}) \tag{7.18}$$

式中，P_i 表示第 i 枚导弹命中目标的概率。

（3）各枚导弹射击相关且任一枚导弹命中后击毁目标概率为 1。

此时，效能计算类同于齐射方式下的效能计算。

（4）各枚导弹射击相关且第 i 枚导弹命中后击毁目标概率为 P_{hi}。

此时，n 枚撞击作用式导弹效能计算式为

$$P_h = \sum_{m=1}^{n} P_{n,m} G(m) \qquad (7.19)$$

式中,$P_{n,m}$ 的计算与相关射击时 n 枚导弹齐射方式下效能计算方法类同,而 $G(m)$ 的计算则不同。

尽管在相关射击条件下各枚导弹的命中不再是相互独立事件,但连射下各枚导弹命中后击毁目标事件仍然是相互独立的随机事件,因此,连射下命中 m 发时将目标击毁的概率等于其中至少一枚将目标击毁的概率。当 P_{hi} 是常数 P_c 时,$G(m)$ 计算式为

$$G(m) = 1 - (1 - P_c)^m \qquad (7.20)$$

若 P_{hi} 不为常数,需对 $P_{n,m}$ 的每一项(共 C_n^m 项)计算相应的击毁概率。例如,设对 n 枚撞击作用式导弹编号为 $1 \sim n$,则前 m 枚命中后击毁目标的概率为

$$1 - (1 - P_{h1})(1 - P_{h2}) \cdots (1 - P_{hm})$$

7.2.3 两种射击方式下导弹毁伤效能的比较分析

运用本节提出的效能计算方法,可以对两种射击方式下导弹毁伤效能进行定量的比较分析,从而对导弹攻击决策起支持作用。

1. 对正决策问题的支持

所谓正决策是指在用弹量给定的条件下,选择其他射击要素以使作战效能最大。对正决策问题的支持可分为两类:

(1)射击方式的选择。已知导弹类型,通过定量计算不同射击方式下导弹效能,并进行比较分析,选择最佳射击方式。

(2)导弹类型选择。已知射击方式,通过定量计算不同种类导弹效能,选定最佳导弹类型或确定不同类型导弹的用弹比例。

2. 对逆决策问题的支持

所谓逆决策问题是指在作战效能指标给定的条件下选择射击要素以使用弹量最小。对逆决策的支持同样可分为射击方式和导弹种类选择两类,其过程类似于正决策,不再赘述。

7.3 导弹对单个小目标毁伤效能的马尔可夫链分析模型

对单个坚固小目标通常采用多弹攻击方式,由于目标的坚固性、导弹战斗部爆点随机性以及杀伤物质散射(如破片)的随机性,在单弹攻击下,目标的毁伤结果将是随机的,因此,多弹攻击下目标毁伤结果构成一个随机过程。本节运用马尔可夫过程理论建立多弹攻击毁伤效能的马尔可夫链模型,并对特殊情形下的目标杀伤

效能建立确定性分析模型。

7.3.1 目标毁伤过程的数学描述

设对单个坚固小目标以独立连射方式发射导弹,不计毁伤积累,目标可能的毁伤状态共有 m 个,在任一枚导弹作用下目标随机地处于其中某一个毁伤状态。由于目标在第 $K+1$ 次导弹攻击下所处毁伤状态只与在第 K 次攻击下目标所处毁伤状态有关,因而在多枚导弹攻击下目标毁伤过程构成一个马尔可夫链,其形式化描述如下:

以射击次数的集合作为参数集 T,则
$$T=\{0,1,2,\cdots\}$$

将 m 个毁伤状态编号为 $1,2,\cdots,m$,则状态空间 $E=\{1,2,\cdots,m\}$。

设随机变量 $X(n)$ 表示 n 时刻(第 n 次射击后)目标所处状态,则随机序列 $\{X(n),n=0,1,2,\cdots\}$ 是一个马尔可夫链。

7.3.2 目标毁伤过程的齐次马尔可夫链模型

设对单个坚固小目标射击的导弹精度和威力相同,则在任意时刻任一枚导弹作用下马尔可夫链的一步转移概率矩阵相同,由齐次马尔可夫链定义可知,此时,目标毁伤过程构成一个齐次马尔可夫链。设状态 1 表示目标完好,然后毁伤程度依次增加,状态 m 表示目标完全被击毁,由此得到任意时刻一步转移概率矩阵

$$\boldsymbol{P}=\begin{bmatrix} P_{11} & P_{12} & \cdots & & & P_{1m} \\ & P_{22} & P_{23} & \cdots & & P_{2m} \\ & & P_{33} & P_{34} & \cdots & P_{3m} \\ & & & 0 & \ddots & \\ & & & & & \ddots \\ & & & & & P_{mm} \end{bmatrix}$$

由 $\boldsymbol{P}$ 的形式可知,$\boldsymbol{P}$ 是一个上三角阵,这是由于各状态之间不是互通的。不失一般性,设 $j>i$,则由状态 i 可达状态 j,反之不成立,故 $P_{ji}=0$,这是由目标毁伤的不可逆转性决定的。此外,除状态 m 外,其余状态均为非常返态(瞬态)。特别地,状态 m 还是吸收状态,因为一旦目标被完全击毁即到达状态 m,它将永远停留在此状态,故 $P_{mm}=1$。以下对马尔可夫链作若干运算。

由马尔可夫链的初始概率分布及 n 步转移概率矩阵 $\boldsymbol{P}(n)$,很容易得到 n 时刻的绝对概率分布,其物理意义是 n 次射击后,目标处于各毁伤状态的概率。

设初始概率分布向量为

$$\boldsymbol{P}^{(0)} = \begin{bmatrix} P_1^{(0)} & P_2^{(0)} & \cdots & P_m^{(0)} \end{bmatrix} \tag{7.21}$$

式中，$P_i^{(0)} = P(x(0) = i)$。

n 步转移矩阵 $\boldsymbol{P}(n)$ 可由齐次马尔可夫链性质得出

$$\boldsymbol{P}(n) = \boldsymbol{P}^n = [P_{ij}(n)]_{m \times m} \tag{7.22}$$

则 n 时刻绝对概率分布为

$$\boldsymbol{P}^{(n)} = \begin{bmatrix} P_1^{(n)} & P_2^{(n)} & \cdots & P_m^{(n)} \end{bmatrix} = \boldsymbol{P}^{(0)} \boldsymbol{P}(n) = \boldsymbol{P}^{(0)} \boldsymbol{P}^n \tag{7.23}$$

式中，$P_i^{(n)} = P(x(n) = i)$。

一般地，有 $\boldsymbol{P}^{(0)} = \begin{bmatrix} 1 & 0 & \cdots & 0 \end{bmatrix}$，即初始时刻目标处于完好状态。

定义 7.2[8] 马尔可夫链的遍历性

若马尔可夫链转移概率的极限

$$\lim_{n \to \infty} P_{ij}(n) = P_j, \quad i, j \in E$$

存在且与 i 无关，则称马尔可夫链具有遍历性。

对于具有遍历性的马尔可夫链，显然有

$$P_j \geqslant 0 (j = 1, 2, \cdots, m), \quad \sum_{j=1}^{m} P_j = 1$$

此时称 $\{P_j, j = 1, 2, \cdots, m\}$ 为转移概率的极限分布。

定理 7.1 多弹攻击下单个坚固目标毁伤过程马尔可夫链具有遍历性

证明 设 i 为状态空间 E 中任一状态，状态 m 为完全击毁状态，$P_{im}(n)$ 为由状态 i 至状态 m 的 n 步转移概率，由于 $n \to \infty$ 的物理意义是对目标的射击一直进行下去，最终必能将目标完全击毁，因此

$$\lim_{n \to \infty} P_{im}(n) = 1$$

与之相应，必有

$$\lim_{n \to \infty} P_{ij}(n) = 0$$

式中，$j \in E$ 且 $j \neq m$。

由定义 7.2 可知，目标毁伤过程马尔可夫链具有遍历性，其转移概率的极限分布为（以向量形式表示）

$$\boldsymbol{P}_{\lim} = \underbrace{(0, 0, \cdots, 1)}_{m \uparrow}$$

定理 7.2 马氏的极限分布

当马尔可夫链具有遍历性时，绝对概率分布极限与转移概率的极限分布相同。

证明[8] 设 n 时刻马尔可夫链的绝对概率分布为

$$\{P_j^{(n)}, j = 1, 2, \cdots, m\}$$

则有
$$\lim_{n\to\infty}P_j^{(n)} = \lim_{n\to\infty}\sum_{i=1}^{m}P_i^{(0)}P_{ij}(n) = \sum_{i=1}^{m}P_i^{(0)}\lim_{n\to\infty}P_{ij}(n) = \sum_{i=1}^{m}P_i^{(0)}P_j = P_j$$
即
$$\lim_{n\to\infty}P_j^{(n)} = P_j, \quad j=1,2,\cdots,m$$

定理 7.2 表明,当马尔可夫链具有遍历性时,讨论转移概率的极限分布已经足够,绝对概率分布的极限自然可以得到。

在作战决策过程中,往往需要知道从目标当前所处状态出发,对目标射击 K 枚导弹(相当于马尔可夫链的 K 步转移),而使目标在第 K 枚弹射击后方能达到某一预定状态的概率,也就是马尔可夫链理论中的首次到达概率[9]。计算首次到达概率有其重要性,因为首次到达概率是发射 K 枚弹的重要性的定量表示,有助于正确选择用弹量。

设 $f_{ij}^{(k)}$ 表示从状态 i 出发经 K 步首次到达状态 j 的概率,则由全概率公式得[10]
$$f_{ij}^{(k)} = \sum_{\substack{b\in E \\ b\neq j}} P_{ib} f_{bj}^{(k-1)}$$

此外,由于 $f_{ij}^{(1)}$ 表示由状态 i 出发经 1 步转移到达状态 j 的概率,故对齐次马尔可夫链有
$$f_{ij}^{(1)} = P\{X(t+1)=j \mid X(t)=i\} = P_{ij}$$
式中,t 代表任意时刻。

将以上两式结合,可计算任意 $f_{ij}^{(k)}$($i,j\in E, j\neq i, k$ 为正整数)。

从初始状态出发,可经过不同的步数 K 首次到达状态 j。为了表明首次到达状态 j 总的可能性,定义 F_{ij} 表示从状态 i 首次到达状态 j 的总概率,则由不相容事件之并事件的概率计算方法得
$$F_{ij} = P(\bigcup_{k=1}^{\infty}A_k) = \sum_{k=1}^{\infty}P(A_k) = \sum_{k=1}^{\infty}f_{ij}^{(k)} \tag{7.24}$$
式中,A_k 表示由状态 i 经 K 步首次到达状态 j 的随机事件。

将 F_{ij} 的表达式变形得
$$F_{ij} = f_{ij}^{(1)} + \sum_{k=2}^{\infty}f_{ij}^{(k)} = P_{ij} + \sum_{k=2}^{\infty}\sum_{\substack{b\in E \\ b\neq j}}P_{ib}f_{bj}^{(k-1)} = P_{ij} + \sum_{\substack{b\in E \\ b\neq j}}P_{ib}\sum_{k=2}^{\infty}f_{bj}^{(k-1)}$$
即
$$F_{ij} = P_{ij} + \sum_{\substack{b\in E \\ b\neq j}}P_{ib}F_{bj}$$

上式的意义是,从状态 i 首次到达状态 j 的总概率,是一步转移概率 P_{ij},加上从状态 i 到任一不为 j 的状态 b 的一步转移概率与从 b 出发到达状态 j 的首次到达总概率的乘积之和。

7.3.3 复杂情形下的马尔可夫链

1. 非齐次马尔可夫链

当考虑目标毁伤积累或每枚导弹威力、精度不同时,目标毁伤过程将是一个非齐次马尔可夫链,此时转移概率与发生转移的时刻有关。因此关于马尔可夫链的运算都必须发生变化,但过程基本相同。

2. 混合马尔可夫链

当各枚导弹之间射击间隔较大足以使目标恢复时,应考虑对目标的恢复,且恢复过程也是一个马尔可夫链。典型的目标恢复见于战场抢修。此时,效能分析模型将是一个由毁伤过程马尔可夫链和修复过程马尔可夫链组成的一个混合马尔可夫链。

假设在两枚导弹的射击间隔内,仅能进行一次目标战损修复,以 $q_{ij}^{(k)}$ 表示 k 时刻目标由状态 i 经修复返回到状态 j 的转移概率,则 k 时刻修复马尔可夫链的一步转移阵 Q_k 可表示为一个下三角阵

$$Q_k = \begin{bmatrix} q_{11}^{(k)} & & & \\ q_{21}^{(k)} & q_{22}^{(k)} & & 0 \\ \vdots & \vdots & & \ddots \\ q_{m1}^{(k)} & q_{m2}^{(k)} & \cdots & q_{mm}^{(k)} \end{bmatrix}$$

设 K 时刻毁伤马尔可夫链的一步转移阵为 P_k,则混合马尔可夫链在 k 时刻的一步转移阵

$$H_k = P_k Q_k$$

由此混合马尔可夫链自某时刻 T 起的 n 步转移阵

$$H_T(n) = \prod_{k=T+1}^{T+n} H_k = \prod_{k=T+1}^{T+n} P_k Q_k \tag{7.25}$$

由于一步转移概率矩阵的变化,混合马尔可夫链的其余运算也需作相应变化。

7.3.4 导弹对单个小目标毁伤效能分析的确定性模型

在目标抗力相对较低或单枚导弹威力相对较大时,可以认为命中次数的增加导致目标受损程度的增加是确定性事件,因此,可建立确定性毁伤效能分析模型。

以目标的剩余价值作为毁伤效能的量度,在多弹攻击下,目标剩余价值随命中弹数变化,它们之间存在一定的函数关系,称为毁伤函数。不同种类的目标,由于特性不同,其毁伤函数形式也不同。

1. 线性毁伤函数

设 V_N 表示目标剩余价值,N 为命中次数,则线性毁伤函数 $h(N)$ 的表达式为

$$V_N = h(N) = V_0 + KN \tag{7.26}$$

式中　V_0——目标的初始价值；

　　　K——毁伤速率（$K<0$），需经靶场试验得出。

此种毁伤函数适用于抗毁力低、剩余价值随命中弹数急剧下降的目标。线性毁伤函数的图形如图7.1所示。

2. 抛物型（半正态）毁伤函数

$$V_N = h(N) = V_0 e^{-\frac{N^2}{2}K} \tag{7.27}$$

式中，毁伤速率 $K>0$。半正态型毁伤函数图形示如图7.2所示。

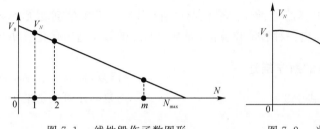

图7.1　线性毁伤函数图形

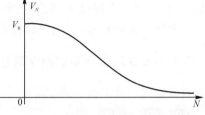

图7.2　半正态型毁伤函数图形

3. 降半岭型毁伤函数

降半岭型毁伤函数适用于那些比较坚固、非达到一定的命中次数不足以使其发生损伤的目标。函数形式如下：

$$V_N = \begin{cases} V_0, & 0 \leqslant N < N_0 \\ V_0 \left[\frac{1}{2} - \frac{1}{2} \sin \frac{\pi}{N_{\max} - N_0} \left(x - \frac{N_0 + N_{\max}}{2} \right) \right], & N_0 \leqslant N < N_{\max} \\ 0, & N \geqslant N_{\max} \end{cases} \tag{7.28}$$

式中，N_0，$N_{\max}$ 均须通过靶场试验得到。降半岭型毁伤函数的图形如图7.3所示。

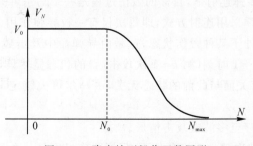

图7.3　降半岭型毁伤函数图形

7.4 基于改进GA的导弹对单个小目标攻击弹序优化

对坚固目标的攻击常常需要投射多枚导弹,而在多枚导弹精度和威力不同的情形下,不同的射击顺序将导致不同的射击效能,因此,有必要对射击顺序做出规划,这实际上是一个有序组合优化问题,已被归于 NP - hard 类[11]。传统的方法是建立数学规划模型并用某种算法求解,例如整数规划、动态规划等,但无论采用何种算法,均不能完全保证求解的可行性及最优解的存在性,对大规模问题尤为如此。本节针对问题特点,提出一种智能化算法,即基于 GA 的弹序遗传优化算法。

7.4.1 多弹攻击问题的数学描述

首先给出一种射击方式定义。

定义 7.3　有序连射

整个射击过程以一定顺序发射多枚导弹,每次发射一枚,且各枚导弹的发射是相互独立的,这种射击方式称为有序连射。

设有 n 枚导弹,精度和威力各不相同,采用连射方式对同一目标射击,不考虑毁伤积累,弹序优化问题就是选定各枚导弹的射击顺序以使毁伤效果最优。

关于目标毁伤效果,在此考虑毁伤程度的差异,即在多弹攻击下,目标可能处于多种不同程度的毁伤状态。以下对此进一步描述并确定毁伤效果的度量指标。

在任一枚导弹的攻击下,目标将随机地处于某一种毁伤状态,因此有下述引理。

引理 7.1　在多弹连射下,目标毁伤状态的变化构成一个随机过程

定义 7.4　目标毁伤过程

多弹连射下,目标毁伤状态的变化构成的随机过程称为目标毁伤过程。

定理 7.3　在多弹连射下,目标的毁伤过程是一个马尔可夫链

证明　由于各弹采用连射方式,即每次仅有一枚导弹作用于目标,而其作用结果是使目标随机地处于某种毁伤状态,这是由导弹命中及击毁过程的随机性决定的。此外,目标在 $k+1$ 时刻(第 $k+1$ 次攻击后)的状态显然只与 k 时刻(第 k 次攻击之后)目标状态有关而与此前的状态无关,由马尔可夫链定义,目标毁伤过程是一个马尔可夫链。

定理 7.3 可推广至多波次攻击情形。

推论 7.1　多波次独立攻击条件下,目标毁伤过程是一个马尔可夫链

证明　类似于定理 7.3。

推论 7.2　在不考虑毁伤积累且各弹精度、威力及射击条件相同时,连射下目

标毁伤过程是一个齐次马尔可夫链;否则是一个非齐次马尔可夫链。

证明 (1)设有 n 枚导弹,目标可能的毁伤状态为 m 个,在给定的条件下,每枚导弹攻击下目标毁伤状态的一步转移概率矩阵是相同的,即 $\boldsymbol{P}_1=\boldsymbol{P}_2=\cdots=\boldsymbol{P}_n=\boldsymbol{P}$,其中 $\boldsymbol{P}_i(i=1,2,\cdots,n)$ 表示第 i 枚导弹攻击下目标状态转移阵。

设 $X_k(i)$ 表示 k 时刻(第 k 枚导弹攻击后)目标处于第 i 个毁伤状态,$X_{k+l}(j)$ 表示 $k+l$ 时刻目标处于毁伤状态 j,则 $k+l$ 时刻,目标毁伤状态概率分布向量 $\boldsymbol{P}_{k+l}$ 可由柯尔莫哥洛夫方程计算如下:

$$\boldsymbol{P}_{k+l}=[\overbrace{00\cdots 10\cdots 0}^{m\uparrow}]\boldsymbol{P}_{k+1}\boldsymbol{P}_{k+2}\cdots\boldsymbol{P}_{k+l}=[0\ 0\ \cdots\ 0\ 1\ 0\ \cdots\ 0]\boldsymbol{P}^l$$
第 i 位

$\boldsymbol{P}_{k+l}$ 仅与 l 有关而与 k 无关,而 $P(X_{k+l}(j)\mid X_k(i))$ 是 $\boldsymbol{P}_{k+l}$ 的第 j 个分量,故 $P(X_{k+l}(j)\mid X_k(i))$ 与 k 无关,由齐次马尔可夫链定义可知,此时目标毁伤过程是一个齐次马尔可夫链。

(2)在不满足给定条件的情形下,均不满足 $\boldsymbol{P}_1=\boldsymbol{P}_2=\cdots=\boldsymbol{P}_n=\boldsymbol{P}$,故此时目标毁伤过程是一个非齐次马尔可夫链。

定理 7.4 多弹连射且不计毁伤积累时,若导弹精度和威力相同,则目标毁伤效果与发射顺序无关;若各弹精度和威力不同,则毁伤效果与发射顺序有关。

证明 在多弹连射下,目标的毁伤状态转移概率矩阵仅取决于目标抗毁力、导弹精度及威力,由于不计毁伤积累,可将抗毁力视为常量,因此,毁伤状态一步转移概率矩阵只随攻击导弹的精度和威力变化。设在第 i 枚导弹攻击下目标的毁伤状态一步转移矩阵为 $\boldsymbol{P}_i$,则 n 步转移矩阵(向目标发射 n 枚导弹之后毁伤状态转移矩阵)为

$$\boldsymbol{P}^{(n)}=\prod_{i=1}^{n}\boldsymbol{P}_i$$

(1)若各枚导弹精度、威力不同,即 $\boldsymbol{P}_i\neq\boldsymbol{P}_j(i,j=1,2,\cdots,n,i\neq j)$,由于一般地当 $\boldsymbol{A}\neq\boldsymbol{B}$ 时,$\boldsymbol{AB}\neq\boldsymbol{BA}$,即矩阵乘法运算不满足交换律,因而 $\boldsymbol{P}(n)$ 与 $\boldsymbol{P}_i$ 的积序有关,亦即 n 弹射击效果与各弹发射顺序有关。

(2)若各弹精度和威力相同,即 $\boldsymbol{P}_i=\boldsymbol{P}_j=\boldsymbol{P}$,则 $\boldsymbol{P}^{(n)}=\boldsymbol{P}^n$。

显然,n 弹射击效果与各弹射击顺序无关。

定理 7.4 保证了在各弹精度和威力不同情形下进行射击顺序优化的必要性。

7.4.2 基于 GA 的弹序遗传优化算法设计

1. 编码方案

对于有序组合优化问题,适于采用自然数直接编码。

首先将 n 枚导弹分别编号为 $1,2,\cdots,n$ 等自然数,每个自然数占据一个基因

位,n 个基因位级联构成一个染色体,用染色体中各弹编号所处的基因位序表示各弹的射击顺序。染色体编码的一个示例如图 7.4 所示(以 10 枚导弹为例)。

图 7.4 染色体编码示例 1

该染色体表示问题的一个解,其译码意义是,首发编号为 9 的导弹,然后是编号为 1 的导弹 …… 最后发射编号为 5 的导弹。

2. 适应度函数

设目标可能有 m 个不同毁伤程度或不同毁伤结果的毁伤状态,根据作战目的,预先确定一个毁伤状态作为目的毁伤状态,则将目标函数确定为 n 弹攻击后目标处于目的毁伤状态的概率,以此目标函数值作为个体的适应度函数值。计算方法如下:

对任一染色体,解码后即得到导弹的攻击顺序,然后用目标毁伤状态的一步转移概率矩阵计算 n 步后(n 弹射击后)目标所处毁伤状态的绝对概率分布,其中处于目的毁伤状态的概率值即为适应度值。

以如图 7.4 所示染色体适应度计算为例。设 m 个毁伤状态中,第 1 个状态为目标未受损伤(完好)状态,第 j 个状态为目的毁伤状态,则目标毁伤状态初始概率分布为

$$P_0 = \underbrace{[1 \quad 0 \quad \cdots \quad 0]}_{m\text{个}}$$

设目标在第 i 枚导弹作用下毁伤状态转移阵为 P_i,则 n 步后,目标毁伤状态的绝对概率分布向量为

$$P_n = P_0 \cdot P_9 \cdot P_1 \cdot P_4 \cdots P_6 \cdot P_2 \cdot P_5 \quad (7.29)$$

P_n 的第 j 个分量值即为该染色体相应个体适应度值。

3. 遗传算子设计

(1) 选择算子。采用基于适应度比例的赌轮选择算子,这种算子的优点是操作简便,同时辅以最佳个体保护策略。

由于适应度值为概率值,相互之间差异不大,在采用赌轮选择方法时,优秀个体的优势不明显,种群进化缓慢,将导致 GA 的搜索过程出现所谓"漫游"(roam)现象,因此,应对适应度进行变换。在此采用指数方法

$$f_i = \exp(-\beta f'_j), \quad \beta = -0.5 \quad (7.30)$$

式中 f'_j —— 第 j 个个体变换前适应度;

f_j—— 第 j 个个体变换后适应度;

β—— 变换系数。

经适应度变换后,第 j 个个体的选择概率(设种群规模为 n)

$$P_{sj} = \frac{f_j}{\sum_{i=1}^{n} f_i} \qquad (7.31)$$

(2) 交叉算子。由于采用自然数直接编码,因此基于二进制编码的单点或多点交叉算子不再适用,必须设计特殊的交叉算子。对弹序优化问题,基于部分匹配对换的双点交叉算子是适宜的,其操作过程可用如图 7.5 所示的例子来说明。

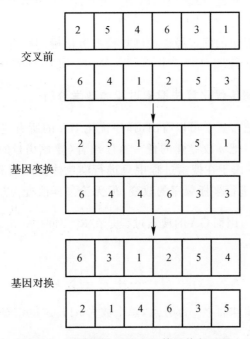

图 7.5 基于部分对换交叉算子执行过程

如图 7.5 所示是两个 6 基因位染色体的交叉过程。两个交叉点随机选择在第 2,3 基因位和第 5,6 基因位之间,交叉点之间的基因段是要进行交叉的部分,整个交叉过程由两条染色体交换部分基因和在各个染色体上对换部分基因组成。

(3) 变异算子。根据有序组合优化问题的特点,采用基于对换的变异算子[12],其操作过程为,随机选择染色体中两个基因,交换它们的码值,其译码含义是将两枚导弹交换发射顺序。

表面上看,变异算子与交叉算子的操作结果都是使染色体发生基因换位,似乎变异算子功能与交叉算子功能重复,事实上,变异操作有其必要性。交叉算子对染色体的作用力度大,表现在染色体发生多处换位,这虽然可使基因重组,产生进化作用,但在最优解附近,交叉算子的作用结果有可能错过最优解,而变异算子的作用结果仅使染色体发生一次基因换位,作用力度小,因而可起到"微调"作用,有利于提高寻找最优解的速度。

4. 初始种群生成

设种群规模为 N_G,个体的编码有 n 个基因(即考虑 n 弹射击问题),记 $[1,n]$ 上所有整数构成的集合为 $N[1,n]$,随机产生初始种群的方法如下:

首先产生 $N[1,n]$ 上随机整数 I_1,再产生 $N[1,n]-\{I_1\}$ 上随机整数 I_2,依此类推,由 $N[1,n]-\{I_1,I_2,\cdots,I_{i-1}\}$ 上产生随机整数 $I_i(i=1,2,\cdots,n)$,所有的 I_i 级联构成一个染色体。将此过程重复 N_G 次,就得到初始种群。

5. 其他

采用 2.5 节中提出的确定最佳种群规模的方法确定种群规模,并采用动态收敛准则控制 GA 的运行。

7.4.3 弹序遗传优化算法搜索过程的数学分析

从以上设计的遗传算子可以看出,弹序优化 GA 的所有遗传操作本质上都是字符串的换位操作。把 n 枚导弹的任一有序组合(导弹编号的一种排列)映射为 $\mathbf{R}^n$ 空间的一点坐标,由于在搜索过程中只进行染色体基因位的交换,这等价于对 $\mathbf{R}^n$ 空间中点的坐标进行坐标顺序的改变,但无论怎样改变,点与原点的欧氏距离不变,恒为 $(\sum_{k=1}^{n} k^2)^{\frac{1}{2}}$,因而 GA 的搜索过程是在 $\mathbf{R}^n$ 空间中一个超球面上进行,其方程为

$$x_1^2 + x_2^2 + \cdots + x_n^2 = \sum_{k=1}^{n} k^2 \tag{7.32}$$

但 GA 只搜索超球面上一部分点,总个数为 $n!$。这也正是 GA 自学习能力及智能特性的体现。

7.4.4 弹序遗传优化算法流程

步骤1:确定 GA 参数,包括种群规模 N_G,交叉概率 P_c,变异概率 P_m 及进化终止规则。

步骤2:随机产生初始种群。

步骤3:根据已经设计的适应度函数计算每一个个体的适应度。

步骤4:对当前种群随机作用以选择算子、交叉算子及变异算子,生成新一代种群。

步骤5:终止检验。若已满足收敛准则,终止进化,输出当前最好解;否则转至步骤3。

7.5 导弹对面积目标毁伤效能的多目标遗传优化

在 3.4 节中提出的一种新型多目标优化遗传算法的基础上,实现导弹对面积目标毁伤效能的多目标优化。

对面积目标毁伤效能优化问题是导弹作战效能分析中一个经典而复杂的问题,其本质是导弹瞄准点的优化选择[13-16]。由于目标函数的复杂性,对面积目标射击导弹瞄准点的优化是典型的非线性多峰函数优化问题。对该问题,基于爬山法(Climbing)的传统求解算法效率低下,且通常只能获得次优解,因而不能充分发挥导弹的毁伤效能,也不利于提高作战指挥决策的效率。在导弹射击效能分析实践中,为使问题简化,常见的做法是将面积目标形状近似为规则的几何形状,利用已有的特殊函数(如拉普拉斯函数)来简化瞄准点优化问题的目标函数,以降低问题求解的难度和计算量,但这种对目标形状的近似势必带来求解精度的下降,直接影响导弹瞄准点优化选择的效果,而且即便是简化后的问题,其求解复杂性依然存在,这已为大量实际问题所证明。遗传算法作为一种仿生类智能优化算法[17-19],采用群体搜索策略,由于其搜索过程的隐并行性,对导弹瞄准点优化这类复杂非线性优化问题具有较高的求解效率,同时也具有较高的全局收敛性。遗传算法的求解过程还不依赖于问题本身,主要表现在对目标函数的复杂性不敏感,甚至不要求有目标函数表达式,而这一特性尤其适合于导弹瞄准点优化这类具有复杂目标函数的问题。此外,用遗传算法求解对面积目标射击导弹瞄准点优化问题,无需对面积目标形状进行近似,亦即适应于任意形状面积目标,而对任意形状面积目标瞄准点优化问题至今仍是射击效能分析中的难点。因此,用遗传算法求解导弹瞄准点优化问题具有传统算法无可比拟的突出优点。

7.5.1 导弹对面积目标毁伤效能的多目标优化模型

在面积目标价值分布不均匀的情况下,对面积目标射击效能优化问题是一个多目标优化问题,需要考虑的目标有三个:objective 1 的平均毁伤面积尽量大;objective 2 的平均毁伤价值尽量大;objective 3 的脱靶面积尽量小。

设面积目标所占区域为 S_A,对该目标发射 N 枚导弹,试决定 N 枚导弹的瞄准点坐标 $(x_i, y_i)(i=1,2,\cdots,N)$,以使总的射击效能最优,即

$$\max \boldsymbol{f} = \begin{bmatrix} f_1 & f_2 & f_3 \end{bmatrix}^{\mathrm{T}} \tag{7.33}$$

式中　　f_1, f_2, f_3——objective 1,objective 2 和 objective 3 的目标函数;

　　　　$\overline{f}$——目标函数向量。

建立对面积目标射击效能多目标优化模型的关键是三个目标函数表达式的构

造,以下分别给出各目标函数表达式。

1. objective 1 的目标函数表达式

objective 1 的目标函数为

$$\max f_1 = M[S_h]$$

式中,S_h 表示 N 枚导弹总的杀伤面积。

$M[S_h]$ 的计算需分两种情形进行。

当 N 枚导弹射击相互独立时

$$M[S_h] = \iint\limits_{S_A} \left\{ 1 - \prod_{i=1}^{n} [1 - P_i(x', y')] \right\} \mathrm{d}x' \mathrm{d}y' \tag{7.34}$$

式中 S_A——面积目标所占区域;

(x', y')——S_A 上任一点坐标;

$P_i(x', y')$——第 i 枚导弹对以 (x', y') 为中心的面积元的杀伤概率,表达式如下:

$$P_i(x', y') = \int_{-\infty}^{+\infty}\int_{-\infty}^{+\infty} G_i(x - x', y - y') \varphi_i(x, y, x_i, y_i) \mathrm{d}x \mathrm{d}y \tag{7.35}$$

式中,$G_i(x - y', y - y')$ 为第 i 枚弹作用下 (x', y') 的坐标毁伤律。当各枚导弹威力相同时,坐标毁伤律可统一记为 $G(x - x', y - y')$。$\varphi_i(x, y, x_i, y_i)$ 为第 i 枚导弹在以 (x_i, y_i) 为瞄准点的情况下弹着点的分布律。

在给定 $(x_i, y_i)(i = 1, 2, \cdots, n)$ 时,$P_i(x', y')$ 及 $M[S_h]$ 的计算需采用高维数值积分方法。

当 N 枚导弹射击相关时

$$M[S_h] = \iint\limits_{S_A} \left\{ \int_{-\infty}^{+\infty}\int \left\{ 1 - \prod_{i=1}^{n} [1 - P_i(x', y', x_g, y_g)] \right\} \varphi_g(x_g, y_g) \mathrm{d}x_g \mathrm{d}y_g \right\} \mathrm{d}x' \mathrm{d}y' \tag{7.36}$$

式中 (x_g, y_g)——n 枚导弹的集体误差;

$\varphi_g(x_g, y_g)$——集体误差分布密度函数;

$P_i(x', y', x_g, y_g)$——在固定的集体误差下第 i 枚导弹对以 (x', y') 为中心的面积元的杀伤概率,表达式为

$$P_i(x', y', x_g, y_g) = \int_{-\infty}^{+\infty}\int_{-\infty}^{+\infty} G_i(x - x', y - y') \varphi_i(x, y, x_i, y_i / x_g, y_g) \mathrm{d}x \mathrm{d}y \tag{7.37}$$

式中,$\varphi_i(x, y, x_i, y_i / x_g, y_g)$ 表示在固定的集体误差 (x_g, y_g) 下,第 i 枚导弹在以 (x_i, y_i) 为瞄准点时弹着点的条件分布密度函数。

2. objective 2 的目标函数表达式

objective 2 的目标函数表示达式为

$$\max f_2 = M[V_h]$$

式中,V_h 表示 n 枚导弹总的毁伤价值。

完全类似于 objectivet 1 目标函数表达式的建立过程,同样分两种情形计算在瞄准点坐标为 $(x_i,y_i)(i=1,2,\cdots,n)$ 时的 $M[V_h]$。

当 n 枚导弹射击相互独立时

$$M[V_h] = \iint_{S_A} \left\{ 1 - \prod_{i=1}^{n} [1 - P_i(x',y')] \right\} V(x',y') \mathrm{d}x' \mathrm{d}y' \tag{7.38}$$

式中,$V(x',y')$ 为面积目标的价值密度函数。

当 n 枚导弹射击相关时

$$M[V_h] = \iint_{S_A} \left\{ \int_{-\infty}^{+\infty} \int_{-\infty}^{+\infty} \left\{ 1 - \prod_{i=1}^{n} [1 - P_i(x',y',x_g,y_g)] \right\} \varphi_g(x_g,y_g) \mathrm{d}x_g \mathrm{d}y_g \right\} \times V(x',y') \mathrm{d}x' \mathrm{d}y' \tag{7.39}$$

3. objective 3 的目标函数表达式

以各枚导弹瞄准点距面积目标中心距离的和作为 objective 3 的度量,则目标函数形式为

$$\min f'_3 = \sum_{i=1}^{n} [(x_i - x_0)^2 + (y_i - y_0)^2]$$

为统一于式(7.33)的形式,将上式等价为下列形式:

$$\max f_3 = -\sum_{i=1}^{n} [(x_i - x_0)^2 + (y_i - y_0)^2] \tag{7.40}$$

式中,(x_0,y_0) 代表面积目标中心坐标。

7.5.2 基于 GA 的导弹对面积目标毁伤效能多目标优化模型求解

由于 3.4 节中提出的一种新型多目标优化 GA(Novel Multiple - Objective GA,NMOGA)在求解多目标优化模型上的独特优势,以及面积目标毁伤效能多目标优化模型的复杂性,适宜采用 NMOGA 对其求解。当求解时有两种策略:一是直接求解,即同时考虑三个目标,此时为多目标无约束优化;二是将 objective 3 化为约束,从而将问题简化为二目标优化,约束形式为

$$\sum_{i=1}^{n} [(x_i - x_0)^2 + (y_i - y_0)^2] \leqslant S_0 \tag{7.41}$$

S_0 为某一正值。此约束的数学意义是把 $(x_i,y_i)(i=1,2,\cdots,n)$ 局限在 $\mathbf{R}^{2n}$ 中的一个超球内。

由此可见,无论采取何种策略,objective 1 和 objective 2 都必须同时被考虑,这是因为二者表达的目的不同。objective 1 的目的是使杀伤范围尽量大,以造成广泛的心理压力,最大限度地削弱对方士气;objective 2 的目的是最大限度地摧毁对方军事和经济实力,获取最高的作战效费比。可以形象地说,objective 1 的效应

体现在横向,而 objective 2 的效应体现在纵深。从瞄准点选择的角度来看,objective 1 要求弹着点稀疏,以使重复杀伤尽量小,而 objective 2 要求弹着点置于高价值区域,objective 3 则要求弹着点集中于目标中心。必须指出,当目标价值分布均匀时,objective 1 与 objective 2 等价。

运用 NMOGA 的具体步骤已在 3.4 节中阐述,此处不再重复。

7.5.3 算例

假设利用导弹攻击某一区域面目标进行攻击,目标的形状为长方形,长宽分别为 100 m 和 400 m。为了便于计算,假设目标的价值密度函数 $d(x,y)=1$ 即价值分布均匀,此时对目标毁伤的面积 objective 1 与价值 objective 2 相同,简化了计算。

现在考虑运用 6 枚同一类型导弹对该目标进行攻击,利用 3.4 节中提出的改进遗传算法 NMOGA 求解最佳瞄准点。假设各导弹的杀伤半径为 50 m,标准差相同,均为 10 m,各枚导弹的射击相互独立,且弹着点随机分布。以攻击目标的一个角作为坐标原点,建立平面直角坐标系,如图 7.6 所示。

假设第 i 个瞄准点的坐标为 (x_i, y_i),则 $0 \leqslant x_i < 200, 0 \leqslant y_i < 50$。采用实数编码,精度为 10^{-4},即小数点后取 4 位,则染色体的长度为 12。采用初始种群规模为 100,交叉概率为 0.75,变异概率为 0.4,按照上面的进化规则对种群进行进化,进化 100 代,得到结果如下:

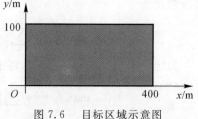

图 7.6 目标区域示意图

最大毁伤面积为 36 139.60 m²,6 枚导弹的瞄准点分别为 (32.904 0,52.066 2),(118.395 6,55.683 9),(206.282 8,53.037 1),(275.600 9,87.675 8),(286.826 5,21.992 0),(356.534 4,49.954 5),如图 7.7 所示。

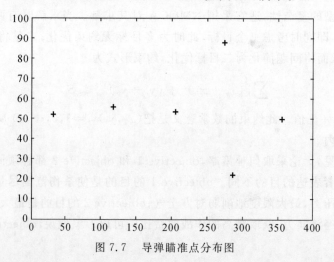

图 7.7 导弹瞄准点分布图

从仿真实验结果可以看出,利用基于 NMOGA 的智能优化算法得到的导弹瞄准点分布合理,用 6 枚导弹对此面目标的毁伤面积即达到了 90.35%,效果非常好。

7.6 导弹对密集型集群目标毁伤效能的多目标遗传优化

7.6.1 导弹对密集型集群目标毁伤效能的多目标优化模型

密集型集群目标可视为面积目标的特殊情形,因此,可以用类似于 7.5 节中的方法建立毁伤效能无约束多目标优化模型并采用 NMOGA 求解。在此仅考虑 n 枚导弹射击相互独立的情形。

设 n 枚导弹瞄准点坐标为 $(x_i,y_i)(i=1,2,\cdots,n)$,群内第 j 个元素目标坐标为 $(\xi_j,\eta_j)(j=1,2,\cdots,n)$,第 j 个元素目标的综合价值为 V_j,同时考虑两个目标:

objective 1:毁伤群内目标数最大,目标函数为

$$\max f_1 = \sum_{j=1}^{m}\left[1-\prod_{i=1}^{n}(1-P_{ij})\right] \tag{7.42}$$

式中,P_{ij} 为第 i 枚导弹对第 j 个目标的杀伤概率,其计算式为

$$P_{ij} = \iint_{S_{ij}} \varphi_i(x,y,x_i,y_i)\mathrm{d}x\mathrm{d}y \tag{7.43}$$

式中 $\varphi_i(x,y,x_i,y_i)$——第 i 枚导弹在以 (x_i,y_i) 为瞄准点的情形下着弹点分布密度函数,通常为正态分布;

S_{ij}——第 i 枚导弹对第 j 个目标的杀伤有效域。

当导弹的杀伤无方向性时,S_{ij} 为以 (ξ_j,η_j) 为中心的一个圆域,其方程为

$$(x-\xi_j)^2+(y-\eta_j)^2 \leqslant R_{ij}^2 \tag{7.44}$$

式中,R_{ij} 为杀伤半径。

objective 2:毁伤价值最大,目标函数为

$$\max f_2 = \sum_{j=1}^{m}\left[1-\prod_{i=1}^{n}(1-P_{ij})\right]V_j \tag{7.45}$$

同时考虑两个目标的理由与 7.5 节相同。对于以上建立的无约束多目标优化模型,同样可用 NMOGA 求解,得到最优瞄准点坐标。

7.6.2 算例

设密集型集群目标包含 11 个点目标,各点目标坐标 (x_{di},y_{di}) 及价值 $V_i(i=1,2,\cdots,11)$ 列于表 7.1。对目标群独立投射导弹数 $N_d=4$,各枚导弹杀伤半径 $R_n=$

20 m,弹着点坐标的均方差 $\sigma_x = \sigma_y = 16$ m,同时考虑平均毁伤价值和平均毁伤群内目标数两个目标函数,决定各枚导弹的最优瞄准点坐标 (x_i^*, y_i^*) $(i=1,2,3,4)$ 以使总的毁伤效能最优。

表 7.1 点目标群数据

点目标序号	点目标坐标/m	价值
1	(50,−60)	6.9
2	(70,−55)	7.5
3	(100,−58)	7.2
4	(51.5,−78)	8.6
5	(80,−80)	4.1
6	(90,−77.5)	1.2
7	(120,−70)	2.4
8	(60,−100)	4.6
9	(90,−100)	5.0
10	(110,−92)	5.8
11	(130,−91)	10.0

对该问题,建立毁伤效能多目标优化模型,并采用 NMOGA 对其求解。

NMOGA 控制参数如下:

遗传代数 $G=80$,交叉概率 $P_c=0.42$,变异概率 $P_m=0.28$,种群规模 $N=300$,采用浮点数编码方法。

NMOGA 运行结果如下:

在 NMOGA 迭代的第 80 代,获得 6 个非劣解,解码后获得 6 组瞄准点坐标,列于表 7.2。

表 7.2 非劣解意义下的各弹瞄准点坐标

非劣解序号	导弹瞄准点坐标
1	(106.11,−66.35),(89.75,−96.73),(117.10,−83.34),(55.33,−66.63)
2	(79.21,−82.65),(82.5,−91.91),(124.98,−76.05),(58.20,−75.51)
3	(83.69,−80.85),(125.92,−84.29),(83.35,−84.38),(79.57,−75.95)
4	(93.74,−73.26),(95.68,−93.23),(67.23,−59.45),(49.73,−56.90)
5	(128.8,−90.64),(58.79,−69.05),(104.26,−74.98),(82.65,−71.22)
6	(90.39,−87.47),(127.03,−86.09),(77.08,−88.77),(62.79,−79.60)

与各组瞄准点坐标对应的两个目标函数值列于表 7.3。

表 7.3 与非劣解对应的各目标函数值

非劣解序号	平均毁伤价值	平均毁伤群内目标数
1	35.09	6.323 6
2	34.15	6.324 9
3	33.92	6.347 2
4	33.10	6.364 4
5	32.41	6.368 2
6	32.04	6.387 1

根据表 7.2 和表 7.3,结合作战任务和作战目的可以正确选择瞄准点坐标。该算例的计算结果表明,NMOGA 有能力求出多个非劣解,从而最大限度地满足导弹毁伤效能多目标优化的需要。

7.7 基于最优化理论的导弹对疏散型集群目标毁伤效能优化

对疏散型集群目标射击毁伤效能优化问题本质上是最优火力分配问题,即决定给定导弹与群内各目标的最佳匹配,也可以说是广义的瞄准点选择。当问题规模不大时,亦即在群内目标数与待分配导弹数均不太大的情形下,毁伤效能优化可采用最优化理论中的一些经典方法,例如动态规划、整数规划等。以下针对不同情形分别建立最优化模型。

7.7.1 模型 I

设疏散型集群目标包含 n 个目标,导弹数为 m,各枚导弹的精度和威力相同,且射击相互独立。各目标抗毁能力不同,导弹对第 i 个目标的杀伤概率为 P_{hi},第 i 个目标的价值为 V_i,其威胁程度用威胁因子度量,设为 λ_i,对目标群射击毁伤效能优化追求两个目标:一是对目标群的毁伤价值最大;二是最大限度地降低目标群的威胁。设对第 i 个目标分配的导弹数为 x_i,则这 x_i 枚导弹对第 i 个目标的杀伤概率为 $1-(1-P_{hi})^{x_i}$,因而,两个优化目标的目标函数表达式如下:

$$\left. \begin{array}{l} \max \sum_{i=1}^{n}[1-(1-P_{hi})^{x_i}]V_i \\ \max \sum_{i=1}^{n}[1-(1-P_{hi})^{x_i}]\lambda_i \end{array} \right\} \quad (7.46)$$

应将以上两个目标函数合并以实现单目标化。考察两个目标函数的形式可以发现，二者均为无量纲数，且函数值均为越大越好，因此可采用线性加权和法将二者合并。设两个目标的权重分别为 a_1 和 a_2，于是合并后的目标函数为

$$\max \sum_{i=1}^{n}(a_1 V_i + a_2 \lambda_i)[1-(1-P_{hi})^{x_i}] \tag{7.47}$$

对 n 个目标分配导弹数的过程可以视为一个 n 阶段决策过程，因而可以用动态规划方法建立火力分配模型。

阶段变量：$i=1,2,\cdots,n$。

决策变量：由于第 i 阶段决策即为对第 i 个目标分配导弹数的决策，故决策变量取为对第 i 个目标分配导弹数 x_i，显然 $0 \leqslant x_i \leqslant m$。

状态变量：状态变量取第 i 阶段开始时尚余的未被分配的导弹数 y_i，则状态转移方程为（采用由后向前递推顺序）

$$y_i = y_{i+1} + x_i, \quad 1 \leqslant i \leqslant n \text{ 且 } 0 \leqslant y_i \leqslant m \tag{7.48}$$

状态转移方程的边界条件为

$$y_{n+1} = 0$$

允许决策集合为

$$D_i(y_i) = \{x_i \mid 0 \leqslant x_i \leqslant y_i, x_i \text{ 为非负整数}\} \tag{7.49}$$

阶段效应函数为

$$\mu_i(x_i) = (a_1 V_i + a_2 \lambda_i)[1-(1-P_{hi})^{x_i}] \tag{7.50}$$

指标函数为

$$U_{i,n} = \sum_{i=1}^{n}(a_1 V_i + a_2 \lambda_i)[1-(1-P_{hi})^{x_i}] \tag{7.51}$$

由此得动态规划基本函数方程为

$$\left.\begin{array}{l} f_i(y_i) = \max_{x_i \in D_i(y_i)} \{(a_1 V_i + a_2 \lambda_i)[1-(1-P_{hi})^{x_i}] + f_{i+1}(y_{i+1})\} \\ f_{n+1}(y_{n+1}) = 0 \end{array}\right\} \tag{7.52}$$

式中，$f_i(y_i)$ 为后部子过程最优值函数。

利用该方程由后向前递推，即可求得最优解。

7.7.2 模型 II

设各枚导弹的威力互不相同，模型 I 的其余条件不变。此时，第 i 枚导弹对第 j 个目标的毁伤概率互不相同，设为 $P_{ij}(i=1,2,\cdots,m; j=1,2,\cdots,n)$，定义变量如下：

$$x_{ij} = \begin{cases} 0 & \text{第 } i \text{ 枚导弹不分配给第 } j \text{ 个目标} \\ 1 & \text{第 } i \text{ 枚导弹被分配给第 } j \text{ 个目标} \end{cases}$$

此时,对第 j 个目标的毁伤概率为

$$1-\prod_{i=1}^{m}(1-P_{ij})^{x_{ij}}, \quad j=1,2,\cdots,n \tag{7.53}$$

单目标化后的目标函数为

$$\max \sum_{j=1}^{n}(a_1 V_j + a_2 \lambda_j)\left[1-\prod_{i=1}^{m}(1-P_{ij})^{x_{ij}}\right] \tag{7.54}$$

对于这种情况的火力分配问题,应建立多维动态规划模型。

阶段变量:$j=1,2,\cdots,n$,其中第 j 阶段对应于对第 j 个目标分配导弹数的过程。

决策向量:取上面定义的 x_{ij} 为决策变量,则对应于第 j 阶段决策,$x_{ij}(i=1,2,\cdots,m)$ 构成一个 m 维决策向量 $\boldsymbol{X}_j$,即 $\boldsymbol{X}_j = [x_{1j} \quad x_{2j} \quad \cdots \quad x_{mj}]$,显然,$x_{ij} \in \{0,1\}$。

状态向量:设 $y_{ij}(i=1,2,\cdots,m)$ 表示第 j 阶段开始时尚余的第 i 种导弹数,以此作为状态变量,则 m 个状态变量构成一个状态向量 $\boldsymbol{Y}_j$,即 $\boldsymbol{Y}_j = [y_{1j} \quad y_{2j} \quad \cdots \quad y_{mj}]$,其中 $y_{ij} \in \{0,1\}$。

状态转移方程为

$$\boldsymbol{Y}_j = \boldsymbol{Y}_{j+1} + \boldsymbol{X}_j, \quad 1 \leqslant j \leqslant n \tag{7.55}$$

状态转移方程的边界条件为

$$\boldsymbol{Y}_{n+1} = [\underbrace{0 \quad 0 \quad \cdots \quad 0}_{m \uparrow}] \tag{7.56}$$

允许决策集为

$$D_i(\boldsymbol{Y}_j) = \{\boldsymbol{X}_j \mid x_{ij} \leqslant y_{ij}, \text{且 } x_{ij} \in \{0,1\}\} \tag{7.57}$$

阶段效应函数为

$$\left.\begin{aligned}f_j(\boldsymbol{Y}_j) &= \max_{x_j \in D_j(y_j)} \left\{(a_1 \boldsymbol{V}_j + a_2 \lambda_j)\left[1-\prod_{i=1}^{m}(1-P_{ij})^{x_{ij}}\right] + f_{j+1}(\boldsymbol{Y}_{j+1})\right\} \\ f_{n+1}(\boldsymbol{Y}_{n+1}) &= 0\end{aligned}\right\} \tag{7.58}$$

利用该方程逆向递推可求出最优解。此时最优解表现为由 n 个决策向量构成的一个决策向量序列,其中第 j 个决策向量对应于第 j 阶段的最优决策。

7.7.3 其他模型

在各枚导弹精度和威力相同,每个目标至多只分配一枚导弹的情形下,可建立对目标群射击毁伤效能优化的整数规划模型[20]。而在各枚导弹精度和威力互不相同,每个目标至多只分配一枚导弹的情形下,同样可建立整数规划模型。

7.8 基于遗传算法的导弹对疏散型集群目标毁伤效能优化

在 7.7 节中,运用最优化理论建立了疏散型集群目标毁伤效能优化的动态规划和整数规划模型,但这种方法只适用于小规模情形。当问题规模较大,即导弹数和群内目标数均较大时,决策变量的个数和决策向量的维数将大为增加,同时允许决策集变大(严格说,是允许决策集的势变大)。此时,若仍用传统的最优化方法求解,计算量将非常之大,从而导致求解困难,甚至无法求解,而运用 GA 则是一条有效途径。本节针对不同情形,提出基于 GA 的大规模疏散型集群目标毁伤效能优化方法。

7.8.1 疏散型集群目标毁伤效能优化的第一类改进 GA

考虑第一种情形:设目标群内目标个数为 K,导弹总数为 m,且 $m > K$,将所有导弹分配于目标群使总的毁伤效能最优。针对该情形,提出一种改进 GA,以下是其详细描述。

1. 新型编码方案

根据疏散型集群目标最优火力分配问题的特点,提出一种新型编码方案——直接编码。对每一枚导弹相应设置一个其因段,该基因段由 K 个基因位构成,因此,一个染色体由 m 个基因段共 Km 个基因构成。每个基因位的码值取 0 或 1,其译码意义是,若第 i 个基因段的第 j 个基因位码值为 1,表示第 i 枚导弹分配于第 j 个目标,否则,第 i 枚导弹不分配于第 j 个目标。显然,每个基因段的所有基因位中仅有一个码值为 1。这种编码下的染色体,从形式上看,也表现为二进制字符串,与标准 GA 的二进制编码似乎并无二致,但实际上,这种编码表达的意义及译码过程均与普通二进制不同,最大的优点是意义直观,译码过程简单,无需进行数制转换(见图 7.8)。

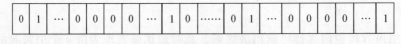

图 7.8 染色体编码示例 2

2. 适应度函数设计

任一个体 X 的适应度函数直接取 7.7 节中模型 Ⅱ 的目标函数,其形式为

$$f(X) = \sum_{j=1}^{k}(a_1 V_j + a_2 \lambda_j)\left[1 - \prod_{i=1}^{m}(1 - P_{ij})^{x_{ij}}\right] \tag{7.59}$$

式中,x_{ij} 取 X 的第 i 个基因段的第 j 个基因位码值,其余变量的含义及取值与 7.7

节中模型 Ⅱ 相同。

3. 改进的遗传算子

由于问题的特殊性,标准遗传算法(CGA)的交叉算子不再适用,必须做出相应的改进。

为了保证解的可行性,将交叉位置限制在各基因段的相邻处,除此之外,其余操作与 CGA 的交叉算子相同。

变异操作也须改进。以基于对换的变异[12]为基础,将变异操作限制在同一基因段内,其执行流程为,以一定的变异概率 P_m 对每一染色体的各基因段进行判断,若须变异,则将该基因段码值为 1 的基因位与同一基因段内任一随机选择的码值为 0 的基因位相对换。这种变异操作的译码意义是将某一枚导弹由某个目标重新分配至另一目标。

4. 初始种群的生成

设种群规模为 N,生成初始种群的过程就是生成 N 个染色体的过程,而生成一个染色体的过程实际上就是随机生成 K 个基因段的过程。

初始种群内任一染色体的生成方法如下:对任一基因段,随机选择该基因段内某基因位置,将其码值置为 1,而其余基因位码值均置为 0,即可生成该基因段。如此重复 K 次,可生成一个染色体。

7.8.2　疏散型集群目标毁伤效能优化的第二类改进 GA

考虑第二种情形:设总弹数 m 不大于目标数 K,每个目标至多分配一枚导弹。

1. 编码方案

在集群目标毁伤效能遗传优化中,编码方案是 GA 的基础,也是关键。一个好的编码方案可以使问题得以简化,从而有利于求出最优解。在每个目标至多分配一枚导弹的约束下,适宜采用自然数编码。首先将 m 枚导弹编号为 $1,2,\cdots,m$,每个染色体由 K 个基因构成,每个基因位对应目标群内一个目标。

从染色体的 K 个基因中随机选择 m 个,再将导弹编号 $1\sim m$ 作为基因码值随机分配于这 m 个基因位。当 $K>m$ 时,还须将未被选中的 $K-m$ 个基因的码值均置为 0。至此,便完成了对一个个体的编码,即生成了一个染色体。染色体的译码意义是,若染色体的第 j 个基因位码值为 i,表示第 i 枚导弹分配于第 j 个目标;若某个基因位码值为 0,表示与该基因位对应的目标未被分配导弹。一个染色体编码示例如图 7.9 所示。

图 7.9　染色体编码示例 3

2. 适应度函数设计

任一个体 X 的适应度函数定义如下：

$$f(\boldsymbol{X}) = \sum_{i=1}^{m}\sum_{j=1}^{k}(a_1 V_j + a_2 \lambda_j)P_{ij}x_{ij} \tag{7.60}$$

式中　x_{ij}——0-1决策变量，定义为

$$x_{ij} = \begin{cases} 1 & 第i枚弹分配于第j个目标时 \\ 0 & 当第i枚弹不被分配于第j个目标时 \end{cases}$$

P_{ij}——第 i 枚导弹对第 j 个目标的杀伤概率；

V_j, λ_j——分别表示第 j 个目标价值及威胁程度因子；

a_1, a_2——分别表示目标价值、目标威胁程度的权重。

$x_{ij}(i=1,2,\cdots,m;j=1,2,\cdots,K)$ 由染色体译码得到。

设 $\boldsymbol{X}=[x_1 \quad x_2 \quad \cdots \quad x_k]$，其中 $x_j(j=1,2,\cdots,K)$ 表示第 j 个基因位码值，则有译码公式

$$x_{ij} = \begin{cases} 1, & 若 x_j = i \\ 0, & 若 x_j \neq i \end{cases}$$

3. 遗传算子

选择算子取赌轮选择，交叉算子取基于部分对换的交叉算子 PMX[12]，变异算子取基于对换的变异算子。算法其余部分可参照标准 GA。

7.8.3　算例

设某疏散型集群目标包含9个点目标，分别标号为 $1,2,\cdots,9$。第 i 个点目标价值为 V_i，威胁程度因子为 $\lambda_i(i=1,2,\cdots,9)$，又设对目标投射导弹数 $N_d=4$，单枚导弹对第 i 个目标的杀伤概率为 $P_{hi}(i=1,2,\cdots,9)$ 且射击是相互独立的。所有数据列于表7.4，其中 V_i 采用 $0\sim10$ 标度。在此条件下，将4枚导弹分配至该集群目标以使毁伤效能最优。

对该问题，除采用本节中提出的基于 GA 的求解方法外，还将采用7.7节中提出的动态规划算法求解，以验证 GA 方法的正确性。

表7.4　点目标群数据

目标	1	2	3	4	5	6	7	8	9
P_{hi}	0.316 2	0.198 8	0.252	0.232 4	0.494 1	0.176 8	0.246 4	0.288	0.237 4
V_i	1.8	4.6	3.3	9.0	5.6	4.2	2.7	8.0	5.4
λ_i	8.2	6.4	7.1	2.7	4.1	7.5	4.6	5.1	3.8

GA 控制参数如下：

遗传代数 $G=100$，种群规模 $N=50$，交叉概率 $P_c=0.5$，变异概率 $P_m=0.2$。适应度函数取式(7.59)的形式，其中 $a_1=0.6$，$a_2=0.4$。

GA 运行结果如下：

最佳个体为

$$X_{best} = 000100000|000010000|000000010|000000010$$

最佳适应度为

$$f_{max} = 6.9708$$

对 X_{best} 解码得到最优解向量

$$\boldsymbol{X}^* = [0\ 0\ 0\ 1\ 1\ 0\ 0\ 2\ 0]^T$$

$\boldsymbol{X}^*$ 的第 i 个分量表示对第 i 个目标的最优分配导弹数。

由于该问题规模尚不太大，因而可用 7.7 节中提出的动态规划算法求解，其计算复杂性是可以接受的，以下是其解算过程。

首先计算对第 i 个目标分配 j 枚导弹时的期望收益值 g_{ij} ($i=1,2,\cdots,9$; $j=0,1,\cdots,4$)，公式如下：

$$g_{ij} = (a_1 V_i + a_2 \lambda_i)[1-(1-P_{hi})^j]$$

由此得收益矩阵

$$\boldsymbol{G} = \begin{bmatrix} 0 & 1.3786 & 2.0542 & 2.3852 & 2.5474 \\ 0 & 1.0577 & 1.6679 & 2.0200 & 2.2233 \\ 0 & 1.2146 & 1.5790 & 1.6883 & 1.7212 \\ 0 & 1.5060 & 2.5119 & 3.1839 & 3.6328 \\ 0 & 2.4705 & 3.4340 & 3.8098 & 3.9563 \\ 0 & 0.9759 & 1.6200 & 2.0452 & 2.3258 \\ 0 & 0.8525 & 1.3288 & 1.3927 & 1.4653 \\ 0 & 1.1341 & 2.9943 & 3.5270 & 3.8039 \\ 0 & 1.1298 & 1.8461 & 1.8628 & 1.9644 \end{bmatrix}$$

根据收益矩阵决定对各个目标分配的导弹数以使总收益值最大，这一解算过程实际上是根据动态规划基本方程逆向递推的过程。最优分配结果列于表 7.5。

表 7.5 最优分配结果

目标	1	2	3	4	5	6	7	8	9
分配导弹数	0	0	0	1	1	0	0	2	0
总收益值	6.9708									

由此可见，两种算法的求解结果一致，而动态规划所具有的全局最优性在客观

上验证了基于 GA 的疏散型集群目标毁伤效能优化算法的可行性和正确性。

7.9 导弹对单个目标射击必需弹数的优化计算

7.9.1 基本概念

定义 7.5 必需发射弹数

设向目标投射同一种类导弹,必需发射弹数是指为达到预定的毁伤效能指标而投射的最少弹数。

定义 7.6 必需发射弹数向量

设对目标发射 n 种导弹,每种导弹的必需发射数为 f_i,则称 n 维向量 $\boldsymbol{f} = [f_1 \quad f_2 \quad \cdots \quad f_n]^T$ 为必需发射弹数向量。

定义 7.7 必需发射弹数矩阵

设有 n 种导弹,m 个目标,对第 i 个目标必需发射的第 j 种导弹数为 f_{ij},则称矩阵 $\boldsymbol{f} = [f_{ij}]_{m \times n}$ 为必需发射弹数矩阵。

7.9.2 对面积目标射击必需弹数的优化计算

在面积目标中,圆形目标是一类常见的典型面积目标,因此,设计对圆形面积目标射击必需弹数算法对提高导弹毁伤效能具有重要意义。在此提出一种对圆形面积目标射击必需弹数的解析优化算法。

设导弹落点服从圆正态分布,对圆形目标射击的各枚弹的精度和威力等特性相同,圆形目标的抗力分布均匀。

1. 毁伤概率圆半径 R_h 与等效杀伤半径 R_n 的关系

首先定义两个概念。

定义 7.8 等效杀伤半径

在对圆形面目标射击时(包括其他面目标),通常所取的效率指标是对目标的相对毁伤面积不小于某给定值的概率,即

$$P_u = P\{U \geqslant u\}$$

式中　P_u——毁伤概率;

　　　U——相对毁伤面积,即 $U = S_h/S$,其中 S_h 为毁伤面积,S 为目标总面积,u 为相对毁伤面积限额。

设对目标发射 N 枚导弹(N 正是要确定的发射弹数),使得毁伤目标面积不小于预定的 S_h。等效半径是指这样一种杀伤半径:当对目标发射单发威力较大的导弹时,所达到的毁伤面积同样不小于 S_h,则该枚弹的杀伤半径称为与上述 N 枚导弹等效的杀伤半径,设为 R_n,该发威力较大的导弹实际上是一种虚拟导弹,姑且称

之为等效导弹。

定义 7.9 毁伤概率圆

毁伤概率圆是指这样一个圆:当对目标发射杀伤半径为 R_n 的单枚导弹时,只要弹着点落入该圆,就能确保对目标的毁伤面积不小于给定的 S_h,显然,$S_h = Su$。该圆半径称为毁伤概率圆半径,设为 R_h。可见,R_h 与 R_n 是相互联系的。圆内区域称为毁伤概率区。

下面给出 R_h 与 R_n 相互关系的解析表达式。

首先建立目标坐标系 XOY(见图 7.10):O 为圆目标的中心,同时也是射击瞄准点,R 为圆目标半径,Y 轴指向射向。根据毁伤概率圆的定义可知,当等效导弹的弹着点 O' 处于毁伤概率圆的圆周上时,对圆目标的毁伤面积恰好等于 S_h,不失一般性,令 O' 同时又处于 X 轴上。显然,阴影部分的面积为 S_h。

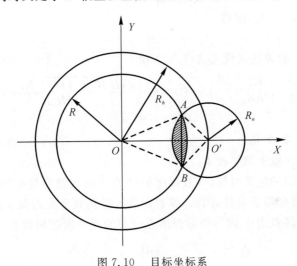

图 7.10 目标坐标系

圆目标周线(圆 O)方程为
$$X^2 + Y^2 = R^2 \tag{7.61}$$

等效导弹破坏圆(圆 O')方程为
$$(X - R_h)^2 + Y^2 = R_n^2 \tag{7.62}$$

联立式(7.61)和式(7.62)解得 A 点坐标
$$x_A = \frac{(R^2 + R_h^2 - R_n^2)}{2R_h} \tag{7.63}$$

$$y_A = \frac{\sqrt{4R_h^2 R^2 - (R^2 + R_h^2 - R_n^2)^2}}{2R_h} \tag{7.64}$$

B 点坐标

$$x_B = \frac{R^2 + R_h^2 - R_n^2}{2R_h} \tag{7.65}$$

$$y_B = \frac{\sqrt{4R_h^2 R^2 - (R^2 + R_h^2 - R_n^2)^2}}{2R_h} \tag{7.66}$$

圆 O 被 AB 所截的弓形面积

$$S_O = R^2 \arccos\left(\frac{R^2 + R_h^2 - R_n^2}{2RR_h}\right) - x_A y_A$$

同理,圆 O' 被 AB 所截的弓形面积

$$S_{O'} = R_n^2 \arcsin\left(\frac{\sqrt{4R_h^2 R^2 - (R^2 + R_h^2 - R_n^2)^2}}{2R_h R_n}\right) - (R_h - x_A) y_A$$

显然
$$S_O + S_{O'} = S_h$$

即
$$S_O + S_{O'} - S_h = 0$$

若令 $S_O + S_{O'} = S_n$,则得

$$S_n - S_h = 0 \tag{7.67}$$

将 S_O 与 $S_{O'}$ 的表达式代入式(7.67)得

$$R^2 \arccos\left(\frac{R^2 + R_h^2 - R_n^2}{2RR_h}\right) + R_n^2 \arcsin\left(\frac{\sqrt{4R_h^2 R^2 - (R^2 + R_h^2 - R_n^2)^2}}{2R_n R_n}\right) -$$

$$R_h y_a - S_h = 0 \tag{7.68}$$

2. 计算等效半径 R_n

首先求取毁伤概率圆半径 R_h。

由毁伤概率圆的定义可知,等效导弹的弹着点落入毁伤概率圆与目标被毁面积不小于 S_h 是两个等价事件,因而,弹着点落入毁伤概率圆的概率应等于 P_u。设等效导弹的系统误差为 0,则等效导弹落点分布的概率密度函数为

$$f(x, y) = \frac{\rho^2}{\pi E^2} \exp\left(-\rho^2 \frac{x^2 + y^2}{E^2}\right) \tag{7.69}$$

式中,$\rho \approx 0.477$。

设 Ω 为 $x^2 + y^2 = R_h^2$ 所围圆域,则有

$$P_u = \frac{\rho^2}{\pi E^2} \iint_\Omega \exp\left(-\rho^2 \frac{x^2 + y^2}{E^2}\right) dx dy \tag{7.70}$$

转换成极坐标,令

$$x = r\cos\theta$$
$$y = r\sin\theta$$

得

$$P_u = \frac{\rho^2}{\pi E^2} \int_0^{2\pi} d\theta \int_0^{R_h} \exp\left(-\rho^2 \frac{r^2}{E^2}\right) r dr =$$

$$2\rho^2 \int_0^{R_h} \left(-\frac{E^2}{2\rho^2}\right) \exp\left(-\rho^2 \frac{r^2}{E^2}\right) d\left(-\rho^2 \frac{r^2}{E^2}\right)$$

即
$$P_u = 1 - \exp\left(-\rho^2 \frac{R_h^2}{E^2}\right) \tag{7.71}$$

则
$$-\rho^2 \frac{R_h^2}{E^2} = \ln(1 - P_u)$$

$$R_h = \sqrt{\frac{-E^2 \ln(1-P_u)}{\rho^2}} = E\sqrt{-\ln(1-p_u)/\rho} \tag{7.72}$$

将式(7.72)代入式(7.68),得到一个以 R_n 为变量的超越方程,可用数值方法求解。

将该方程写成下列形式:
$$f(R_n) = 0 \tag{7.73}$$

此方程可能有多个根存在,但有意义的实根只有一个。为了求出此根,首先要确定它所在的区间。

显然
$$f(R_h - R) = -S_h < 0$$
$$f(R_h + R) = \pi R^2 - S_h > 0$$

又结合式(7.67)
$$f(R_n) = S_n - S_h$$

S_n 随 R_n 的增大而增大,因而,$f(R_n)$ 在 $[R_h-R, R_h+R]$ 上同时又是单调增加的,则在 $[R_h-R, R_h+R]$ 上必有且仅有一个实根存在,此区间便是等效杀伤半径 R_n 所在的区间。可用对分法求解 R_n,这在计算机上可以很方便地实现,R_n 的精度可以达到预定的要求。具体过程从略。

3. 求发射弹数 N

设用来对圆形目标射击的导弹的杀伤半径为 r_n,且它们的毁伤区域互不重叠,在此条件下有(文献[21])
$$R_n = \sqrt{N} r_n \tag{7.74}$$
$$N = \frac{R_n^2}{r_n^2}$$

4. 算法归纳

通过以上推导,得到计算对圆形目标射击时必需发射弹数的算法如下:

(1) 由式(7.72)计算出 R_h。

(2) 用数值法求解方程式(7.68)得 R_n。

(3) 由式(7.74)求出发射弹数 N。

对其他典型面积目标,例如,矩形目标、椭圆目标等也可以设计相应的弹数优化算法[22-23]。对于任意形状的面积目标,易于实现的弹数优化算法是计算机模拟方法,这种方法可以避免解析法经常遇到的模型求解困难,但计算机模拟法需占用较多的计算资源,且精度也不易控制。

7.9.3 对单个小目标与直线目标射击必需弹数优化计算

1. 对单个小目标射击必需弹数优化计算

分两种情形讨论对单个小目标射击必需弹数的计算。

(1) 设对单个小目标射击的导弹类型相同,且各枚导弹的射击相互独立,预定的毁伤效能指标为杀伤概率 W,令单枚导弹对目标的杀伤概率为 P,必需发射弹数为 N,则有

$$1-(1-P)^N = W \tag{7.75}$$

由此得

$$N = \frac{\ln(1-W)}{\ln(1-P)} \tag{7.76}$$

由于 N 可能不为整数,因此,实际发射弹数 N_s 应按下式选定:

$$N_s = \begin{cases} N, & \text{当 } N \text{ 为整数时} \\ [N]+1, & \text{当 } N \text{ 不为整数时} \end{cases} \tag{7.77}$$

(2) 设对单个小目标射击的导弹种类不同,共有 m 种,其余条件不变,此时,需建立优化模型确定每种导弹的必需发射数。

令第 i 种导弹对目标的杀伤概率为 P_i,必需发射数为 n_i,第 i 种导弹的单价为 C_i。第 i 种导弹对目标的杀伤概率

$$P^{(i)} = 1-(1-P_i)^{n_i} \tag{7.78}$$

所有导弹对目标的杀伤概率

$$P_m = 1-\prod_{i=1}^{m}(1-P^{(i)}) = 1-\prod_{i=1}^{m}(1-P_i)^{n_i} \tag{7.79}$$

以作战费用最低为优化目标,建立下列优化模型:

$$\min f_1 = \sum_{i=1}^{m} C_i n_i$$

$$\text{s.t.} \quad 1-\prod_{i=1}^{m}(1-P_i)^{n_i} \geqslant W \tag{7.80}$$

若同时考虑用弹量最少(发射次数最少)这一目标,则弹数计算成为一个多目标优化问题。此时,第二个目标函数为

$$\min f_2 = \sum_{i=1}^{m} n_i \tag{7.81}$$

2. 对直线目标射击必需弹数优化计算

在不计各枚导弹对直线目标覆盖重叠时，上述方法同样适用于对直线目标射击必需弹数的优化计算，只不过此时效能指标为平均相对覆盖长度。效能指标的计算方法可参考第 5 章有关内容。

在考虑各枚导弹覆盖区间的重叠时，有两种方法可以实现必需弹数的计算。一是余量法[24-25]。设在不计重叠的条件下计算的必需弹数为 N，引入余量系数 η，则考虑重叠后的必要发射弹数为 $N'=(1+\eta)N$，其中 η 一般取 $0.01\sim0.02$。二是计算机模拟法。

7.9.4 算例

算例：对圆形面积目标射击必需弹数的优化计算

给出两组数据，运用 7.9.2 节中的解析优化算法分别进行计算，计算结果列于表 7.6。

表 7.6 必需弹数计算结果

序号	数据					计算结果		
	R	u	r_n	E	P_u	R_h	R_n	N
1	45	0.4	40	17	0.95	61.685	60.188	2
2	50	0.3	35	18	0.95	65.314	55.936	3

表 7.6 中所有变量的含义均见 7.9.2 节。除 u，P_u 及 N 无量纲外，其余各变量量纲均为米（m）。

通过运用计算机进行实际计算表明，进行一次必需弹数计算仅耗时数十秒，表明算法简便易行，能够满足导弹打击中的快速反应和快速决策的需要，而这一点在更换打击目标时尤其有意义。

7.10 本章小结

本章研究导弹对单个地面目标攻击时的毁伤效能智能优化问题。针对不同类型的地面目标，根据毁伤效能优化模型的非线性、多峰性特点，提出了相应的基于 GA 理论的新型智能优化算法。对单个小目标，研究了两种不同射击方式下导弹的毁伤效能，构造了毁伤效能的马尔可夫链分析模型，提出了实现弹序优化的新型 GA；对单个面积目标和单个密集型集群目标，建立了瞄准点选择的多目标优化模型，并运用多目标优化 GA 求解该模型；对单个疏散型集群目标，提出了导弹火力分配最优化模型和相应的基于 GA 的求解新算法。

参 考 文 献

[1] 阵宝林. 数值优化方法的理论与应用[M]. 北京:清华大学出版社,1989.

[2] Ping L. Optimal Control Problems with Maximum Function[J]. Journal of Guidance,Control and Dynamics,1991,14(6):1215 - 1223.

[3] Fleming G H. A Decision Theoretic Approach to Recommending Action in the Air-to-ground aircraft of the Future[R]. AD—A248158.

[4] Edmund G Boy. An Investigation of Optimal Aiming Points for Multiple Nuclear Weapons Against Installation in a Target Complex [R]. AD—A141034.

[5] 马特韦楚克 Φ A. 运筹学手册[M]. 程云门,译. 北京:新时代出版社,1982.

[6] 张最良. 军事运筹学[M]. 北京:军事科学出版社,1993.

[7] 温特切勒 E C. 现代武器运筹学导论[M]. 周方,译. 北京:国防工业出版社,1974.

[8] 汪荣鑫. 随机过程[M]. 西安:西安交通大学出版社,1988.

[9] Clarke A B, Disney R L. Probability and Random Process [M]. New York:John Wiley Sons,1985.

[10] 冯允成. 系统工程基础[M]. 北京:北京航空航天大学出版社,1995.

[11] Garey. Computers and Intractability:A Guide to the Theory of NP-Completeness [M]. San Francisco:W H Freeman and Company,1979.

[12] 陈国良. 遗传算法及其应用[M]. 北京:人民邮电出版社,1996.

[13] 程云门. 评定射击效率原理[M]. 北京:国防工业出版社,2000.

[14] 王刚,段晓君,王正明. 子母弹攻击复杂多区域面目标瞄准点选取方法[J]. 弹道学报,2009,21(2):27 - 30.

[15] 李峰. 地地战役战术导弹封锁敌港口时火力分配的优化[J]. 战术导弹控制技术,2004(2):60 - 62.

[16] 雷宁利. 混合相依目标群瞄准点优选方法研究[J]. 系统工程与电子技术,2004,26(9):1234 - 1235.

[17] Fogel D B. A Comparison of Evolutionary Programming and Genetic Algorithms on Selected Constrained Optimization Problems [J]. Simulation,1995, 64 (6):397 - 406.

[18] Homaifer A. Constrained Optimization Via Genetic Algorithms [J]. Simulation, 1994,62(4):242 - 254.

[19] Hajela P, Lin C Y. Genetic Search Strategies in Multi - Criteria Optimal

Design[J]. Structural Optimization, 1992,5(4):99-107.
[20] 汪民乐. 一类火力分配的整数规划模型. 现代防御技术[J]. 1997(2): 58-63.
[21] 顾建良. 战略核导弹对直线目标射击必需弹数计算. 战略防御[J]. 1979(2):28-33.
[22] 汪民乐. 对矩形目标射击必需弹数的计算机模拟计算[J]. 现代防御技术, 1996(2):36-39.
[23] 汪民乐. 对椭圆目标射击必需弹数的 Monte-Carlo 模拟计算[J]. 战术导弹技术,1996(1):26-30.
[24] 艾建良. 一种求解无对抗条件下攻击机战效分析逆向问题的近似方法[J]. 西北工业大学学报,1999(增刊):8-11.
[25] 李彦君,汪寿阳. 合理剖分的数学模型. 军事系统工程[J]. 1992(4):18-24.

第 8 章 基于遗传算法的导弹毁伤效能总体优化

8.1 引 言

在第 7 章中,研究了导弹对单个小目标、单个面积目标、单个集群目标毁伤效能优化问题,这些问题均属于最优火力分配的范畴。本章研究更为复杂的一类问题——最优火力规划问题,即多个地面目标、多个攻击波次、多平台情形下导弹毁伤效能优化问题。最优火力规划问题的着眼点不是追求某一个目标毁伤效能的局部极优,而是以追求总体最优为目标[1-4]。这类问题的研究有其重要的实际意义,因为导弹的作战行动往往针对某个复杂的战略目标,而一个战略目标通常是一个复合目标,其中可能包含若干个小目标、若干个面积目标和若干个相对独立的集群目标等多种类型的子目标,因此,对战略目标攻击时的毁伤效能优化问题实际上构成比单个目标毁伤效能优化层次更高的问题,即火力规划问题。如前所述,全局性是火力规划问题的关键,本章根据这一特点,针对不同规模的火力规划问题,提出相宜的新型 GA[5-8]。对于小规模火力规划问题,提出一种改进的非线性混合变量优化 GA,以此作为算法基础,实现小规模火力最优规划;对于大规模火力规划问题,提出一种新型分层嵌套 GA。

8.2 基于非线性混合变量优化 GA 的小规模毁伤效能总体优化

8.2.1 小规模毁伤效能总体优化模型及求解

在目标数和导弹数不大的情况下,可直接建立火力规划的非线性混合变量优化模型,并用 3.3 节中提出的非线性混合变量优化遗传算法(NLHIPGA)对其求解。

设一个复合目标系如图 8.1 所示,其中包含 I 个面积目标,J 个小目标,K 个密集型集群目标。对面积目标和密集型集群目标使用远距作用式导弹攻击,设为 M 枚。对单个小目标,使用撞击作用式导弹攻击,设为 N 枚。令第 i 枚远距作用式导弹瞄准点坐标为 $(x_i, y_i)(i=1,2,\cdots,M)$,投射于第 j 个小目标的撞击作用式导弹

数为 $n_j(j=1,2,\cdots,J)$，则毁伤效能总体优化模型如下：

$$\max\left\{\sum_{P=1}^{I}fM_p(x_1,y_1,x_2,y_2,\cdots,x_M,y_M)+\sum_{q=1}^{K}fC_q(x_1,y_1,\cdots,x_M,y_M)+\sum_{j=1}^{J}fl_j(n_j)\right\}$$

$$\text{s.t}\quad \sum_{j=1}^{J}n_j=N$$

(8.1)

式中 $fM_P(x_1,y_1,x_2,y_2,\cdots,x_M,y_M)$——$M$ 枚远距作用式导弹对第 $P(P=1,2,\cdots,i)$ 个面积目标的总杀伤价值；

$fC_q(x_1,y_1,\cdots,x_M,y_M)$——$M$ 枚远距作用式导弹对第 $q(q=1,2,\cdots,k)$ 个集群目标的总杀伤价值；

$fl_j(n_j)$——n_j 枚撞击作用式导弹对第 $j(j=1,2,\cdots,J)$ 个小目标的杀伤价值。

以上各种杀伤价值的计算均已在第 5 章中论述。

式(8.1)是一个非线性混合变量优化模型，且目标函数复杂，用传统算法求解甚为困难，因此采用 3.3 节中提出的 NLHIPGA 求解，具体步骤不再赘述。

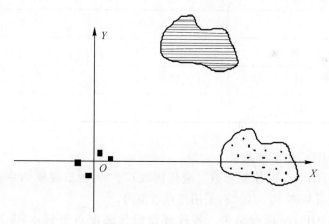

图 8.1 复合目标系

8.2.2 算例及分析

设某密集型集群目标包含 12 个点目标，各点目标坐标 (x_{di},y_{di}) 及价值 $v_i(i=1,2,\cdots,12)$ 列于表 8.1。已知对目标群独立投射导弹数 $N_d=3$，各枚导弹杀伤半径 $R_n=20$ m，弹着点坐标的均方差 $\sigma_x=\sigma_y=15.3$ m，以平均杀伤价值作为毁伤效能指标,决定各枚导弹的最优瞄准点坐标$(x_i^*, y_i^*)(i=1,2,3)$,以使总的毁伤效能最优。

对该问题,以非线性混合变量优化遗传算法(NLHIPGA)作为优化算法进行解算,并且同时采用标准遗传算法 SGA 和经典非线性优化算法进行解算,通过计算结果的比较分析验证 NLHIPGA 的先进性及其在毁伤效能优化中的应用价值。

表 8.1　目标群数据表

点目标序号	点目标坐标/m	点目标价值
1	(85,93)	9.3
2	(62,75)	7.5
3	(105.5,44)	4.2
4	(60,61)	6.7
5	(67.5,62.5)	5.8
6	(90,61)	3.1
7	(110,62)	6.8
8	(61,41)	8.1
9	(85,50)	9.0
10	(105,55)	10.0
11	(127,50)	2.1
12	(90,20)	4.7

1. NLHIPGA 求解结果

(1) NLHIPGA 的控制参数。遗传代数 $G=50$,种群规模 $N=100$,交叉概率 $P_c=0.5$,变异概率 $P_m=0.28$,采用浮点数编码。

(2) NLHIPGA 运行结果。各枚导弹最优瞄准点坐标:(70.793,67.485),(95.970,49.118),(91.900,56.038)。

最大平均杀伤价值

$$f_{\max}^{(1)} = 43.330$$

NLHIPGA 性能曲线如图 8.2～图 8.5 所示。图中所示曲线为 NLHIPGA 的一次运行结果。gen 表示当前遗传代数。

第 8 章 基于遗传算法的导弹毁伤效能总体优化

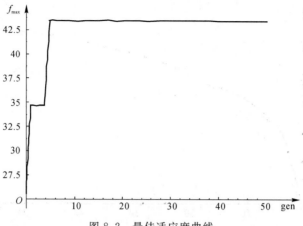

图 8.2 最佳适应度曲线

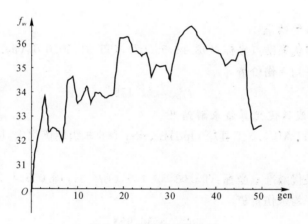

图 8.3 平均适应度曲线

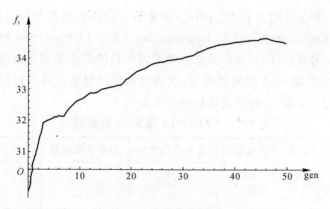

图 8.4 在线性能曲线

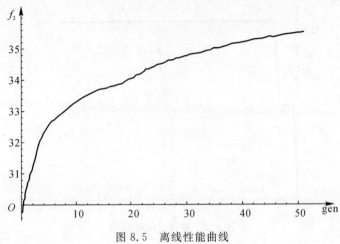

图 8.5 离线性能曲线

2. SGA 求解结果

(1)导弹最优瞄准点坐标:(98.14,55.02),(55.01,50.08),(83.11,52.06)。

(2)最大平均杀伤价值

$$f_{\max}^{(2)} = 41.159$$

3. 经典非线性优化算法求解结果

运用 MATLAB 5.0 工具箱 Optimization 中的非线性优化工具函数对该问题求解,结果如下。

(1)导弹最优瞄准点坐标:(93.03,53.14),(107.31,78.05),(75.12,51.03)。

(2)最大平均杀伤价值

$$f_{\max}^{(3)} = 38.998$$

4. 三种算法性能比较

由于 $f_{\max}^{(1)}$ 和 $f_{\max}^{(2)}$ 均大于 $f_{\max}^{(3)}$,因此,很显然 NLHIPGA 和 SGA 的解的质量均高于 MATLAB 5.0 的优化工具 Optimization。由于 Optimization 中的非线性优化算法属确定型算法,因而算法其他方面性能与遗传算法不具有公度性。以下重点对 NLHIPGA 和 SGA 从解的质量、收敛性及时间复杂性等方面进行比较。两种算法各运行 100 次,各种性能指标列于表 8.2。

表 8.2　NLHIPGA 与 SGA 性能指标

算法	最优值	收敛概率	最大收敛代数	最小收敛代数	平均收敛代数
NLHIPGA	43.330	0.98	28	8	21
SGA	41.159	0.86	42	34	39

由表 8.2 可以看出，NLHIPGA 收敛于最优解的概率高于 SGA，而收敛时间则少于 SGA。由此可见，NLHIPGA 的收敛性能明显优于 SGA。不仅如此，从两种算法最终获得的最优值可以得知，NLHIPGA 的优化效果也好于 SGA。所有这些都体现了 NLHIPGA 的先进性。

8.3 基于递阶嵌套遗传算法的大规模毁伤效能总体优化

对于大规模优化问题，传统的求解方法是大系统递阶分解协调算法[9-11]，其思想是通过分层将原问题划分为若干个子问题进行求解，并通过协调器的作用保证整体最优。理论分析和实际运用都表明，这种算法在许多情况下可以有效降低问题的计算复杂性，但它远非完美无缺。在邻近问题最优解时，分解协调算法存在收敛速度慢、计算时间长等不足，随着规模的扩大，易导致组合爆炸，从而使算法的计算效率急剧下降。为克服这种不足，文献[12]提出用 GA 求解大规模优化的主问题，且不要求主问题具备凸性，但对子问题求解未做新的探讨。不仅如此，按照文献[12]的算法，主问题与子问题的求解仍处于相对独立的状态，也就是说仍保持传统分解协调算法的本质特征，因而不能从总体上降低计算复杂性。本节立足于主问题和子问题一体化求解思想，提出一种求解大规模毁伤优化问题的递阶嵌套 GA，虽然此算法是针对单波次多目标攻击下毁伤效能两层混合优化模型得出的，但具有普遍性，只需在 GA 的具体实现上稍做改变就可用于其他大规模优化问题。

8.3.1 毁伤效能两层混合优化模型

设有总数为 n 的远距作用式导弹，用以攻击 m 个不相依面积目标，为取得最大的毁伤效能，必须恰当分配这 n 枚导弹。这样，当 n 和 m 较大时，一个多地面目标火力规划问题规模随之剧增，为降低其复杂性，应建立分层优化模型。

单波次多地面目标攻击问题可分解为两层：主问题层和子问题层。主问题层要解决的是对各个面积目标弹数的分配，子问题层要解决的是对每一个面积目标，在分配弹数既定条件下选择各弹最佳瞄准点，因此，子问题层共包含 m 个子问题。对这两层问题分别建立模型。

主模型有

$$\max \sum_{i=1}^{m} f_i(n_i)$$
$$\text{s.t.} \sum_{i=1}^{m} n_i = n，且 n_i 取非负整数 \quad (8.2)$$

式中，n_i 为分配给第 $i(i=1,2,\cdots,m)$ 个面积目标的弹数。

子模型：共需建立 m 个子模型，但形式相同，以第 i 个面积目标瞄准点优化选择模型为例，模型形式为

$$\max\quad f_i(n_i)=g_i(x_1^i,y_1^i,x_2^i,y_2^i,\cdots,x_{ni}^i,y_{ni}^i) \tag{8.3}$$

式中，(x_j^i,y_j^i) 表示第 j 枚导弹瞄准点坐标$(j=1,2,\cdots,n_i)$。

由式(8.2)和式(8.3)可知，主模型为整变量优化，而子模型为实变量优化，因此，式(8.2)和式(8.3)构成一个两层混合优化模型。

对于以上建立的两层混合优化模型，由于变量众多，若仍采用 3.3 节中提出的 NLHIPGA 求解，其染色体长度急剧增大，搜索空间的维数也随之剧增，因此将导致求解困难。即使求解可行，其时间复杂性也是难以接受的。为有效降低求解复杂性，在借助大系统递阶优化思想的基础上，对 GA 进行改进，构造出一种新型递阶嵌套 GA。

8.3.2 递阶嵌套 GA 总体流程

递阶嵌套 GA 由内外两层构成，内层 GA 实现对各子模型的求解，求解结果传送给外层 GA，用于外层 GA 的适应度计算，在此基础上，外层 GA 通过遗传操作重新调整各目标间的弹数分配，从而对内层 GA 发生干预，如此循环，直至满足进化终止条件。以 3 个子模型为例，递阶嵌套 GA 总体流程图如图 8.6 所示。

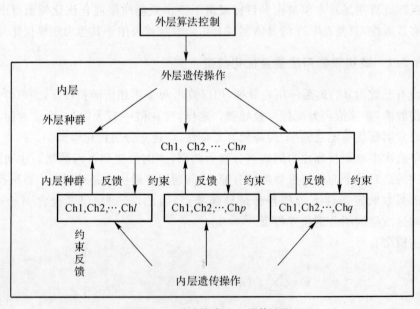

图 8.6 递阶嵌套 GA 总体流程

图中 n 为外层 GA 种群规模,l,p 和 q 分别为 3 个内层 GA 种群规模。

8.3.3 求解子模型的改进 GA

1. 编码方案

如图 8.7 所示,阴影部分表示面积目标 S_i,对 S_i 的发射弹数为 n_i,瞄准点坐标记为,瞄准点应置于 S_i 上以减小脱靶面积。

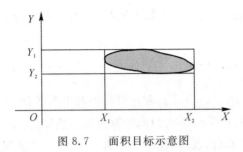

图 8.7　面积目标示意图

根据 S_i 幅员可得

$$X_1 \leqslant x_j^i \leqslant X_2, \quad Y_1 \leqslant y_j^i \leqslant Y_2, \quad j=1,2,\cdots,n_i$$

为减小染色体编码长度,采用实数编码。每个染色体由 n_i 个基因段构成,每个基因段包含两个基因,分别表示瞄准点横坐标和纵坐标,因此,染色体总长度为 $2n_i$,整个染色体编码代表子模型的一个解,如图 8.8 所示。

图 8.8　染色体编码示例 4

2. 适应度函数的计算

针对不同的射击情形,在不计杀伤积累的条件下,建立不同的适应度函数。

(1) 各枚导弹的射击相互独立,且弹着点随机散布。

此种情形见于各枚导弹由不同平台发射,或虽由同一平台发射,但每次射击均重新瞄准。

设第 j 枚导弹弹着点坐标的均方差为 σ_{xj} 和 σ_{yj},不计系统误差,弹着点坐标联合概率密度函数为

$$ff_j(x_j,y_j) = \frac{1}{2\pi\sigma_{xj}\sigma_{yj}}\exp\left[-\frac{(x_j-x_j^i)^2}{2\sigma_{xj}^2} - \frac{(y_j-y_j^i)^2}{2\sigma_{yj}^2}\right] \quad (8.4)$$

设 (x',y') 为 S_i 上任一点,则该点被第 j 枚广义弹杀伤的概率为

$$P_j = \iint_{(x_j-x')^2+(y_j-y')^2 \leqslant R_j^2} ff_j(x_j, y_j) \mathrm{d}x_j y_j \qquad (8.5)$$

式中，R_j 表示第 j 枚导弹的杀伤半径。

由于 n_i 枚导弹射击相互独立，则 (x', y') 至少被一枚导弹杀伤的概率为

$$P_h = 1 - \prod_{j=1}^{n_i}(1 - P_j) \qquad (8.6)$$

设 $d(x', y')$ 表示 (x', y') 处目标价值密度，则 n_i 枚导弹对面积目标 S_i 的平均杀伤价值为

$$g_i(x_1^i, y_1^i, x_2^i, y_2^i, \cdots, x_{n_i}^i, y_{n_i}^i) = \iint_{S_i} d(x', y') P_h \mathrm{d}x' \mathrm{d}y' \qquad (8.7)$$

在式(8.7)中令 $d(x', y') = 1$，则此时将得到平均杀伤面积。

对于任一个体 X，以平均杀伤面积作为其第一适应度 $f_1(X)$，以平均杀伤价值作为其第二适应度 $f_2(X)$，这样，任一个体 X 均对应一个适应度向量

$$f(X) = [f_1(X) \quad f_2(X)]^\mathrm{T} \qquad (8.8)$$

(2) 各枚导弹射击相关，且弹着点随机散布。

此种情形见于各枚导弹由同一平台齐射或连射。

设射击随机误差为两组误差型，且集体随机误差为 (x_G, y_G)，其分布密度为 $f_G(x_G, y_G)$，在 (x_G, y_G) 一定的情况下，各枚导弹射击相互独立。设第 j 枚导弹弹着点坐标在固定随机误差下的条件密度为 $ff_j(x_j, y_j/x_G, y_G)$，类似于式(8.6)得 n_i 枚导弹在固定的 (x_G, y_G) 下杀伤 S_i 上任一点 (x', y') 的概率

$$P_h(x_G, y_G) = 1 - \prod_{j=1}^{n_i}[1 - P_j(x_G, y_G)] \qquad (8.9)$$

式中 $$P_j(x_G, y_G) = \iint_{(x_j-x')^2+(y_j-y')^2 \leqslant R_j^2} ff_j(x_j, y_j/x_G, y_G) \mathrm{d}x_j \mathrm{d}y_j$$

考虑到 (x_G, y_G) 的随机性，由全概率公式得 n_i 枚导弹对 (x', y') 的杀伤概率

$$P_h = \int_{-\infty}^{+\infty} \int_{-\infty}^{+\infty} P_j(x_G, y_G) f_G(x_G, y_G) \mathrm{d}x_G \mathrm{d}y_G \qquad (8.10)$$

至此，完全类似于式(8.7)可以得到任意个体 X 的适应度向量 $f(X)$。

(3) n_i 枚导弹部分相关且弹着点随机散布。

所谓部分相关是指 n_i 枚导弹可以划分为若干个类，每一类导弹射击相关，但各类之间射击相互独立。此种情形见于多个平台射击，每一平台齐射或连射若干枚，或由同一平台进行多轮射击，每一轮射击齐射或连射若干枚导弹且各轮射击均重新瞄准。

不失一般性，设 n_i 枚导弹可划分为 q 个相关类，第 k 类包括 n_{ik} 枚导弹，显然

$$\sum_{k=1}^{q} n_{ik} = n_i \, 。$$

首先由(2)中的方法可求出第 k 个相关类中导弹对 S_i 上任一点 (x', y') 的杀伤概率 $P_{hk}(k=1,2,\cdots,q)$，再由(1)中方法求出 q 个相关类对 (x', y') 的杀伤概率

$$P_h = 1 - \prod_{K=1}^{q}(1 - P_{hk}) \tag{8.11}$$

采用与(1)(2)中完全类似的方法，由 P_h 即可得到任一个体 X 的适应度向量 $f(X)$。

(4) 不考虑弹着点散布，即认为各弹落点无飘移。

此种情形下选择最优瞄准点实际上是选择最优"成爆点"，即导弹应成爆于此，至于散布问题，应在发射或投掷过程中加以控制，力求准确命中预定瞄准点。事实上，投射误差是无法预测的，这主要是由于大量随机误差的影响。指出成爆点已经为攻击行动指明了方向，达到了支持战前决策的目的，这也正是本书研究与以往文献的一个不同之处。

精确制导技术的发展也为这种选取瞄准点的方法提供了有力支持。例如，射程长达 2 000 km 的战斧式巡航导弹误差仅 10 m 左右，其他短程导弹误差更小，且更易控制其瞄准、命中过程。用选择"成爆点"代替选择瞄准点的思想可避免大量繁杂而效益不大的推导、计算，大大节省计算时间，从而向瞄准点选择的快速化甚至实时化迈进一大步。

在无飘移情形下计算个体适应度可采用目标分块法，即通过加网格将目标划分为许多小矩形块，根据小矩形块中心坐标以及各枚导弹预定弹着点坐标对小矩块做杀伤判断，并分别做杀伤价值和杀伤面积累加即可得个体的适应度向量 $f(X)$。

3. 遗传操作

由于子模型本质上是多目标优化模型，因而适宜采用 3.4 节中提出的新型多目标遗传优化算法 NMOGA 来求解，其遗传操作的具体步骤均见 3.4 节。

8.3.4　求解主问题的改进 GA

主问题是一个约束整数规划，而整数规划的求解至今仍是函数优化理论中的难点。在此针对火力规划问题的特点，构造一种求解主问题(8.2)的改进 GA，它对应整个递阶嵌套 GA 的外层。

1. 改进的自然数编码方案

主问题要求解的是总弹数 n 对 m 个目标的弹数分配，因此，用 m 个基因片段构成一条染色体，每个基因段对应一个目标，一个基因段包含 n 个基因以对应待分配的 n 枚导弹。设 n 枚导弹类型不同，将它们编号为整数 $1 \sim n$，以 $\{0,1,2,\cdots,n\}$ 作

为基因码取值集合,其中码值 0 表示不分配导弹。一个染色体编码示例如图 8.9 所示。

图 8.9　染色体编码示例 5

图 8.9 中染色体的译码意义是,第 3,6,2 枚导弹分配于目标 1,第 1,4 枚导弹分配于目标 2,……,第 9,n 枚导弹分配于目标 m。

2. 适应度计算

根据主问题目标函数形式,将主问题个体适应度定义为下层各子模型最优值之和。

3. 遗传算子设计

通过设计改进的交叉、变异算子实现遗传操作。

改进交叉算子借鉴有序组合优化问题的部分匹配交叉(PMX)算子[14],区别在于改进交叉算子的交叉点只能选在基因片段交界处。改进变异算子也是建立在有序组合优化问题基于对换的变异算子基础之上的,区别在于对换只能发生于两个不同基因段的基因之间,且其中至少要有一个基因的码值非零。

求解主问题 GA 的其他方面,如选择算子、终止规则等可沿用标准 GA,无需改变。

必须指出的是,虽然以上在递阶嵌套 GA 设计中是以多个面积目标构成的目标系为对象,但同样适用于其他类型目标系,例如,由多个集群目标构成的集群目标系等,也适用于由多个不同类型目标构成的混合目标系,只不过此时求解子模型的适应度函数有所不同。关于递阶嵌套 GA 的适用性将在以下的算例中得到体现。

8.3.5　算例及分析

设有 3 个密集型集群目标,第 1 个集群目标与 8.2.2 节中算例的集群目标相同,第 2 个集群目标与 7.6.2 节中算例的集群目标相同,第 3 个集群目标包含 13 个点目标,有关数据列于表 8.3,这 3 个集群目标构成一个目标系。对该目标系独立投射导弹,设导弹数 $N_d=6$,各枚导弹的杀伤半径 $R_n=25$ m,弹着点坐标的均方差为 $\sigma_x=\sigma_y=18$ m,以总的平均杀伤价值作为毁伤效能指标,决定各枚导弹的最优瞄准点以使总的毁伤效能最优。

为验证递阶嵌套 GA 对毁伤效能总体优化问题的有效性,对该问题运用递阶嵌套 GA 进行解算,并与标准遗传算法 SGA 的解算结果做比较。

表 8.3 第 3 个集群目标数据表

点目标序号	点目标坐标/m	点目标价值
1	(−70,−40)	5.7
2	(−110,−51)	6.4
3	(−80,−58)	8.1
4	(−50,−60)	9.4
5	(−125,−70)	8.0
6	(−100,−75)	7.2
7	(−80,−85)	3.3
8	(−50,−80)	4.6
9	(−120,−95)	4.0
10	(−85,−110)	10.0
11	(−55,−105)	9.5
12	(−110,−130)	7.6
13	(−70,−121)	2.8

1. 递阶嵌套 GA 的解算结果

对内层 GA 和外层 GA 分别确定控制参数。

内层控制参数:种群规模 $N=100$,遗传代数 $G=150$,交叉概率 $P_c=0.5$,变异概率 $P_m=0.3$,采用浮点数编码,适应度函数取对集群目标的平均杀伤价值。由于针对的是集群目标,其适应度函数形式与式(8.7)有所不同。设第 i 个集群目标包含 m 个点目标,则其适应度函数 f_i 为

$$\max \quad f_i = \sum_{k=1}^{m} [1 - \prod_{j=1}^{n_i}(1-P_{jk})]V_k$$

式中　　P_{jk}——第 j 枚导弹对第 k 个目标的杀伤概率;

V_k——第 k 个目标的价值。

外层 GA 控制参数:种群规模 $N=30$,遗传代数 $G=50$,交叉概率 $P_c=0.5$,变异概率 $P_m=0.2$,采用自然数编码。

外层 GA 的任务是确定对各个目标群的最优分配弹数,内层 GA 确定分配于各个目标群导弹的最优瞄准点坐标。以下将若干代典型的迭代结果列于表 8.4 和表 8.5。

表 8.4 和表 8.5 中第 50 代的最优解(瞄准点坐标)和最优值(最大平均杀伤价值)是递阶嵌套 GA 的最终求解结果。

表 8.4 内层 GA 与外层 GA 最优值(最大平均杀伤价值)

代序号	目标系最大平均杀伤价值	各集群目标最大平均杀伤价值		
		集群目标群 1	集群目标群 2	集群目标群 3
0	63.736	28.998	8.820	25.918
1	63.736	28.998	8.820	25.918
3	64.792	22.195	3.366	39.231
5	76.948	20.734	26.947	29.267
50	82.697	39.692	25.684	17.321

表 8.5 内层 GA 与外层 GA 最优解(最优瞄准点与最优分配弹数)

代序号	最优分配弹数			最优瞄准点坐标
	目标群 1	目标群 2	目标群 3	
0	3	1	2	$\begin{bmatrix}101.68\\-110.86\end{bmatrix}\begin{bmatrix}-63.6\\-35.31\end{bmatrix}\begin{bmatrix}50.32\\80.15\end{bmatrix}\begin{bmatrix}115.72\\47.14\end{bmatrix}\begin{bmatrix}-86.29\\-93.02\end{bmatrix}\begin{bmatrix}-3.15\\74.06\end{bmatrix}$
1	3	1	2	$\begin{bmatrix}101.68\\-110.86\end{bmatrix}\begin{bmatrix}-63.60\\-35.31\end{bmatrix}\begin{bmatrix}50.32\\80.15\end{bmatrix}\begin{bmatrix}115.72\\47.14\end{bmatrix}\begin{bmatrix}-84.29\\-93.02\end{bmatrix}\begin{bmatrix}-3.15\\74.06\end{bmatrix}$
3	1	1	4	$\begin{bmatrix}-68.79\\-110.68\end{bmatrix}\begin{bmatrix}34.85\\-35.31\end{bmatrix}\begin{bmatrix}103.65\\46.62\end{bmatrix}\begin{bmatrix}-124.18\\47.14\end{bmatrix}\begin{bmatrix}-84.29\\-93.02\end{bmatrix}\begin{bmatrix}-66.42\\-72.50\end{bmatrix}$
5	2	2	2	$\begin{bmatrix}61.60\\8.12\end{bmatrix}\begin{bmatrix}-63.60\\-90.09\end{bmatrix}\begin{bmatrix}84.53\\-62.87\end{bmatrix}\begin{bmatrix}115.72\\47.14\end{bmatrix}\begin{bmatrix}122.28\\-93.02\end{bmatrix}\begin{bmatrix}-66.43\\-72.50\end{bmatrix}$
50	2	2	2	$\begin{bmatrix}61.60\\69.26\end{bmatrix}\begin{bmatrix}82.09\\-90.09\end{bmatrix}\begin{bmatrix}103.65\\46.62\end{bmatrix}\begin{bmatrix}-124.18\\47.14\end{bmatrix}\begin{bmatrix}122.28\\-93.02\end{bmatrix}\begin{bmatrix}-66.42\\-72.50\end{bmatrix}$

由于外层 GA 的迭代依赖于内层 GA 的迭代结果,因此外层 GA 的性能将反映整个递阶嵌套 GA 的性能。外层 GA 的性能如图 8.10~图 8.13 所示,图中所示曲线为一次运行结果。gen 表示当前遗传代数。

第8章　基于遗传算法的导弹毁伤效能总体优化

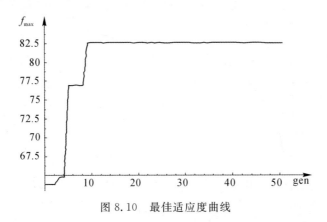

图 8.10　最佳适应度曲线

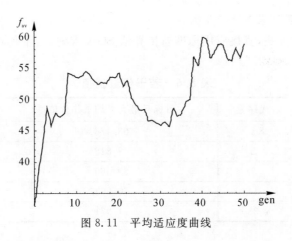

图 8.11　平均适应度曲线

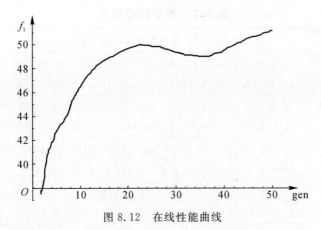

图 8.12　在线性能曲线

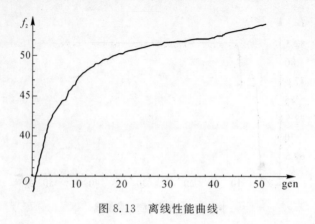

图 8.13 离线性能曲线

2. SGA 求解结果

不采用分层方法,直接应用标准遗传算法 SGA 求解,若干代典型迭代结果见表 8.6 和表 8.7。

表 8.6 若干代最优值

代序号	目标系最大平均杀伤价值
1	63.478
3	68.812
7	69.469
14	70.298
38	74.971

表 8.7 若干代最优解

代序号	导弹最优瞄准点坐标
1	$\begin{bmatrix}10.23\\-37.02\end{bmatrix}\begin{bmatrix}94.15\\31.06\end{bmatrix}\begin{bmatrix}-32.03\\5.00\end{bmatrix}\begin{bmatrix}-9.21\\30.19\end{bmatrix}\begin{bmatrix}-86.40\\-113.62\end{bmatrix}\begin{bmatrix}10.04\\-128.63\end{bmatrix}$
3	$\begin{bmatrix}48.25\\-58.00\end{bmatrix}\begin{bmatrix}-57.00\\-99.15\end{bmatrix}\begin{bmatrix}-5.20\\-55.30\end{bmatrix}\begin{bmatrix}101.11\\-85.05\end{bmatrix}\begin{bmatrix}69.32\\99.07\end{bmatrix}\begin{bmatrix}100.00\\70.17\end{bmatrix}$
7	$\begin{bmatrix}-125.07\\69.14\end{bmatrix}\begin{bmatrix}-107.00\\-99.06\end{bmatrix}\begin{bmatrix}-45.13\\-55.01\end{bmatrix}\begin{bmatrix}101.16\\-85.00\end{bmatrix}\begin{bmatrix}69.17\\99.01\end{bmatrix}\begin{bmatrix}100.13\\70.06\end{bmatrix}$
14	$\begin{bmatrix}-113.00\\-65.05\end{bmatrix}\begin{bmatrix}-100.10\\-62.07\end{bmatrix}\begin{bmatrix}-22.24\\-67.31\end{bmatrix}\begin{bmatrix}82.18\\37.03\end{bmatrix}\begin{bmatrix}65.02\\47.00\end{bmatrix}\begin{bmatrix}-74.12\\-100.04\end{bmatrix}$
38	$\begin{bmatrix}-79.24\\-64.02\end{bmatrix}\begin{bmatrix}-125.10\\-60.07\end{bmatrix}\begin{bmatrix}54.11\\-66.03\end{bmatrix}\begin{bmatrix}-67.21\\-47.00\end{bmatrix}\begin{bmatrix}93.30\\37.02\end{bmatrix}\begin{bmatrix}-74.14\\-100.04\end{bmatrix}$

比较递阶嵌套 GA 与标准遗传算法 SGA 的解算结果可以看出递阶嵌套 GA 不仅能够实现毁伤效能总体优化,而且其求解质量(最优值)及收敛性能(如收敛速度)均明显优于标准遗传算法 SGA。

8.4 基于改进单亲遗传算法的多波次导弹攻击最优火力分配

8.4.1 多波次导弹攻击问题描述

分波次攻击是现代导弹作战中的重要作战模式,无论是海湾战争及随后的"沙漠之狐"(Desert Fox)行动还是伊拉克战争都提供了大量的战例。之所以采用多波次攻击方式,是由其在多种情形下的必要性和有效性决定的,如下列情况:保持可用状态的发射平台数量有限或是为了增加隐身效果、提高导弹突防能力而限制每次出动的发射平台数;单波次发射的导弹数量有限或目标坚固以至于单波次不能确保摧毁;采用"边打边看"(射击效果检查)策略时,需要长时间袭扰对方,以造成广泛的心理影响,并阻滞对方的战争行动。

本节研究这样一类多波次攻击问题:对于单个目标实施多波次攻击,波次数 k 已知,每一波次最大投射量不超过某一定值 m,各个波次之间相互独立,每一波次所有导弹采用齐射方式。此处"齐射"的物理意义不仅指各弹同时被击发,也指各弹同时命中目标。现代轰炸机由于弹舱的扩大以及外挂点的增多,携弹量大为增加,使齐射成为可能。如美军的 B-2 轰炸机可携带 16 枚空射巡航导弹。设整个射击所用的总弹数为 N,第 i 枚导弹的威力(以当量表示)及精度(以 cep 表示),分别为 $T_i,r_i(i=1,2,\cdots,N)$,试决定 N 枚导弹对各波次的分配以使总的毁伤效果最优。由问题描述可以看出,多波次对地攻击问题属于有序组合优化问题,通常采用的方法是整数规划,但整数规划已被归为 NP-hard 类问题,至今尚无有效的求解方法。遗传算法是一种仿生类寻优算法,具有全局最优性和高度的鲁棒性。且不依赖于问题本身,不要求目标函数连续、可导,甚至不要求有明确的目标函数表达式,几乎适合任何优化问题。但对于有序组合问题,遗传算法的交叉算子在操作上很不方便,在此利用一种新的遗传算法——单亲遗传算法[24-25]实现多波次对地攻击的最优火力分配,并对单亲遗传算法做了改进。

8.4.2 多波次导弹攻击最优火力分配的改进单亲遗传算法设计

与传统的遗传算法相比,单亲遗传算法具有许多优点,例如,所有遗传操作均在同一条染色体上进行,不采用传统遗传算法的交叉算子,代之以移位、换位算子,因而更适合于有序组合优化问题;不要求初始种群的多样性,不存在早熟问题;遗传操作更简单。将单亲遗传算法应用于多波次攻击火力问题须根据问题特点,对单亲遗传算法做出改进。

1. 编码方案

对于多波次攻击这样的有序组合问题,采用自然数直接编码是比较方便的,首先对全部 N 枚导弹进行编号,分别标识为 $1,2,\cdots,N$。根据条件,每波次用弹量最大为 m,与之对应设置 m 个基因位构成一个基因串,由于波次数为 k,这样整个染色体需由 km 个基因构成。若第 j 个基因串中某个基因位码为 $i(1\leqslant i\leqslant N,$ 且为整数),则表示第 i 枚弹分配于第 j 波次,特别地,码值为 0 的基因位表示不分配导弹。一个染色体编码示例如图 8.14 所示。

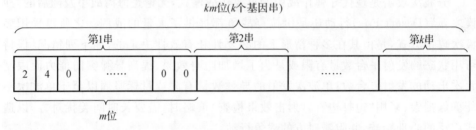

图 8.14　染色体编码示例 6

由图 8.14 的第一个基因串看出,编号为 2 和 4 的导弹被分配在第一波次。必须指出的是,由于同波次导弹采用齐射方式,因此,同一基因串内各基因的排列没有实际意义。

2. 适应度函数

选择合适的指标函数度量整个射击的毁伤效果,将此指标函数定义为个体的适应度函数。

对目标的毁伤分析一般在两种情形下进行。第一种情形,不考虑毁伤程度的差异,各种程度的毁伤均视为同一的击毁状态,射击效果与波次排序无关,此时可用击毁概率作为适应度。第二种情形,考虑毁伤程度的差异,即认为射击结果可能使目标处于不同的毁伤状态,此时射击效果与波次顺序有关。在此仅考虑第一种情形,以下是该情形下适应度计算的具体描述。

设第 i 波次投射的导弹共 n_i 发,此 n_i 枚导弹重新编号为 $i_1,i_2,\cdots,i_{n_i}$。

对第一种情形,第 i 波次射击击毁目标的概率不仅与该波次发射弹数有关,还与各弹之间的精度和威力有关,可表示为

$$P_i(n_i;T_{i_1},T_{i_2},\cdots,T_{i_{n_i}};r_{i_1},r_{i_2},\cdots,r_{i_{n_i}})$$

为描述方便,忽略各弹威力和精度的差异,此时,某一波次击毁目标的概率可以表示为该波次发射弹数的函数,并且在不考虑毁伤积累的条件下,各个波次击毁概率的表达式是相同的,第 i 波次的击毁概率可以表示为 $P_i(n_i)$。由于各波次相

互独立,则整个射击过程击毁目标概率

$$P = 1 - \prod_{i=1}^{k}\left[1 - P_i(n_i)\right] \tag{8.12}$$

以此作为个体的适应度值。关于 $P_i(n_i)$ 的具体值,可由全概率公式计算得到

$$P_i(n_i) = \sum_{r=1}^{n_i} P_{n_i,r} G(r) \tag{8.13}$$

式中　　$P_{n_i,r}$——n_i 枚中命中 r 枚的概率;

$G(r)$——齐射命中 r 枚的条件毁伤律,须由试验统计得到。

$P_{n_i,r}$ 的计算方法如下:

当同波次内各弹射击相互独立(如各弹由不同平台同时发射)时

$$P_{n_i,r} = C_{n_i}^r P_{m_i}^r (1 - P_{m_i})^{n_i - r}$$

式中:P_{m_i} 为第 i 波次各弹的命中概率。

当同波次内各弹射击相关时

$$P_{n_i,r} = \int_{-\infty}^{+\infty}\int_{-\infty}^{+\infty} C_{n_i}^r \left[P_{n_i}(x_g, y_g)\right]^r \left[1 - P_{n_i}(x_g, y_g)\right]^{n_i - r} \varphi(x_g, y_g) \mathrm{d}x_g \mathrm{d}y_g \tag{8.14}$$

式中,$P_{n_i}(x_g, y_g)$ 为第 i 波次内各弹在固定的集体误差 (x_g, y_g) 下的命中概率,$\varphi(x_g, y_g)$ 为集体误差的分布密度函数。

3. 选择算子

采用基于适应度函数的赌轮选择算子,但同时进行优良个体保护,以保证单亲遗传算法的全局收敛性。

由于根据式(8.12)计算出的个体适应度为概率值,相互之间差异不大,在采用赌轮选择时,优秀个体的优势不明显,种群进化很慢,这样将导致遗传算法的搜索过程出现所谓"漫游"(roam)现象,因此,应对适应度作变换,在此采用如下的模拟退火拉伸方法[27]。

$$f_j = e^{f'_j/T}, \quad T = T_0(0.99^{g-1}) \tag{8.15}$$

式中　　f'_j——由式(8.12)算出的第 j 个个体的适应度;

f_j——拉伸后第 j 个个体的适应度;

g——遗传代数;

T——温度;

T_0——初始温度。

由式(8.15)可知,拉伸作用随遗传代数而加强,正好满足遗传算法的需要,因为越到遗传算法后期,适应度越趋于一致,就越需要通过适应度变换保持优秀个体的优势。

经过适应度变换后,第 j 个个体的选择概率

$$P_{sj} = \frac{f_j}{\sum_{i=1}^{M} f_i} \quad (8.16)$$

注:适应度比例变换尚可采用指数方法 $f_j = \exp(-\beta f'_j)$,其中取 $\beta = -0.5$。

4. 换位算子

(1) 基因换位算子。

在一条染色体上进行换位操作,而这种换位隐含了在两条染色体上进行的交叉操作的进化功能,这正是单亲遗传算法的特点之一。

对本问题而言,换位只能发生于不同基因串之间,因为相同基因串内的基因换位不产生进化作用,其对应的物理意义是,同波次内导弹采用齐射方式,不存在设计顺序(即一个波次的毁伤效果与射击顺序无关)。

在每一代中,以一定的换位算子执行概率 p_c 对每一个体作用换位操作,执行流程如下:

1) 随机选择两个基因串。

2) 在两个基因串中,各随机选择一个基因。

3) 若在第 2) 步中选出的两个基因位的码值不全为 0,则直接进行换位;若选出的两个基因位码值均为 0,则在其中任一个基因串中任选一个码值非 0 的基因,再进行换位操作。

(2) 基因串换位算子。当射击效果与攻击波次顺序有关时(即多毁伤状态情形),需要引入一个新的换位算子:基因串换位算子,以随机地对某两个基因串进行换位,其物理意义是两个波次交换攻击顺序。

采用基因串换位算子是为了加速单亲遗传算法的收敛速度。

事实上,基因换位算子可以实现基因串换位算子的功能,但遗传操作的次数要多得多。

8.4.3 单亲遗传算法流程

在对单亲遗传算法做出以上改进后,提出算法执行流程如下:

(1) 随机生成 M 个个体构成初始种群。

(2) 计算每一个体的适应度。

(3) 对当前群体作用选择算子,选择出 M 个个体,构成繁殖下一代的中间群体。

(4) 以一定的换位算子执行概率 p_c 作用于每一个体,进行遗传操作,得到新一代种群。

(5) 若已达到设定的遗传代数 g,则输出当前最优解,终止进化;否则转至(2)。

8.4.4 算例及分析

1. 算例

假设利用常规导弹打击敌方机场跑道,各波次相互独立,导弹对目标的毁伤概率以导弹对机场跑道的毁伤面积与机场跑道面积的比值来度量,同波次内各弹射击相互独立,假设导弹的命中概率为 0.8,单枚导弹对目标的毁伤概率为 0.01,利用 200 枚导弹分 5 个波次对目标进行打击,每个波次的导弹数量不超过 60 枚,利用标准遗传算法,种群的规模为 50,交叉概率为 0.6,进化 50 代,进行 50 次运算,这 50 次的运行结果分布见表 8.8。

表 8.8 标准遗传算法的求解结果

最佳适应度区间	对应的运行次数
0.86~1(含0.86)	3
0.85~0.86(含0.85)	3
0.84~0.85(含0.84)	17
0.83~0.84(含0.83)	10
0.82~0.83(含0.82)	13
0.81~0.82(含0.81)	3
0.80~0.81(含0.80)	1
最大值	0.865 7(1个)
最小值	0.807 3

最优毁伤效果对应的分配方案见表 8.9。

表 8.9 标准遗传算法最佳毁伤效果对应的分配方案

方案序号	第1波次	第2波次	第3波次	第4波次	第5波次
1	37	36	43	34	50
2	38	37	42	37	46
3	40	34	44	36	46
4	40	35	39	40	46
5	40	39	40	36	45

在利用单亲遗传算法计算的过程中,将优良解传给下一代的比例为 0.1,换位操作执行概率为 0.5,其他参数不变,得到的 50 次运行结果分布见表 8.10。

表 8.10　单亲遗传算法的求解结果

最佳适应度区间	对应的运行次数
0.87~1(含 0.87)	6
0.86~0.87(含 0.86)	10
0.85~0.86(含 0.85)	16
0.84~0.85(含 0.84)	16
0.83~0.84(含 0.82)	2
最大值	0.876 1(4 个)
最小值	0.835 9

其中,最优毁伤效果对应的分配方案见表 8.11。

表 8.11　单亲遗传算法最佳毁伤效果对应的分配方案

方案序号	第 1 波次	第 2 波次	第 3 波次	第 4 波次	第 5 波次
1	36	40	38	34	52
2	36	40	37	35	52
3	37	40	36	41	46
4	37	41	35	41	46
5	35	37	39	43	46
6	36	40	36	42	46
7	38	39	38	33	52

2.结果分析

对于两种算法,从以上结果可以看出:

(1)在优化的质量方面,单亲遗传算法大大优于标准遗传算法:标准遗传算法得到的最好打击效果为 0.865 7,而且在 50 次中只有 1 个最优解,50 次运行的最佳结果大都集中在 0.82~0.85 之间,而单亲遗传算法的最好打击效果为 0.876 1,50 次中有 4 个最优解,优于标准遗传算法,而且 50 次运行的最佳结果大都集中在 0.84~0.87 之间。

(2)在算法的收敛性方面,图 8.15 列出了两种遗传算法的一次运行结果。

图 8.15 下方折线为标准遗传算法一次 50 代进化过程中,每代最佳适应度对应的曲线;上方折线为单亲遗传算法一次进化 50 代,每代最佳适应度对应的曲线。由图形可以看出:标准遗传算法容易出现"震荡现象",而单亲遗传算法通过采取选

择一定比例的优良个体进入下一代而避免了这种现象,而且单亲遗传算法的收敛速度也远远快于标准遗传算法。

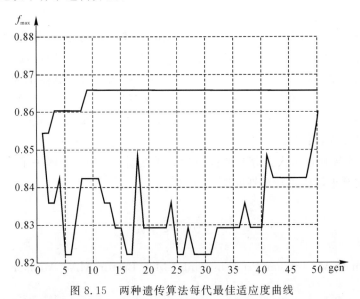

图 8.15 两种遗传算法每代最佳适应度曲线

图中,f_{max}为当前最佳适应度,gen 为当前进化代数。

3. 结论

(1)本节提出的求解多波次导弹攻击火力分配问题的改进单亲遗传算法,通过实例计算进行了验证。计算表明该算法不仅比传统遗传算法收敛速度更快,也更为简便、有效,且避免了早熟问题。与整数规划方法相比,其优势更为明显,因为对多波次对地攻击这样的 NP-complete 问题,用整数规划求解的可行性至今尚未得到证明;此外,即使能够用整数规划求解,当问题规模较大(波次多、弹数多)时,计算量将呈指数增长,从而耗费大量计算资源。

(2)当同波次的导弹不采用齐射而采用连射方式时,本节的方法同样适用,此时又分两种情况:相互独立的连射和相关连射。前者已使整个射击蜕变为相互独立的连射过程,失去了分波次射击的特征;在后者的情况下,仅需改变适应度的计算方法。

(3)在各攻击波次之间相关时,情形比较复杂,主要表现在适应度计算困难,对此须做进一步研究。但一般情况下,攻击波次之间相互独立的假设是成立的,因为波次之间有一定时间间隔,且每一波次射击均须重新瞄准。

8.5 本章小结

本章研究广义射击条件下导弹毁伤效能的总体优化问题,即导弹武器火力规划问题,提出基于 GA 理论的智能化导弹火力规划优化算法,用以提高多地面目标、多波次、多平台情形下导弹毁伤效能。根据导弹火力规划问题的总体最优性,相对于不同的问题规模,提出了相应的智能优化算法。对于小规模导弹火力规划问题,提出一种非线性混合变量优化 GA,以此作为算法基础,实现小规模情形下导弹火力最优规划;对于大规模导弹火力规划问题,提出一种新型分层递阶嵌套 GA 和多波次导弹攻击火力分配的改进单亲遗传算法,有效地解决了大规模导弹火力规划问题求解的可计算性问题。

参考文献

[1] Salkin H M. Integer Programming [M]. Baston MA:Addison – Wesley, 1978.

[2] Minoux M. Mathematical Programming:Theory and Algorithms[M]. New York:John Wiley Sons Ltd. ,1986.

[3] Syslo M,et al. Discrete Optimization Algorithms[M]. Englewood,Cliffs, NJ:Prentice – Hall,Inc. ,1983.

[4] Li D, Sun X L. Nonlinear Integer Programming[M]. Berlin:Springer-Verlag,2006.

[5] Goldberg D E. Genetic Algorithms in Search, Optimization and Machine Learning[M]. Boston MA:Addison – Wesley,1989.

[6] Michalewiczz. Genetic Algorithms + Data Structures = Evolution Programmings[M]. 3rd ed. Berling:Springer – Verlag,1996.

[7] Fogel D B. A Comparison of Evolutionary Programming and Genetic Algorithms on Selected Constrained Optimization Problems [J]. Simulation,1995,64(6):397 – 406.

[8] Homaifer A. Constrained Optimization via Genetic Algorithms [J]. Simulation,1994,62(4):242 – 254.

[9] 陈禹六. 大系统理论及其应用[M]. 北京:清华大学出版社,1988.

[10] 李志刚,吴沧浦. 兵力部署优化问题的两层规划模型[J]. 北京理工大学学报,1997,17(3):268 – 272.

[11] 刘毓骅. 工业大系统管理中的二维层次协调规划模型[J]. 系统工程,1991,

9(4):21-27.

[12] 刘树安. 改进 GAS 算法在大规模资源分配问题中的应用[J]. 信息与控制, 1998,27(2):109-112.

[13] 潘正君. 演化计算[M]. 北京:清华大学出版社,1998.

[14] 陈国良. 遗传算法及其应用[M]. 北京:人民邮电出版社,1996.

[15] 吴沧浦. 最优控制的理论与方法[M]. 北京:国防工业出版社,1989.

[16] Hajela P. Genetic Search—an Approach to the Non-convex Optimization Problem[J]. AIAA Journal,1990,26(7):1205-1210.

[17] 张最良. 军事运筹学[M]. 北京:军事科学出版社,1993.

[18] Bard J F,Falk J E. An Explicit Solution to the Multilevel Programming Problem[J]. Computer and Operations Research,1982(9):7-10.

[19] 汪民乐. 一类火力分配的整数规划模型[J]. 现代防御技术,1997(2):58-63.

[20] 王先甲,冯尚友. 二层系统最优化理论[M]. 北京:科学出版社,1995.

[21] Fditorial. Soft Computing: Elements of Learning Systems [J]. International Journal of System Science,1996,27(2):143-144.

[22] Lin W,et al. Hybrid Newton—Raphson Genetic Algorithm for Traveling Salesman Problem[J]. Cybernetics and Systems,1995,26(5):387-342.

[23] Percy P C,et al. Combinational Optimization with Use of Guided Evolutionary Simulated Annealing[J]. IEEE Trans on Neural Network,1995,6(2):290-295.

[24] 李茂军,童调生. 单亲遗传算法及其应用[J]. 湖南大学学报,1998,25(6):56-59.

[25] 李茂军,樊韶胜,童调生. 单亲遗传算法在模式聚类中的应用[J]. 模式识别与人工智能,1999,12(1):32-37.

[26] Srinivas M,Paznaikl M. Adaptive Probabilities of Crossover and Mutation in Genetic Algorithms[J]. IEEE Trans on System,Man and Cybernetics,1994,24(4):656-667.

[27] 欧阳森,王建华,耿英兰. 一种新的改进遗传算法[J]. 计算机工程与应用,2003(11):13-15.

[28] 袁礼海. 混合遗传算法与标准遗传算法比较研究[J]. 计算机工程与应用,2003(12):124-125.

[29] 杨丽娜,刘刚,王秋生. 一种改进的遗传算法及其应用[J]. 郑州大学学报,2005(9):98-101.

第3篇 基于效果的导弹毁伤效能优化方法

第9章 基于效果的导弹毁伤效能优化导论

9.1 引 言

9.1.1 基于消耗的导弹毁伤效能优化决策的不足

信息化条件下的导弹作战,其战场环境复杂、作战对象特殊、作战行动的制约因素多。随着导弹武器装备及信息技术的发展,导弹火力打击的方式及导弹火力决策的方法也发生着日新月异的变化。导弹火力决策的本质是导弹毁伤效能优化,而传统的导弹火力决策都是基于消耗进行的,选择的火力打击目标早已预定好,并且集中在对经济政治中心、桥梁机场等大型面状目标依顺序摧毁,而忽略了参战人员心理状况、实时的战场态势等因素对战局的影响。基于消耗的导弹火力决策这一决策模式逐渐显现出诸多的不足之处,而基于效果的导弹火力决策则显示了其实现的可能性:

(1)消耗绝不是达成目的的唯一手段。两次世界大战可以认为都是消耗战,因为参与者的整体战略取决于为了赢得胜利而对敌人发动战争的物质能力所进行的摧毁,但各方为实现这一战略所实施的作战行动并不仅限于消耗战。事实上,各方均使用机动、奇袭、震撼等其他战争形式,只要基于消耗的战略目的能够获得实现。

(2)最终决定胜利的不是物理摧毁,而是参与者继续斗争的意愿。战争的真正动因和成败原因是非常复杂的,各方通过消耗战所谋求的目标并不是简单的摧毁,而是将敌人的物质能力削弱到某个界定不清或根本无法界定的水平,在这一水平,敌人的抵抗意志崩溃并会投降。

(3)基于消耗的火力决策往往会使战争投入增大,并会带来较大的附带损伤,此外,基于消耗的火力决策方案往往灵活性和时效性都欠佳,与现代作战的节奏要求不相符。

9.1.2 现代作战呼唤基于效果的导弹毁伤效能优化决策模式

信息化条件下的导弹突击作战是常规导弹力量未来的中心任务,只有深入研究导弹突击作战的行动样式,才能认清基于效果的常规导弹毁伤效能优化决策的现实紧迫性和必要性;只有深入研究基于效果的常规导弹毁伤效能优化决策的基本需求,才能准确把握基于效果的常规导弹毁伤效能优化决策问题的内涵和重点。

具体来说,常规导弹力量未来遂行突击作战任务主要有以下几种军事行动样式:

(1)军事威慑行动。主要遵循"以慑为主"原则,选择对方民众心理依存度较大的政治及经济目标进行警示性威慑打击或进行围困式打击,造成政局动荡,经济秩序混乱,股市下跌,资金外流,从而激起民众的反战抗争行为。

(2)封锁作战行动。主要遵循"震慑性、长效性、有效性"三原则,在战略目标区周围建立导弹封锁区的同时,适当选择维持敌对抗能力的军事及关键性经济目标(如重要的战略储备库、军工生产基地、能源工业及交通枢纽目标、大型企业目标的核心设施等)实施袭扰性甚至瘫痪性打击,达到持续施压、有效震慑的效果,从而动摇其执政根基和战争意志,达到战役目的。

(3)综合火力打击行动。主要遵循"逐步施压、平行攻击"原则,在与海、空军作战集团共同实施联合火力打击时,按照各自的火力优势,分工合作,相互协调,按照军事支持程度,依序逐步对敌政治、军事、经济目标进行瘫痪性甚至摧毁性打击,达到严重破坏其战争能力,逐步削弱其后续战争潜力,从根本上摧垮敌抵抗意志的效果,使其难以组织有效的防御和反击,从而用最小的代价达成最终目的。

从常规导弹力量未来遂行突击作战任务的几种军事行动样式的作战原则、作战目的、作战任务、作战特点及打击目标等可以看出以下几点:

(1)常规导弹力量未来突击作战具有全局性和战略性,指挥员尤其是高级指挥员最为关心的是"打得怎么样",即目标实际被毁情况与后续影响,必须提供及时准确的打击效果情报,密切配合政治、外交斗争,实现作战思想由作战能力的"歼灭反歼灭"向意志的"摧毁与反摧毁"转变。

(2)常规导弹力量未来突击作战是体系对抗,常规导弹武器要进行重心打击、结构破坏、充分发挥效能,必须具备较强的打击效果情报保障能力,实现作战行动由"高度计划型"向"快速反应型"转变,作战节奏由"粗放型火力打击"向"集约型精确打击"转变,打击目标由"硬打击目标型"向"软硬兼备型"转变。

由此可见,常规导弹力量迫切需要改变以往基于消耗和物理摧毁的决策模式,建立起以基于效果作战思想为指导的新的火力决策方式、方法。

9.1.3 本篇的研究目的

基于以上分析,可以把本篇的研究目的归纳为两点:①尽量克服基于消耗的导弹毁伤效能优化决策理论和方法存在的不足,在确保火力打击效果的前提下,提高作战效益,避免不必要的附带损伤,真正使导弹火力打击发挥出应有的作用;②使导弹毁伤效能优化决策方案能够适应现代作战的需要。

围绕以上两个目的,立足于导弹力量建设实际及未来的可能发展,本篇针对导弹毁伤效能优化决策过程中的实际问题,结合信息化条件下导弹作战的特点,并将战争的主体"人"的因素充分考虑进去,建立导弹毁伤效能优化决策过程的计算模型,并给出模型求解方法和相关示例。本篇的研究成果可为导弹作战指挥尤其是导弹火力筹划提供理论支持,对提高导弹力量整体作战能力也具有一定的现实意义。

此外,信息化条件下基于效果的导弹毁伤效能优化决策问题,必将成为导弹作战理论研究的重要内容与研究方向,本篇可为后续的研究提供一定的理论基础。

9.2 国内外导弹毁伤效能优化研究现状

9.2.1 基于效果作战理论的研究现状

在我国,基于效果作战(Effects-Based Operations,EBO)的思想由来已久,古往今来的决策者无不以"效果"为准则指导战争。但是,对于"基于效果作战"这一作战概念的系统的理论和应用研究起步较晚。自 2003 年以来,军事科学院世界军事研究部的相关专家,翻译了国外许多关于基于效果作战理论的著作;结合美军实战经验,进行了一些理论方面的基础研究,并陆续在《当代军事文摘》等期刊上发表了相关研究文章[1-2]。但是,将"基于效果作战"这一理论应用于实践的研究成果还非常罕见。文献《状态空间方程在基于效果作战建模中的应用》[4]提出了利用状态空间方程对基于效果作战进行定量描述的方法;文献《基于效果的联合作战行动规划研究》[3]根据基于效果的作战思想提出了联合作战行动规划模型及策略优选方法。但是,如何将渗透了基于效果作战思想的模型与实际应用结合起来,尚需做大量的研究工作。

在国外,20 世纪 90 年代中期以来,以美军为代表的西方军队在深化军事变革的过程中,加大了军事理论的创新力度。"基于效果"的思想是 1991 年由当时的美军空军上校戴维·A.德普图拉在《为效果开火:战争性质的转变》[5]一书中首先提出,在以后的理论研究中不断发展和完善。2001 年 3 月,德普图拉等人正式将"基于效果"的思想上升为"基于效果作战"的理论,包括制定计划、选择目标、确定手段、实施作战和评估战果等多方面的内容。2001年美军公布的《快速决定性作战》1.0版本白皮书中做了以下定义:基于效果作战是在战略、战役和战术层次的冲突中,以协调、增效和积累的方式使用全部军事和非军事能力,获得所期望的战略结果,或对敌人造成所期望的效果的一个过程。

在对基于效果作战理论进行研究的专家当中,具有代表性的人物有三位,分别是美国空军的戴维·A.德普图拉少将、美国国防部指挥与控制研究项目研究员爱德华·A.施密斯以及美国兰德公司研究员保罗·K.戴维斯。戴维·A.德普图拉在《为效果开火:战争性质的转变》一书中高度评价基于效果的计划方法在海湾战争中所发挥的重大作用,提出用"基于效果"的目标筛选法取代"基于破坏"的目标清单管理法;爱德华·A.施密斯在《基于效果作战:网络中心战在平时、危机及战时的运用》[6]一书中通过与实例相结合的方式解释了为什么和怎样进行基于效果作战以及基于效果作战与网络中心战的本质联系;保罗·K.戴维斯通过定性建模的方法,并结合具体的实例,说明了基于效果的作战计划较传统作战计划的优越性[7]。

2003年3月19日,美国国防部就"基于效果作战"举行了专门的新闻发布会,空军作战司令部计划与项目主任戴维·A.德普图拉少将派其下属军官向新闻界全面介绍了这一理论。次日,美国发动了针对萨达姆的"斩首"行动,伊拉克战争成为这一"战争哲学"的试验场。

9.2.2 基于效果的导弹毁伤效能优化决策方法的研究现状

国内关于导弹毁伤效能优化决策问题的研究起步较晚,从事专门研究的人员不多,特别是在基于效果的导弹毁伤效能优化决策问题上,尚处于起步阶段,见诸报道的研究成果不多。其中,分别于2001年和2002年相继出版的《地地导弹火力运用原理》[8]和《地地导弹火力运用方法》[9]等著作,为后续的导弹火力决策研究做出了基础性的贡献;通过超越传统的火力毁伤理论,从系统功能的角度对大型水面舰艇编队、发电厂、变电站等典型目标进行了详细的易损性分析,并已完成相关理论和方法研究,提出了不少具有实战意义的导弹火力决策方案。但是,将基于效果作战思想融入导弹火力决策过程中,提出具体的导弹毁伤效能优化决策模型和方法,尚未有人进行。

国外以基于效果思想指导火力决策的研究起步较早[10-11],例如,提出了打破传统流程的同步并行式决策方式,采用了突出效能释放的逆向非线性决策方法,并在近期的几场战争中予以实践。但关于这方面的资料保密性强,可见资料太少,特别是关于常规导弹火力运用的研究文献很少。不过,反映了基于效果作战理念的火力决策实例却并不鲜见。具体战例如下:

(1) 充分重视信息在现代作战中所起的作用,削弱 C^2 或 C^4ISR 分布式网络或者综合防空系统关键部分的功能(正如在 1991 年美军对伊拉克实施空袭的最初几个小时所做的那样)。

(2) 通过迷惑和牵制敌指挥官来降低其作战效果(实施佯攻,如"沙漠风暴"期间美军两栖部队在伊拉克海岸的行动;开展后方行动,如第二次世界大战中的游击活动、南北战争期间的骑兵袭击或美军海军陆战队与陆军部队的纵深任务;散布较高层次的假情报,如登陆作战中对登陆地域的欺骗行动)。

(3) 运用并行的火力打击方式以产生以快制慢、心理震慑的效果。并行作战能够通过快速决定性的作战有效地控制对手的战略活动(如海湾战争的前两天,多国部队数百架战机首先打击了伊拉克的防空系统、电力系统、核研究设施、军事总部、电信大楼、指挥部地下掩体、情报机构和总统府。这些打击发生速度之快,对伊拉克重心的打击面之广,使整个伊拉克国家都被震惊了,战争的胜负在前几个小时就决定了。伊拉克领导人很难调动部队,更难向前线运送供应、下达命令、收到前线的报告、与人民保持联系、起动雷达站或计划和组织有效的防御,更谈不上考虑反攻了)。

9.3 本篇主要内容

本篇从网络中心战模式下导弹力量参与基于效果的并行作战这一应用背景出发,结合基于消耗作战、基于效果作战、不确定多属性决策、模糊系统理论、现代优化方法等相关理论,依据导弹毁伤效能优化决策的具体实施步骤,对于导弹突击作战的各个环节——作战任务分析量化、目标选择、毁伤指标分析、火力分配、瞄准点选择以及突击时机选择,建立具体模型,探讨相关算法,并给出相关算例。

本篇的主要内容如下:

(1) 基于效果的导弹毁伤效能优化决策总体描述,对基于效果的火力决策涉及的相关概念、特点、任务、流程及应遵循的基本原则进行描述,为后续研究奠定基础。

(2) 基于效果的导弹作战任务分析,给出根据效果确定宏观作战任务以及作战任务分解的具体实施方法,并给出示例。

(3) 基于效果的导弹打击目标选择,提出新的基于效果的目标优选原则及目标价值评价指标体系;运用不确定多属性决策方法对目标价值进行量化,并给出计算示例。

(4) 基于效果的导弹毁伤指标分析,对常规导弹毁伤目标进行具体分类,分析提出系统失效率及心理瓦解程度这两个新指标的原因,并给出包括物理毁伤指标在内的三类毁伤指标的评估方法及示例。

(5)基于效果的导弹火力分配,分析传统的基于毁伤的火力分配模型及求解算法的不足,提出基于射击有利度的火力分配模型,并对传统分配算法进行改进;然后根据各类目标的特点,运用定量和定性分析相结合的方法,给出对各类目标打击时的瞄准点选择方法和示例,最后给出火力分配计算示例。

(6)基于效果的导弹突击时机选择,将突击时机的选取作为导弹毁伤效能优化决策过程中的一个相对独立的环节进行研究,给出火力突击时机选择的计算模型及算例。

参 考 文 献

[1] 姚云竹. 基于效果作战论[M]. 北京:军事科学出版社,2005.

[2] 初兆丰. 基于效果作战[J]. 当代军事文摘,2004,11(10):4-6.

[3] 彭小宏,刘忠. 基于效果的联合作战行动规划研究[J]. 火力与指挥控制,2007,32(5):12-15.

[4] 郭齐胜. 状态空间方程在基于效果作战建模中的应用[J]. 系统仿真学报,2008,20(2):270-272.

[5] David A Deptula. Firing for Effect:Change in the Nature of Warfare[M]. Washington DC:Aerospace Education Foundation,1995.

[6] 爱德华 A 史密斯. 基于效果作战:网络中心战在平时、危机及战时的运用[M]. 郁军,贲可荣,译. 北京:电子工业出版社,2007.

[7] Davis P K. Effects-Based Operations[M]. New York:Rand Corporation,2001.

[8] 邱成龙. 地地导弹火力运用原理[M]. 北京:国防工业出版社,2001.

[9] 邱成龙. 地地导弹火力运用方法[M]. 北京:国防工业出版社,2002.

[10] Wagenhals L W,Levis A H. Modeling Support Effects based Operations in War Games[C]. 7th Command and Control Research and Development Symposium,Naval Postgraduate School,Monterey Ca,2002.

[11] 李长海. 美军新作战理论的实践与启示[J]. 装备指挥技术学院学报,2006,17(3):24-27.

[12] 爱德华 A 史密斯. 复杂性、联网和基于效果的作战方法[M]. 工志成,译. 北京:国防工业出版社,2010.

第10章　基于效果的导弹毁伤效能优化决策总体描述

10.1　基本概念

10.1.1　效果

"效果"一词在军事著述中经常使用,传统意义上的效果通常指炸毁某物造成的效果,或者表示摧毁特定目标对于更大的战役或战略所产生的影响。爱德华 A. 史密斯受新安全环境的广泛要求及孙子"不战而屈人之兵"二者的启发,另辟蹊径,给出了"效果"更为宽泛的定义:"效果是运用军事力量或其他力量产生的结果或影响"[1]。他同时指出"效果"可以是动能的、也可以是非动能的,本质上可以是物理的、功能上的,也可以是心理的或认知的。

效果可以按属性分为两大类:一类效果从性质上讲主要是物理的;另一类则主要是心理的。物理效果是目标遭打击后紧接着产生的,通常易于辨认;心理效果则是通过影响受打击一方的认知过程以达到塑造意志来改变其行为的。物理效果和心理效果具体的分类形式如图 10.1 所示。

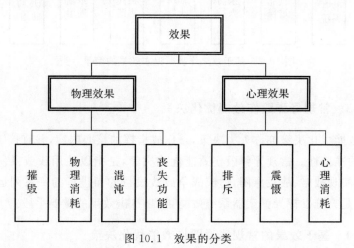

图 10.1　效果的分类

效果具有三个基本特征:一是效果的累积性。效果常常是不断增加的,一定数量的效果相互作用,产生的最终结果大于各种单一效果之和。二是效果的联动性。达成效果往往不局限于打击单一目标,而是涉及敌方的相关目标系统。三是效果的附带性。火力打击常常会造成直接作战目的之外的附带损伤。

10.1.2 基于效果作战

基于效果作战是相对于基于消耗作战而言的,消耗战不是达成战场目标的唯一的选择,而是最后的诉求,达到一个目标可能有多个方法,基于效果的作战直接聚焦于作战的终极目的,基本思路是整合,包括作战目标的整合,将战略、战役、战术目标整合为效果需求,其次是方法和时间的整合,等等。

"基于效果的作战"定义为"在战略、战役和战术层次的冲突中,以协调、增效和积累的方式使用全部军事和非军事能力,获得所期望的战略结果,或对敌方造成所期望的效果的一个过程。"其主要思想包括综合使用国家实力,打击重心,精确打击,并行作战,兵力投送和快速制胜等。

物理效果和心理效果的综合效应反映在行为上即是基于效果作战所追求的效果。具体的分类形式如图 10.2 所示。

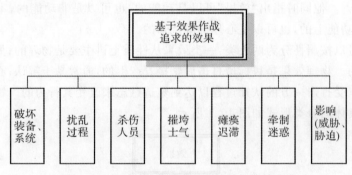

图 10.2 基于效果作战所追求效果的简单分类

10.1.3 常规导弹毁伤效能优化决策

毁伤效能优化决策亦称火力决策,是作战指挥的核心内容,并直接制约着指挥决策支持的准确性。常规导弹毁伤效能优化决策,是指以使用或威慑使用常规导弹武器,为实现战略、战役意图,达成战争或战役目的而进行的一系列运筹和决策活动过程,是充分发挥导弹武器系统效能,提高打击效果的重要手段。

10.1.4 基于效果的常规导弹毁伤效能优化决策

目前,尚未见到国内外的研究同行给出"基于效果的常规导弹毁伤效能优化决策"这一概念。通过阅读相关文献,结合基于效果作战这一思想提出的背景、应用范围以及特点,笔者认为,可以对本书提出的这一新概念做如下定义:以基于效果作战思想为立足点,以提升作战效能、缩短作战时间、减少敌我双方人员和物质损耗为目标,通过灵活运用常规导弹武器,使作战焦点集中于敌人的意志而进行的一系列运筹和决策活动。具体地讲,就是结合常规导弹力量实际,利用基于效果作战思想来指导解决常规导弹火力决策过程中诸如目标选择、毁伤程度界定以及火力分配等一系列优化问题,提出解决问题的最优化模型和方法。

10.2 基于效果的常规导弹毁伤效能优化决策的特点

与传统的火力决策相比,基于效果的火力决策有许多不同的特点,只有了解这些特点,才能更好地进行决策。

1. 定量计算和定性分析相结合

火力决策一般都是不确定性决策,不确定性会导致火力决策失误增多。决策失误多的主要原因在于对不确定性把握不准;对方的作战能力和企图无法完全确定;对战场不能完全了解;对我方作战的某些情况,无法充分掌握;战局的急速变化,常常使预测和决心受到冲击;无法抗拒作战中随机事件的发生。传统的火力决策中大部分工作都需要进行科学计算和运筹工作,基于效果的火力决策也不例外。但是,由于基于效果的火力决策往往需要考虑更多的不确定性,对于这些不确定性因素量化起来非常复杂,决策者又不得不去面对,因此,可以辅之以定性分析的方法。实践证明,这些通过定性分析得出的决策往往也行之有效。

2. 分级并行决策

常规导弹火力决策贯穿各级作战指挥决策中,决策目标往往是矛盾的和不可公度的,并具有不确定性和多层次性,凡是进行作战指挥决策的各级,在制定作战计划或方案时,其核心内容都是火力决策的内容。此外,基于效果的火力打击将会更多地采取并行方式,打击范围广,作战效能的发挥将会更多地表现为在信息的严格控制和精确引导下快速释放出来的能量,因此,基于效果的火力决策将会是网络中心战模式下的、面向多个决策者参与的、大型的并行决策问题。

3. 对实时性的要求更高

在信息化战争中,部队机动能力强,反应速度快,情况变化迅速,战机往往出现突然,稍纵即逝,瞄准点、火力分配方案等的变化速度比以往都会加快,这就要求决策者具备较以往更加实时快速拟制方案和决策的能力。此外,传感器、部队和指挥官之间实现网络化,也为提高决策的实时性创造了条件。

4. 对信息保障条件的要求更为苛刻

以往进行火力决策时,对提供信息的要求是快速、准确、详细和实时。但是,基于效果的火力决策面对着更多的不确定性,决策者面临了新的难题:①信息的提取加工,如何寻找有用信息,从有限的信息中去除不确定性;②当信息过量,造成信息泛滥或信息污染时,会造成新的"战场迷雾"。因此,基于效果的火力决策对信息的可用性和信息量提出了更高的要求。

10.3 基于效果的常规导弹毁伤效能优化决策的任务及总体流程

基于效果的常规导弹火力决策的任务较以往没有太大的改变,只是决策的原则和方法等方面发生了变化。其主要任务有作战任务分析量化、目标选择、目标分析及毁伤指标分析、火力分配、瞄准点选择、耗弹量计算以及任务规划等,然后研究出解决这些问题的模型、方法,提供分析问题和综合运筹的模式。其总体流程如图10.3所示。

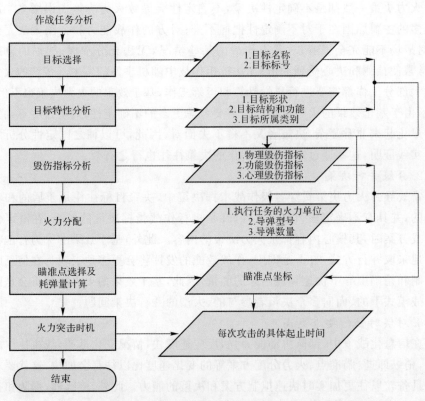

图 10.3 基于效果的常规导弹毁伤效能优化决策总体流程图

最后,还需要指出的是,本书之所以没有将传统火力决策过程中的耗弹量计算和波次规划等环节单独出来加以研究,主要是因为:①耗弹量的确定主要与导弹武器的性能参数、瞄准点的数量以及毁伤程度等因素相关,一旦这些因素确定下来,耗弹量计算就成了单纯的数学计算,与基于效果作战理论关系不大;②笔者认为,在导弹武器性能允许的情况下,以火力突击时机选择代替波次规划,可以使导弹火力的使用更加灵活、高效。

10.4 基于效果的常规导弹毁伤效能优化决策的原则

纵观近 30 年以来所发生的几场现代局部战争,无不渗透着基于效果作战的思想。灵活运用火力打击方式、精心选择目标和瞄准点以及同时关注物理和心理效果等,是基于效果作战制胜的法宝。结合基于效果作战和毁伤效能优化决策的相关研究文献,可以得到基于效果的常规导弹毁伤效能优化决策的一些可用原则。

1. 应紧密结合作战任务

作战任务是组织指挥作战的基本依据,明确作战任务是进行火力决策的基本前提,进行精确的作战任务分析的目的是赋予为完成有关任务而进行的灵活、适应性强的决策活动以意义。作战任务分析是把上级意图转化为部队行动的途径,是实现部队协同作战、达成总目标桥梁,更是指挥员合理、经济使用作战资源(兵力和火力)重要手段。因此,火力决策必须紧扣作战任务,做到有的放矢。

2. 应对火力打击中的不确定性进行分析

战争、应急作战,甚至外交事务等,是一种非线性的活动,这种活动通常发生在复杂适应系统中,活动所产生的多种反应是难以预测的,存在诸多的不确定性。常规导弹火力打击可以产生不同的效果,而效果决定作战目标能否实现,如果对不确定性处理不当,作战效果可能会与预期的正好相反。

因此,基于效果的火力决策应结合经验信息,用定性与定量建模相结合的方法来面对不确定性的真正程度,并且明确地探讨其概率和随机性。其决策模式如图 10.4 所示。

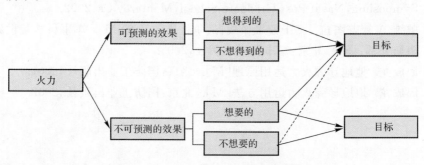

图 10.4 基于效果的火力决策模式

3. 应与火力打击方式相融合

充分运用常规导弹火力,会极大增强火力打击的精确性、针对性和有效性,从而提高打击效率,减少附带毁伤,避免外交被动,夺取最后胜利。

因此,实现决策与火力打击方式的高度融合,是充分发挥常规导弹武器作战效能、提高常规导弹力量整体作战能力的重要保障。

4. 应把基于效果作战视为基于消耗作战的扩展

消耗与效果不能完全对立,基于效果作战应被视为涉及消耗、摧毁和占领的作战的扩展,而不是替代。盲目的消耗、摧毁应该避免,但是,即使拥有最复杂的基于效果的火力计划,或者出现了非常精准的常规导弹和完善的作战网络,战争的某些传统方面仍然必不可少。

10.5 本章小结

本章分析了基于效果作战和常规导弹毁伤效能优化决策的相关概念,提出了"基于效果的常规导弹毁伤效能优化决策"这一新概念,并分析了其特点、决策内容、总体流程和应恪守的原则,为后续章节的具体研究奠定了理论基础。

参 考 文 献

[1] 爱德华 A 史密斯. 基于效果作战:网络中心战在平时、危机及战时的运用[M]. 郁军,贾可荣,译. 北京:电子工业出版社,2007.

[2] David A Deptula. Firing for Effect:Change in the Nature of Warfare[M]. Washington DC:Aerospace Education Foundation,1995.

[3] P K Davis. Effects-Based Operations[M]. New York:Rand Corporation,2001.

[4] Wagenhals L W,Levis A H. Modeling Support Effects Based Operations in War Games[C]. 7th Command and Control Research and Development Symposium,Naval Post Graduate School,Monterey Ca,2002.

[5] 戴维 A 德普图拉. 基于效果作战:战争性质的转变[M]. 军事科学院世界军事研究部,译编. 北京:军事科学出版社,2005.

[6] 邱成龙. 地地导弹火力运用原理[M]. 北京:国防工业出版社,2001.

[7] 邱成龙. 地地导弹火力运用方法[M]. 北京:国防工业出版社,2002.

第11章 基于效果的导弹作战任务分析

11.1 引　　言

对作战任务进行合理的分析是火力决策人员进行其他决策活动的基本前提。不同的战役中,常规导弹力量承担着不同的作战任务,作战任务的差异直接影响着火力计划的制定与火力打击的效果。

当前,国际战略形势和周边安全环境正在发生深刻的变化,世界新军事变革加速发展,信息化条件下的一体化联合作战将成为未来战争的基本形态。传统的基于目标的任务制定方法是指挥官分析政治目的并确定相应的战区目标,参谋人员制定下一级作战目标和相应的军事任务,他们把这些任务下达给不同的军种指挥官去执行。这一过程依赖于以预想结果为重点的从战略到任务的线性关系,有可能使得某单一军种过分强调自己是决定性效果的来源,从而导致没有协调和联合的"烟囱式"战役,并会产生一支部队正在进行的行动与其他军事或非军事行动的目的交叉的可能性。

为了以避免行动交叉、无法使预期效果最大化,基于效果作战理论[1]要求摒弃"常规导弹力量作为联合火力打击战役的主力军"这一思想,根据效果来确定任务目标,还应该把上级赋予的宏观作战任务细化成若干具体的、明确的而且相互关联的子任务,从而使作战任务、作战目标更为清晰明确。

11.2 基于效果的宏观作战任务的确定

11.2.1 宏观作战任务的特点

宏观作战任务的构成属性可分为三类:一是任务目标,例如,达成早期阻敌、阻止敌人的后勤支援等,确定任务目标必须基于一定规模的作战力量进行,离开作战力量谈作战任务是没有意义的,因此,任务目标必须依据作战能力来确定;二是衡量战略和战役胜利的标准,确定胜利的标准需要综合考虑政治军事背景、敌人部队规模等因素;三是宏观任务的起止时间,任务的起止时间也就是任务的完成时限,因为根据战争态势的发展,每个时段的任务可能不一样。

11.2.2 宏观作战任务的确定

简单来说,确定宏观的作战任务就是确定作战目标,根据基于效果作战理论制定基于效果的宏观任务,这必须是广泛的任务,其目的是能取得直接影响战略目标的高层作战效果。宏观作战任务由联合作战司令部下达,并选择可能导致敌人行动改变物理上、功能上或心理上的效果,受令者为各军兵种。常规导弹部队一般不承担单独的宏观作战任务。

具体来讲,在基于效果思想指导下的宏观任务确定与传统的基于目标的宏观任务确定不同。传统的基于目标的宏观任务制定方法是指挥官分析政治目的并确定相应的战区目标,如图11.1所示。这种方法的缺点是,它在火力和目标之间假设了一种线性关系,认为一次正确的、完美实施的火力打击会达到预期目标。

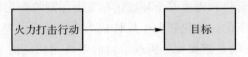

图 11.1 传统的基于目标的任务确定

而实际情况是,战争不是线性的。相反,它是一种非线性的活动,在这种活动中火力打击所产生的多种反应是难以预测的,甚至小型的、看上去没有用的一次打击都可能导致巨大的、不可预知的结果。此外,一次火力打击对一个目标产生影响,与此同时也会对一个不同的目标产生不可预测的影响。因而火力打击与目标之间不是一种线性的关系。相反,火力打击可产生各种不同的效果,而效果决定作战目标能否实现。如图11.2所示,把效果的概念加到了传统的线性任务制定模式中。

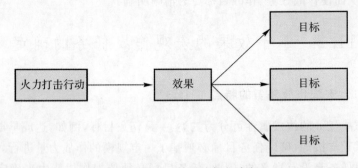

图 11.2 基于效果的任务确定

因此,基于效果的宏观任务确定的第一步是确定可达到的效果以及预期的战略效果,然后就是确定可以导致效果的任务目标。

11.3 宏观作战任务向基本任务的分解

把宏观任务分解成若干基本任务是把上级意图转化为部队行动的途径,是实现部队协同作战、达成总目标的桥梁,更是指挥员合理、经济使用作战资源(兵力和兵器)的重要手段。在一体化联合作战中,根据常规导弹武器各项战术技术指标、打击目标的性质以及作战意图,常规导弹力量的基本作战任务[2]一般分为袭扰、压制、摧毁和遮断等。

11.3.1 基本任务的特点

宏观任务分解后得到的基本任务应该具有以下特点:
(1)有限性,基本任务独立成功遂行该子任务后能够达成有限的作战目标;
(2)独立性,基本任务之间没有包含关系、从属关系或上下层关系;
(3)原子性,由一个且只由一个作战单元承担,从本级指挥员来看,遂行该任务要么成功,要么失败;
(4)可描述性,能用相对固定的、结构化的格式予以描述。

11.3.2 基本任务的确定

基本任务的构成属性可分为两类:一是任务类型,二是完成任务的相关战术属性(称为任务单元的战术属性)。据此,确定基本任务时可分为两大步骤:第一,确定基本任务类型;第二,确定战术属性。

(1)基本任务类型的确定。确定基本任务类型可参考作战任务类型区分进行,然后检查它们之间是否满足独立性要求,否则进行必要的合并操作或删除操作。

(2)战术属性的确定。首先,确定任务规模。如果基本任务是针对作战对象的,如火力任务,则根据对手作战单位作战使用的最小单元确定。若基本任务是针对己方的,如工程保障类的任务,则根据己方完成该任务的主体符合作战使用要求的最小单元确定。其次,确定标准任务要求。标准任务要求要选完成该类任务的所有要求中最基本或最常用的那个要求。最后,确定战术位置。战术位置根据作战区域的区分进行确定。

(3)确定方法。对于常用或常见的作战任务类型的基本任务,可以根据作战兵力的使用规则及相关战术规定,用系统分析的方法进行确定;对不常用或现代战争新出现的作战任务类型,可以借助相关专家智慧用专家研讨法[3]进行确定,专家研讨法可借助专门的研讨工具(如 Pathmaker)进行辅助实施。

11.4 基本任务向任务单元的分解

11.4.1 任务单元的特点

宏观任务的分解是初步的,得到的是基本任务(任务单元的参数化结果),只能说明宏观任务由哪些类型的任务单元组成,也只能明确由哪类而不是由哪个空间作战实体完成。要获得分配资源的任务单元,还需按照任务的时间、空间和作用对象(客体)继续分解基本任务,如图 11.3 所示。

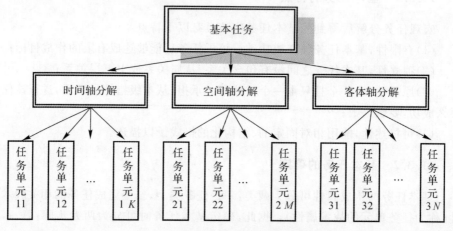

图 11.3 基本任务的分解示意图

在确定基本任务的时间、空间和作用对象等参数的总约束值时,一是从宏观任务继承,二是根据宏观任务所属基本任务之间的时序逻辑关系进行调整。一般情况下,任务单元都具有一定的时间粒度、空间粒度和客体数量,例如,一次迟滞任务的作用对象是一支机械化部队,迟滞时间为两天。基本任务的分解就是以对应的任务单元的时间粒度、空间粒度和客体数量为单位,沿着时间轴、空间轴和客体轴分别进行的(并非全部必须,有的基本任务可能只有一个分解方向)。

11.4.2 任务单元的确定

任务单元分解的一般性算法如下:

(1)依据宏观任务时间和相关基本任务的逻辑时序,计算基本任务的起止时限,即确定该基本任务的时间约束;

(2)由任务单元的时间粒度和基本任务的时间约束计算任务单元个数和每个任务单元的起止时限,得到任务单元的初始集 T;

(3)依据宏观任务的空间范围要求,计算基本任务的空间约束;

(4)由任务单元的空间粒度和基本任务的空间约束计算任务单元个数和每个任务单元的空间范围,得到任务单元的初始集 S;

(5)依据宏观任务的客体数量,计算基本任务的客体约束;

(6)由任务单元的客体数量和基本任务的客体约束计算任务单元个数和每个任务单元的客体,得到任务单元的初始集 O;

(7)计算 $T \times S \times O$ 得到集合 I,去掉其中不合理元素,得到最终的任务单元集。所谓不合理元素是指在时限 $[t_o, t]$ 内,任务不可达区域 $[S_o, S]$,或不可作用到对象(客体)o,或在区域 $[S_o, S]$,任务不可作用到对象 o 的元素。

11.5 作战任务分析示例

假设联合作战部队的火力打击可以达成迟滞的效果,作战想定为通过运用远程火力,而且必要时运用地面部队,来阻止入侵之敌。

步骤1:对宏观任务的规范化描述

根据假设可知,该部队需遂行早期阻敌的宏观作战任务。根据宏观任务的构成属性以及任务单元分解的一般性算法要求,可以用表格的形式对早期阻敌这一宏观任务进行描述。具体描述见表11.1。

表 11.1 对宏观任务的规范化描述

任务名称	早期阻敌	任务目标	迟滞敌人前进
胜利标准	迟滞1天	起止时间	1日至4日
客体数量	4	空间范围	陆地和空中

步骤2:对基本任务的规范化描述

充分考虑基本任务的特点、确定方法和参战力量的战术技术指标等因素,可将达成早期阻敌这一宏观任务分解为四个基本任务:①集结兵力与后勤保障,②建立高效的 C^2 与 C^4ISR,③压制或规避防空火力,④遂行有效的遮断行动。根据基本任务的特点、属性以及任务单元分解的一般性算法要求,可以用表格的形式对这四个基本任务进行描述。具体描述见表11.2。

表 11.2 对基本任务的规范化描述

基本任务编号	A	B	C	D
基本任务名称	集结兵力与后勤保障	建立高效的 C^2 与 C^4ISR	压制或规避防空火力	遂行有效的遮断行动

续 表

基本任务编号	A	B	C	D
时间约束	1日至2日	1日至4日	2日至4日	2日至4日
空间约束	陆地	陆地和空中	陆地和空中	陆地和空中
客体约束	≤4	≤2	≤3	≤2

步骤3：对任务单元的规范化描述

从本质上讲，任务单元即完成基本任务所采取的具体行动。以完成"遂行有效的遮断行动"这一基本任务为例进行讨论：若要遂行有效的遮断行动，可以对入侵部队进攻路线上的固定地点进行打击，如必须经过的桥梁；也可直接对移动中的进攻部队进行打击，以期直接瓦解其行动；遮断行动还可以开始得早一些，给尚在集结地域的入侵者以措手不及的打击。根据任务单元的特点、属性以及任务单元分解的一般性算法要求，可以用表格的形式对这3个任务单元进行描述。具体描述见表11.3。

表11.3 对任务单元的规范化描述

任务单元编号	D_1	D_2	D_3
任务单元名称	攻击固定点	攻击移动部队	攻击集结地
时间粒度	1天	3天	1天
空间粒度	地面	地面	地面
客体名称	固定点	移动部队	集结地

步骤4：确定最终的任务单元

根据任务单元分解的一般性算法及表格描述，可以得到：

(1)根据表11-2可知，基本任务D的时间约束为2～4日；

(2)由任务单元的时间粒度和基本任务的时间约束计算任务单元个数和每个任务单元的起止时限，得到任务单元的初始集 $T=\{D_1,D_3\}$；

(3)根据表11-2可知，基本任务D的空间约束为地面、陆地；

(4)由任务单元的空间粒度和基本任务的空间约束计算任务单元个数和每个任务单元的空间范围，得到任务单元的初始集 $S=\{D_1,D_2,D_3\}$；

(5)根据表11-2可知，基本任务D的客体约束为≤2。

(6)由任务单元的客体数量和基本任务的客体约束计算任务单元个数和每个任务单元的客体，得到任务单元的初始集 $O=\{\{D_1\},\{D_2\},\{D_3\},\{D_1,D_2\},\{D_1,D_3\},\{D_2,D_3\}\}$；

(7) 计算 $T\times S\times O$ 得到集合 I，去掉其中不合理元素，得到最终的任务单元集 $I=\{D_1,D_3\}$。

11.6 本章小结

本章的主要内容包括如下几方面：

(1) 首先说明了根据效果确定任务和需要对任务进行分解的原因；

(2) 其次，分析了宏观任务、基本任务和任务单元等基本概念和特点，给出了这三个不同层次任务的一般性确定方法；

(3) 以部队遂行早期阻敌的宏观作战任务为例，对宏观任务、基本任务和任务单元进行了规范性的描述，并根据描述和任务单元分解的一般算法确定了"遂行有效的遮断行动"这一基本任务最终包括的任务单元：攻击固定点和攻击部队集结地。

本章摆脱了以往以预想结果为重点的从战略到任务的线性关系，指出应该根据效果来确定任务目标，还应该把上级赋予的宏观作战任务细化成若干具体的、明确的而且相互关联的子任务，从而使作战任务、作战目标更为清晰明确。

参 考 文 献

[1] 爱德华 A 史密斯. 基于效果作战：网络中心战在平时、危机及战时的运用[M]. 郁军，贲可荣，译. 北京：电子工业出版社，2007.

[2] David A Deptula. Firing for Effect:Change in the Nature of Warfare[M]. Washing DC:Aerospace Education Foundation, 1995.

[3] Davis P K. Effects-Based Operations[M]. New York:Rand Corporation, 2001.

[4] Wagenhals L W, Levis A H. Modeling Support Effects Based Operations in War Games[C]. 7th Command and Control Research and Development Symposium, Naval Post Graduate School, Monterey Ca, 2002.

[5] 戴维 A 德普图拉. 基于效果作战：战争性质的转变[M]. 军事科学院世界军事研究部，译编. 北京：军事科学出版社，2005.

[6] 曹裕华，冯书兴. 作战任务分解的概念表示方法研究[J]. 计算机仿真，2007(8):26-29.

[7] 王书敏，刘俊友. 作战任务的规范化描述方法初探[J]. 军事运筹与系统工程，2006(3):35-38.

第12章 基于效果的导弹打击目标选择方法

12.1 引　言

信息化条件下,由于信息技术、武器和传感器技术的发展,战场信息化、网络化等特征凸显,战争的对抗将表现为作战双方的网络中心行动,作战效能的发挥将会更多地表现为在信息的严格控制和精确引导下快速释放出来的能量。进攻一方的重点不再是首先消灭有生力量,不再是简单的摧毁,而是强制出现对己有利的政治局面,是对敌人赖以行使权力和发挥影响的系统达成有效控制,采取导致具体效果的行动。

传统的常规导弹打击目标选择方法主要有集合论方法、矩阵方法、群落型方法、塔型方法等;传统的目标选择理论主要有重心效应理论、链条效应理论、连累效应理论和组合理论等。这些方法应用的目标系统都不具有信息化条件下目标系统的网络化特征,这些方法也都没有反映出网络化目标系统中目标之间密切关联的特性;上述理论应用也都是基于摧毁和对目标的依顺序攻击,不适应信息化的作战特点及要求。本章从网络中心战模式下常规导弹参与基于效果的并行作战这一实际应用背景出发,在综合运用传统方法和理论的基础上,提出了一种新的方法。这种新的方法应能够解决在并行目标系统中进行目标价值分析和目标选择的问题。

12.2 基于效果的常规导弹打击目标优选的原则

传统的火力打击是按重要程度对清单上的目标进行顺序攻击。信息化条件下,战争模式表现为网络中心战环境下的并行作战,即将战争各个层次的军事行动用时间和空间两个要素并联起来,在敌战略、战役和战术纵深同时打击敌人的战略、战役和战术目标,以产生系统瘫痪、心理震慑和以快制慢的效果。

图12.1为顺序与并行攻击时目标选择的区别示意图[1]。

图中大写字母 $A, B, C, \cdots, X$ 表示多个目标系统,数字 $1, 2, 3, \cdots, n$ 表示目标系统中的子目标。

从图12.1可以看出,信息化条件下基于效果的常规导弹火力打击目标优选的原则:①目的性原则,目标优选必须以符合作战任务要求;②价值性原则,选择能引起连锁反应的,并导致敌整体作战功能急剧下降的目标,目标对达成某种作战效果的贡献越大越好;③并行原则,为快速达成某种作战效果,运用攻击力量同时攻击敌人作战系统中的多个目标;④效果原则,打击目标不在于多,不在于它的固有价值有多大,而在于实效,在于是否有利于作战进程,有利于达到战争目的;⑤偏移原则,如在攻击力量不能完全隐形的情况下,瘫痪敌人的防御系统仍是需要考虑的首要问题,应优先对敌人的防空、机场和指挥控制目标群进行打击。随着空中优势的获取,可以加大对其他目标系统的打击力度;⑥可行性原则,是指选择打击目标不仅要根据主观需要,而且要考虑客观可能。

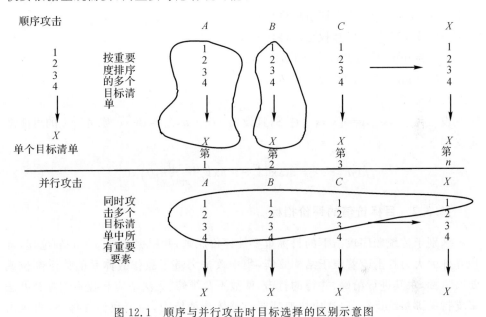

图 12.1 顺序与并行攻击时目标选择的区别示意图

12.3 基于效果的常规导弹打击目标价值分析

12.3.1 基本概念

1. 信息占有度

在整个作战体系中,生成、传输和处理信息对目标的依赖程度,为目标的信息占有度。

2. IA 算子

设 $(\bar{\omega}_1, \bar{\omega}_2, \cdots, \bar{\omega}_n)$ 和 $(\mu_1, \mu_2, \cdots, \mu_n)$ 分别为一组区间数和一组不确定语言变量,其中

$\bar{\omega}_j = [\omega_j^L, \omega_j^U], \mu_j = [s_{a_j}, s_{\beta_j}], (\omega_j^L, \omega_j^U \in \mathbf{R}^+), (j \in \mathbf{N}), (s_{a_j}, s_{\beta_j} \in S, S$ 表示语言评价标度集)。

定义 区间集结算子

$IA_\omega(\mu_1, \mu_2, \cdots, \mu_n) = \bar{\omega}_1 \otimes \mu_1 \oplus \bar{\omega}_2 \otimes \mu_2 \oplus \cdots \oplus \bar{\omega}_n \otimes \mu_n$,则称函数 IA 为区间集结算子。

3. 运算法则

$$\delta \otimes \mu = [\delta^L, \delta^U] \otimes [s_a, s_b] = [s_{a'}, s_{b'}]; \quad [s_a, s_b] \oplus [s_c, s_d] = [s_{a+c}, s_{b+d}] \quad (12.1)$$

式中 a, b, c, d——语言评价标度值；

δ^L, δ^U——指标权重属性值；

$a' = \min\{\delta^L a, \delta^L b, \delta^U a, \delta^U b\}$；

$b' = \max\{\delta^L a, \delta^L b, \delta^U a, \delta^U b\}$。

4. 可能度

设 $\mu = [s_a, s_b], \nu = [s_c, s_d] \in S$,且设 $l_{ab} = b-a, l_{cd} = d-c$,则 $\mu \geqslant \nu$ 的可能度定义如下：

$$p(\mu \geqslant \nu) = \max\left\{1 - \max\left(\frac{d-a}{l_{ab}+l_{cd}}, 0\right), 0\right\} \quad (12.2)$$

12.3.2 目标价值的评价指标

区别于传统顺序攻击下的目标重要性评价原则,并根据文献[1-3]的论述,常规导弹的火力打击应着眼于结构瘫痪,集中攻击力量于敌作战体系的关键部位或要害目标,对其进行精确、并行的打击,使敌不及维修、无法适应和找不到弥补办法来支持关键系统运行,以达成快速削弱敌整体作战能力,瘫痪敌作战体系,直至出现对己有利的政治局面的目的。由此可以确定未来常规导弹火力打击目标优选的依据是上级意图、完成所担负的任务所期望的效果、打击目标固有价值和目标特性。经过详细分析,在作战网络中,可以从以下五方面评价目标的价值：

v_1：信息占有度,取决于敌方生成、传输和处理信息对其的依赖程度,是未来战争中决定目标价值的关键因素,越大越好。

v_2：遭打击后对敌心理的影响程度,假设目标遭打击后对敌人心理造成影响的大小。基于效果作战不同于传统的歼灭和消耗战,不在于杀敌数量,倾向于瓦解敌方作战意志,从精神上瘫痪敌人的作战体系,影响程度越大越好。

v_3：对我方的威胁程度,指目标固有的作战能力。

v_4：短时间内再次发挥作用的可能性,指目标被摧毁或功能瘫痪时可以被其他目标或设施替代或者被修复的可能性。由于整个作战过程中发挥作用的时间较长,所以相应价值就越大。

v_5：时效性，指目标信息在时间上的有效程度，主要反映目标的机动性能和信息处理能力，信息时效性越高，目标价值越大。

12.3.3 目标价值的确定方法

由于指标的复杂性和人类思维的模糊性，当对目标价值评价指标进行评估时，一般以"差""一般""很好"等不确定语言形式给出，带有一定的主观随意性。此外，指标的属性权重信息难以准确给出，更多时候以区间数形式给出大概值。因此，本章考虑对于单个决策者的情形，用基于 IA 算子的决策方法[5]来对目标价值进行量化。

对于单个决策者情形的基于 IA 算子的决策方法的实施大体可以分为四个步骤：

步骤 1：对于某一多属性决策问题，设 X 和 U 分别为方案集和属性集。属性的权重属性以区间数形式给出，即 $\bar{\omega}_j = [\omega_j^L, \omega_j^U](\omega_j^L, \omega_j^U \in \mathbf{R}^+)$，并且令 $\bar{\omega} = (\bar{\omega}_1, \bar{\omega}_2, \cdots, \bar{\omega}_n)$。再令 $r_{ij} = [s_{a_j}, s_{\beta_j}]$，$r_{ij}$ 表示语言评价区间（$i \in n, j \in m, n$ 表示评价指标数，m 表示评价目标数），决策者给出方案 $x_i \in X$ 在属性 $u_i \in U$ 下的语言评估区间 r_{ij}，并得到评估矩阵 $\mathbf{R} = (r_{ij})_{n \times m}$ 且 $r_{ij} \in S$。

步骤 2：利用 IA 算子对评估矩阵 $\mathbf{R}$ 中第 i 行的语言评估信息进行集结，得到决策方案 x_i 综合属性评估值 $z_i(\bar{\omega})(i \in \mathbf{N})$

$$z_i(w) = \mathrm{IA}_{\bar{\omega}}(r_{i1}, r_{i2}, \cdots, r_{im}) = \bar{\omega}_1 \otimes r_{i1} \oplus \bar{\omega}_2 \otimes r_{i2} \oplus \cdots \oplus \bar{\omega}_n \otimes r_{im}, \quad i \in N \tag{12.3}$$

步骤 3：利用式(12.2)计算各方案综合属性值 $z_i(\bar{\omega})(i \in \mathbf{N})$ 之间的可能度：$p_{ij} = p(z_i(\bar{\omega}) \geqslant z_j(\bar{\omega})), (i, j \in \mathbf{N})$，并建立可能度矩阵 $\mathbf{P} = (p_{ij})_{n \times n}$。

步骤 4：利用式(12.4)求得可能度矩阵 $\mathbf{P}$ 的排序向量 $\mathbf{v} = [v_1 \quad v_2 \quad \cdots \quad v_n]$，并按其分量大小对方案进行排序。

$$v_i = \frac{1}{n(n-1)} \left(\sum_{j=1}^{n} p_{ij} + \frac{n}{2} - 1 \right), \quad i \in \mathbf{N} \tag{12.4}$$

12.4 基于效果的常规导弹打击目标优选模型

12.4.1 基本概念

1. 偏移度

在基于效果并行打击的前提下，考虑战场复杂环境、作战特殊对象和作战行动的制约因素等，与之相适应，根据具体的战场情况和作战需要，选择的攻击目标应向有利于已方理想作战进程的方向偏斜。这个偏斜的程度定义为偏斜度。

2. 可行度

可行度是指能够达到完成某一作战任务所要求的某种效果的概率。

12.4.2 目标优选模型的建立

根据 12.2 节所述的常规导弹火力打击目标优选的原则,需要构造目标价值矩阵 V_1、偏移度矩阵 D_1 和可行度矩阵 R_1。目标价值矩阵 V_1 可由 12.3 节得到,矩阵的行元素按照目标系统中目标群价值从大到小排列,列元素按照目标群中子目标价值从大到小排列;偏移度矩阵 D_1 可设置为 0-1 矩阵,偏移度与目标价值相关,当目标对作战进程影响较大,应考虑优先攻击时,反映为偏移度矩阵 D_1 里的 1 元素;可行度矩阵 R_1 中的元素为概率值,即打击该目标可取得预期效果的概率。V_1,D_1 和 R_1 的表示形式如下:

$$V_1 = \begin{bmatrix} v_{11} & v_{12} & \cdots & v_{1n} \\ v_{21} & v_{22} & \cdots & v_{2n} \\ \cdots & \cdots & & \cdots \\ v_{n1} & v_{n2} & \cdots & v_{nn} \end{bmatrix}, \quad D_1 = \begin{bmatrix} 1 & 1 & 1 & \cdots \\ 1 & 1 & \cdots & 0 \\ 1 & \cdots & 0 & 0 \\ \cdots & 0 & 0 & 0 \end{bmatrix}$$

$$R_1 = \begin{bmatrix} p_{11} & p_{12} & \cdots & p_{1m} \\ p_{21} & p_{22} & \cdots & p_{2m} \\ \cdots & \cdots & & \cdots \\ p_{n1} & p_{n2} & \cdots & p_{nm} \end{bmatrix}$$

式中,$p_{ij} \in [0,1]$。

信息化条件下的常规导弹火力打击目标选择,要求在覆盖所有与达成某种具体作战效果相关目标的前提下,充分考虑目标价值、偏移度及可行度,用最低的耗弹量实现尽可能多的作战收益。因此,总的目标优选模型为

$$\Theta = \max T = \max \sum_{k=1}^{k} v_{i,j} * d_{i,j} * p_{i,j} \qquad (12.5)$$

式中,k 为常规弹总的弹数;$i = 1, 2, \cdots, n; j = 1, 2, \cdots, m$。

12.5 计算示例

假设有 4 枚攻击导弹,12 个备选目标,分为三组:(1,2,3,4),(5,6,7,8),(9,10,11,12),三组目标组成初始备选目标阵

$$X = \begin{bmatrix} x_{11} & x_{21} & x_{31} \\ x_{12} & x_{22} & x_{32} \\ x_{13} & x_{23} & x_{33} \\ x_{14} & x_{24} & x_{34} \end{bmatrix}$$

12.5.1 目标价值计算

应用 12.3.2 节的五个指标对目标价值进行评价。指标（属性）权重信息以区间数形式给出，即
$\tilde{\omega}_1 = [0.30, 0.45], \tilde{\omega}_2 = [0.30, 0.35], \tilde{\omega}_3 = [0.20, 0.25], \tilde{\omega}_4 = [0.10, 0.15],$
$\tilde{\omega}_5 = [0.08, 0.10]$。决策者利用不确定语言对其进行评价，语言评价标度 $S = \{s_{-2}, \cdots, s_2\} = \{$很小，小，一般，大，很大$\}$。所得的评价矩阵见表 12.1。

表 12.1 决策者给出的目标价值评价矩阵

	v_1	v_2	v_3	v_4	v_5
1	$[s_1, s_2]$	$[s_0, s_1]$	$[s_1, s_2]$	$[s_1, s_2]$	$[s_0, s_1]$
2	$[s_0, s_1]$	$[s_0, s_1]$	$[s_1, s_2]$	$[s_1, s_2]$	$[s_0, s_1]$
3	$[s_0, s_1]$	$[s_{-1}, s_0]$	$[s_0, s_1]$	$[s_0, s_1]$	$[s_1, s_2]$
4	$[s_{-2}, s_{-1}]$	$[s_0, s_1]$	$[s_{-1}, s_0]$	$[s_1, s_2]$	$[s_0, s_1]$
5	$[s_1, s_2]$	$[s_1, s_2]$	$[s_1, s_2]$	$[s_1, s_2]$	$[s_1, s_2]$
6	$[s_0, s_1]$	$[s_{-1}, s_0]$	$[s_0, s_1]$	$[s_0, s_1]$	$[s_0, s_1]$
7	$[s_0, s_1]$	$[s_0, s_1]$	$[s_0, s_1]$	$[s_0, s_1]$	$[s_0, s_1]$
8	$[s_{-2}, s_{-1}]$	$[s_0, s_1]$	$[s_{-1}, s_0]$	$[s_0, s_1]$	$[s_0, s_1]$
9	$[s_{-2}, s_{-1}]$	$[s_{-2}, s_{-1}]$	$[s_{-1}, s_0]$	$[s_0, s_1]$	$[s_0, s_1]$
10	$[s_1, s_2]$	$[s_1, s_2]$	$[s_1, s_2]$	$[s_1, s_2]$	$[s_1, s_2]$
11	$[s_{-2}, s_{-1}]$	$[s_0, s_1]$	$[s_{-1}, s_0]$	$[s_0, s_1]$	$[s_0, s_1]$
12	$[s_0, s_1]$	$[s_0, s_1]$	$[s_{-1}, s_0]$	$[s_0, s_1]$	$[s_0, s_1]$

利用 12.3.3 节给出的方法进行计算：

步骤 1：利用 IA 算子对评估矩阵 R 中的第 i 行的语言评估信息进行集结，得到决策方案 x_i 综合属性评估值

$$z_i(\tilde{\omega}) \quad (i = 1, 2, \cdots, 12)$$

$z_1(\tilde{\omega}) = [0.30, 0.45] \otimes [s_1, s_2] \oplus [0.30, 0.35] \otimes [s_0, s_1] \oplus [0.20, 0.25] \otimes [s_1, s_2] \oplus [0.10, 0.15] \otimes [s_1, s_2] \oplus [0.08, 0.10] \otimes [s_0, s_1] = [s_{0.60}, s_{2.15}]$

同样可得到

$z_2(\tilde{\omega}) = [s_{0.30}, s_{1.70}], \quad z_3(\tilde{\omega}) = [s_{-0.27}, s_{1.05}], \quad z_4(\tilde{\omega}) = [s_{-1.05}, s_{0.45}]$

$z_5(\tilde{\omega}) = [s_{0.98}, s_{2.60}], \quad z_6(\tilde{\omega}) = [s_{-0.52}, s_{0.80}], \quad z_7(\tilde{\omega}) = [s_0, s_{1.30}]$

$z_8(\tilde{\omega}) = [s_{-1.15}, s_{0.20}], \quad z_9(\tilde{\omega}) = [s_{-1.85}, s_{-0.35}], \quad z_{10}(\tilde{\omega}) = [s_{0.98}, s_{2.60}]$

$$z_{11}(\tilde{\omega}) = [s_{-1.15}, s_{0.20}], z_{12}(\tilde{\omega}) = [s_{-0.25}, s_{1.05}]$$

步骤2：利用式(12.2)，计算各方案综合属性评估值综合属性评估值 $z_i(\tilde{\omega})$ ($i=1,2,\cdots,12$) 之间的可能度 $p_{ij} = p(z_i(\tilde{\omega}) \geqslant z_j(\tilde{\omega}))$，并建立可能度矩阵（通过编制 MATLAB 程序求得）

$$\boldsymbol{P} = \begin{bmatrix}
0.5000 & 0.3729 & 0.1568 & 0 & 0.6309 & 0.0697 \\
0.6271 & 0.5000 & 0.2757 & 0.0517 & 0.7616 & 0.1838 \\
0.8432 & 0.7243 & 0.5000 & 0.2553 & 0.9762 & 0.4053 \\
1.0000 & 0.9483 & 0.7447 & 0.5000 & 1.0000 & 0.6560 \\
0.3691 & 0.2384 & 0.0238 & 0 & 0.5000 & 0 \\
0.9303 & 0.8162 & 0.5947 & 0.3447 & 1.0000 & 0.5000 \\
0.7544 & 0.6296 & 0.4008 & 0.1607 & 0.8904 & 0.3053 \\
1.0000 & 1.0000 & 0.8240 & 0.5614 & 1.0000 & 0.7303 \\
1.0000 & 1.0000 & 1.0000 & 0.7667 & 1.0000 & 0.9397 \\
0.3691 & 0.2384 & 0.0238 & 0 & 0.5000 & 0 \\
1.0000 & 1.0000 & 0.8240 & 0.5614 & 1.0000 & 0.7303 \\
0.8421 & 0.7222 & 0.4960 & 0.2500 & 0.9760 & 0.4008 \\
0.2456 & 0 & 0 & 0.6309 & 0 & 0.1579 \\
0.3704 & 0 & 0 & 0.7616 & 0 & 0.2778 \\
0.5992 & 0.1760 & 0 & 0.9762 & 0.1760 & 0.5038 \\
0.8393 & 0.4386 & 0.2333 & 1.0000 & 0.4386 & 0.7500 \\
0.1096 & 0 & 0 & 0.5000 & 0 & 0.0240 \\
0.6947 & 0.2697 & 0.0601 & 1.0000 & 0.2697 & 0.5992 \\
0.5000 & 0.0755 & 0 & 0.8904 & 0.0755 & 0.4038 \\
0.9245 & 0.5000 & 0.2807 & 1.0000 & 0.5000 & 0.8302 \\
1.0000 & 0.7193 & 0.5000 & 1.0000 & 0.7193 & 1.0000 \\
0.1096 & 0 & 0 & 0.5000 & 0 & 0.024 \\
0.9245 & 0.5000 & 0.2807 & 1.0000 & 0.5000 & 0.8302 \\
0.5962 & 0.1698 & 0 & 0.9762 & 0.1698 & 0.5000
\end{bmatrix}$$

步骤3：利用式(12.4)求得可能度矩阵 $\boldsymbol{P}$ 的排序向量

$$\boldsymbol{v} = [0.1078 \quad 0.0999 \quad 0.0823 \quad 0.0640 \quad 0.1154 \quad 0.0752 \quad 0.0903 \\ 0.0595 \quad 0.0481 \quad 0.1154 \quad 0.0595 \quad 0.0826]$$

按其分量大小对目标价值进行排序

$$v_5 = v_{10} > v_1 > v_2 > v_7 > v_{12} > v_3 > v_6 > v_4 > v_8 = v_{11} > v_9$$

在后续进行目标优选时，可以以目标对应的排序向量作为其目标价值量。

12.5.2 目标选择

由 12.5.1 节计算得到：

$$V_1 = \begin{bmatrix} 0.1078 & 0.1154 & 0.0481 \\ 0.0999 & 0.0752 & 0.1154 \\ 0.0823 & 0.0903 & 0.0595 \\ 0.0640 & 0.0595 & 0.0826 \end{bmatrix}$$

再假设

$$D_1 = \begin{bmatrix} 1 & 1 & 1 \\ 1 & 1 & 0 \\ 1 & 1 & 0 \\ 1 & 0 & 0 \end{bmatrix}, \quad R_1 = \begin{bmatrix} 0.9 & 0.5 & 0.4 \\ 0.2 & 0.8 & 0.9 \\ 0.1 & 0.1 & 0.7 \\ 0.6 & 0.7 & 0.9 \end{bmatrix}$$

因此,根据式(12.5),得到

$$T = \begin{bmatrix} 0.0970 & 0.0577 & 0.0192 \\ 0.0200 & 0.0602 & 0.0000 \\ 0.0823 & 0.0090 & 0.0000 \\ 0.0384 & 0.0000 & 0.0000 \end{bmatrix}$$

可确定此 4 枚导弹单波次攻击时应选择的目标是 $x_{11}, x_{31}, x_{22}, x_{12}$。

12.6 本章小结

本章的主要内容如下：

(1)根据信息化条件下常规导弹打击目标选择的需要,提出了基于效果的目标优选原则及目标价值评价指标。

(2)运用基于 IA 算子的不确定多数性决策方法对目标价值进行量化。

(3)在此基础上,按照以下四个步骤来确定常规导弹攻击的打击目标:一是根据效果原则和目的性原则确定目标系统,二是根据价值性原则分别对单个目标系统中的子目标进行重要性排序,形成目标系统矩阵当中的列向量;三是根据并行性和偏移性原则形成目标系统矩阵;最后根据目的性和可行性原则确定攻击时的最合适目标。

(4)给出了具体算例。

本章提出的目标选择方法,过程简单,易于实现,应用方便,为信息化条件下常规导弹打击目标选择决策提供了新方法,提高了目标选择决策的科学性和合理性,从而为战时节约兵力、节约资源、节约时间,减少附带破坏和损伤开辟了新途径。但是目标优选方案与实际作战背景结合的紧密性有待进一步研究。

参 考 文 献

[1] 戴维 A 德普图拉. 基于效果作战:战争性质的转变[M]. 军事科学院世界军事研究部,译编. 北京:军事科学出版社,2005.

[2] 爱德华 A 史密斯. 基于效果作战:网络中心战在平时、危机及战时的运用[M]. 郁军,贲可荣,译. 北京:电子工业出版社,2007.

[3] 初兆丰,陈传刚. 美军基于效果的战略打击形式[J]. 外国军事学术,2006(6):26-29.

[4] 王才宏,杨世荣. 目标选择决策的组合熵权系数方法研究[J]. 弹箭与制导学报,2006(4):16-19.

[5] 徐泽水. 不确定多属性决策方法及应用[M]. 北京:清华大学出版社,2005.

[6] 邱成龙,沈生. 目标选择理论方法[J]. 火力与指挥控制,2004(4):22-26.

第13章 基于效果的导弹毁伤指标分析

13.1 引　　言

　　毁伤指标的选取是客观、合理、全面评价毁伤效果的基础。传统的毁伤效果大多以毁伤概率、相对毁伤长度、相对毁伤面积等指标来衡量,这些指标关注的仅仅是物理层面的效果,往往不能正确反映目标为相互关联的系统或人时的毁伤效果。本章提出以下两种毁伤指标:①针对结构性强并且强调系统总体功能的一类系统目标,以系统失效率作为评价其毁伤效果的指标;②针对人员的进攻或者抵抗意识起关键作用这一类型的软目标,以心理瓦解程度作为评价其毁伤效果的指标。

　　之所以提出上述两种指标,原因有以下几点:

　　(1)基于效果的毁伤突破了歼灭战和消耗战的思维框架,追求以较小的代价、在尽可能短的时间内使敌人丧失作战能力;突破了机械化时代的作战模式,将敌方作为一个系统,打重心、打关节、瘫痪对方;突破了单纯以消灭敌方有形力量为主的目标模式,追求同时瘫痪维持敌人战斗力的物质力量和精神力量,而且更加注重心理打击。

　　(2)对系统目标而言,由于目标系统结构上的复杂性、功能上的多样性,在评估其毁伤效果时,如果再用目标物理毁伤替代目标的功能损伤,显然不尽科学。对系统目标进行毁伤评估,如果沿用典型目标的毁伤评估方法,其计算出来的数据,仅仅是目标的物理毁伤信息,如何根据目标物理毁伤信息,研究对应条件下功能的丧失程度,就成为系统目标毁伤评估的关键所在。

　　(3)系统失效率是针对系统目标而言的,对于系统结构和功能的了解是评估系统失效率的前提,对系统目标的打击方法是选取系统的关键部位(毁伤节点)进行打击,使其丧失功能,导致系统最终瘫痪。

　　(4)对人员的进攻或者抵抗意识起关键作用这一类型的软目标而言,必须把战争中的主体"人"的因素考虑进去,因为战争的最终目的是"掌控敌人和友邦的行为",如果单纯地以物理毁伤效果来确定毁伤效果,最终结果往往会与预期目的相去甚远。一个很简单的例子就是不能用同样的手段来对付一支士气低落和一支士气高昂的军队。

　　但是,需要指出的是,对这两类毁伤指标的评价都是以物理毁伤为基础的,下文首先对常规导弹的毁伤目标进行分类和定义,然后介绍几种对典型一般目标的物理毁伤效果评价方法,其次是结合常规导弹具体的打击方式分别以典型武器系统和装甲集团目标为例来讲述系统失效率和心理瓦解程度的评估方法。

13.2 目标分类

目标分类是进行毁伤指标分析的基础,为了便于进行下文的讨论,首先对目标进行分类。

13.2.1 一般目标

一般目标可以定义:具有一定的自然形状,与其他目标互不关联,其功能只与本身的形状相关的目标类。在对一般目标进行打击时,只关注其物理毁伤效果。一般目标又可根据其形状特征分为点、线、面三类。

点目标一般定义:目标幅员较小,同弹头对目标的毁伤半径相比可以忽略不计的目标,如油库、民用建筑物、飞机库等。

线目标一般定义:目标的宽度较小,同弹头对目标的毁伤半径相比可以忽略不计的目标,如道路、机场滑行道、飞机牵引道等。

面目标一般定义:除点目标和线目标以外的一般目标,均可称为面目标,如飞机跑道、装甲集群目标等。

13.2.2 系统目标

在常规导弹的打击目标类群中,系统目标正占据越来越重要的地位。美国空军退役上校约翰·沃登在1986年出版的《空中作战》一书中主张要"把敌人看作一个系统或系统的系统",制服系统应该是控制和瘫痪它,而不是消耗和摧毁它,由此,控制和瘫痪是对敌系统使用武力所追求的"效果"。沃登认为,任何系统都有五大特点:一是系统的各独立部分共用相同的互动机制,二是系统依靠信息正常运转,三是系统有抵制变化的惰性,四是系统往往反应滞后,五是所有系统的组织方式趋同。

因此,系统目标可以定义为,具有一定的结构和功能,由多个一般子目标构成,其功能与子目标之间的逻辑结构相关,整体功能会因子目标的毁伤而受到损伤的目标类。系统目标可以被抽象成由节点和边连接成的网络结构图,子目标是其中的节点,具有逻辑关系的节点之间用边连接。

例如,公路桥梁就可以看成是一个系统目标,它由梁部结构、桥台、桥墩和支座等重要子目标组成,如果这些关键部件(节点)遭受毁伤,将对桥梁的运输保障能力产生重要影响;导弹武器系统本身也是一个系统目标,一枚导弹的成功发射需要控制、瞄准、指挥等诸系统配合作业才能实现,如果这些子系统当中任何一个遭受毁伤,导弹武器系统就变成了"瞎子"和"聋子"。

13.2.3 心理目标

心理目标可以定义为,人员的进攻或者抵抗意识起关键作用,目标功能主要由人来实现,这一类型的目标可称为心理目标(或者软目标)。心理目标可以抽象成心理学中的所谓"激励点",激励与试图塑造的行为之间就构成一系列的"激励-响应"互动。在基于效果作战中,对这些点给予一定的激励,以产生谋求的响应或者效果。

例如,指挥大楼可以看成是一个心理目标,因为从指挥大楼里发出的命令、做出的决策都是由人来完成的。也就是说,在指挥大楼作用的发挥过程中,人起到了关键作用,如果指挥楼里没有"人",它就成了一栋普通建筑物。

13.3 一般目标物理毁伤的评估方法

对于物理毁伤指标的评估方法[1]研究,前人已经做了大量的工作,并且在这方面的理论和方法都已经相当成熟,故本书对于物理毁伤指标的评估方法只做简要的介绍,不作为本书研究重点。

13.3.1 目标为点目标的情况

点目标的毁伤效果指标为毁伤概率。

1. 级数法计算毁伤概率的数学模型

假设导弹落点为(x,y),目标点坐标为(a,b),导弹瞄准点坐标为(x_0,y_0),弹着点坐标服从标准偏差为$\sigma_1=\sigma_2=\sigma$的二维正态分布。点目标被毁伤的概率用毁伤函数$d(x,y)$表示,则在单枚导弹攻击时点目标被毁伤的概率$p=\iint d(x,y)f(x,y)\mathrm{d}x\mathrm{d}y$。在此毁伤函数选用0-1毁伤律,即

$$d(x,y)=\begin{cases}0 & (x-a)^2+(y-b)^2>R^2\\1 & (x-a)^2+(y-b)^2\leqslant R^2\end{cases} \tag{13.1}$$

式中,R为导弹的毁伤半径。故点目标的毁伤概率

$$p=\frac{1}{2\pi\sigma^2}\iint_{(x-a)^2+(y-b)^2\leqslant R^2}\mathrm{e}^{-\frac{(x-x_0)^2+(y-y_0)^2}{2\sigma^2}}\mathrm{d}x\mathrm{d}y \tag{13.2}$$

级数法[1]计算毁伤概率具体做法如下。

对式(13.2)进行坐标变换

$$\left.\begin{aligned}x&=a+r\cos\theta\\y&=b+r\sin\theta\end{aligned}\right\} \tag{13.3}$$

得

$$p = \frac{1}{2\pi\sigma^2} e^{-\frac{r_0^2}{2\sigma^2}} \int_0^R r e^{-\frac{r^2}{2\sigma^2}} \int_0^{2\pi} e^{\frac{r}{\sigma^2}[(x_0-a)\cos\theta+(y_0-b)\sin\theta]} d\theta dr \tag{13.4}$$

式中,r_0 是瞄准点与目标点的距离,且 $r_0 = \sqrt{(x_0-a)^2+(y_0-b)^2}$。

再令

$$\cos\theta_0 = \frac{x_0-a}{r_0}, \quad \sin\theta_0 = \frac{y_0-b}{r_0}$$

则有

$$\int_0^{2\pi} e^{\frac{r}{\sigma^2}[(x_0-a)\cos\theta+(y_0-b)\sin\theta]} d\theta = \int_0^{2\pi} e^{\frac{rr_0\cos(\theta-\theta_0)}{\sigma^2}} d\theta = \int_0^{2\pi} e^{\frac{rr_0\cos\theta}{\sigma^2}} d\theta$$

又由第一类变形贝塞尔函数积分表达式 $I_0(x) = \frac{1}{2\pi}\int_0^{2\pi} e^{x\cos\theta}d\theta$,可知

$$p = \frac{1}{\sigma^2} e^{-\frac{r_0^2}{2\sigma^2}} \int_0^R r e^{-\frac{r^2}{2\sigma^2}} I_0\left(\frac{rr_0}{\sigma^2}\right) dr = \sum_{k=0}^{\infty} f_k g_k \tag{13.5}$$

式中

$$f_0 = e^{-\frac{r_0^2}{2\sigma^2}}, \quad g_0 = 1 - e^{-\frac{R^2}{2\sigma^2}} \tag{13.6}$$

$$f_k = \frac{r_0^2}{2\sigma^2} \frac{f_{k-1}}{k}, \quad g_k = g_{k-1} - \frac{1}{k!}\left(\frac{R^2}{2\sigma^2}\right)^k e^{-\frac{R^2}{2\sigma^2}} \tag{13.7}$$

误差为

$$\Delta P = P(R/\sigma, r_0/\sigma) - \sum_{k=0}^{n} f_k g_k < \frac{\lambda_0}{n+1-\lambda_0} f_n g_n$$

式中,$\lambda_0 = r_0^2/2\sigma^2$。

2. 计算步骤

(1) 输入参数。包括导弹落点坐标 (x,y),目标点坐标 (a,b),导弹瞄准点坐标 (x_0, y_0),弹着点偏差 σ,导弹毁伤半径 R,给定误差值 P_0。

(2) 计算瞄准点与目标点的距离 r_0 以及 f_0, g_0。

(3) 设置计数器 i,并取 $i=0$。

(4) $i = i + 1$。

(5) 计算 f_i, g_i 以及误差 ΔP。其中 $f_i = \frac{r_0^2}{2\sigma^2} \frac{f_{i-1}}{i}$, $g_i = g_{i-1} - \frac{1}{i!}\left(\frac{R^2}{2\sigma^2}\right)^i e^{-\frac{R^2}{2\sigma^2}}$,

$\Delta P = \frac{\lambda_0}{i+1-\lambda_0} f_i g_i$。若 $\Delta P \leqslant P_0$,输出 i 值,反之,转至第(4)步。

(6) 根据 i 值计算毁伤概率 p。其中 $p = \sum_{k=0}^{i} f_k g_k$。

13.3.2 目标为线目标的情况

线目标的毁伤效果指标为平均相对毁伤长度。其计算式为

$$u = \frac{1}{2\sigma^2} \int_{-L}^{L} \exp\left[-\frac{1}{2}\left(\frac{x}{\sigma}\right)^2\right] \int_0^{\frac{R}{\sigma}} r\exp\left(-\frac{r^2}{2\sigma^2}\right) I_0\left(\frac{xr^2}{\sigma^2}\right) drdx \qquad (13.8)$$

式中 u——单枚导弹对线目标的平均相对毁伤长度；

L——目标长度的一半；

R——导弹的毁伤半径；

σ——导弹武器射击的均方根偏差。

13.3.3 目标为面目标的情况

面目标的毁伤效果指标为平均相对毁伤面积。

1. 计算相对毁伤面积的数学模型

如图 13.1 所示，以矩形面目标 $ABCD$ 的中心 o 为坐标原点，建立直角坐标系 Oxy，x 轴、y 轴分别平行于矩形面目标 $ABCD$ 的长短边。设长边 BC 长为 $2L_{2x}$，短边 CD 长为 $2L_{2y}$，导弹的瞄准点为 $o_a(x_a, y_a)$，导弹命中点 o_d 坐标为 (X, Y)，方形 $A_d B_d C_d D_d$ 为导弹等效毁伤区域。

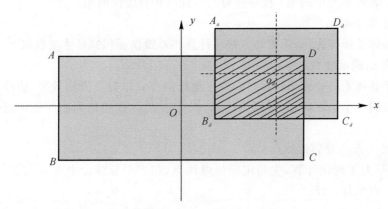

图 13.1 对矩形面目标相对毁伤面积的确定

导弹等效毁伤区域在 x 轴和 y 轴两个方向覆盖矩形面目标的相对长度 L_x，L_y 分别与 X, Y 之间的关系为

$$L_x = \begin{cases} 0, & X \in (-\infty, -L_{1x} - L_{2x}) \text{ 或 } X \in (L_{1x} + L_{2x}, +\infty) \\ \dfrac{L_{1x} + L_{2x} + X}{2L_{2x}}, & X \in (-L_{1x} - L_{2x}, -|L_{2x} - L_{1x}|) \\ \min\left[\dfrac{L_{1x}}{L_{2x}}, 1\right], & X \in (-|L_{2x} - L_{1x}|, |L_{2x} - L_{1x}|) \\ \dfrac{L_{1x} + L_{2x} - X}{2L_{2x}}, & X \in (|L_{2x} - L_{1x}|, \end{cases}$$

$$(13.9)$$

$$L_y = \begin{cases} 0, & Y \in (-\infty, -L_{1y}-L_{2y}) \text{ 或 } Y \in (L_{1y}+L_{2y}, +\infty) \\ \dfrac{L_{1y}+L_{2y}+Y}{2L_{2y}}, & Y \in (-L_{1y}-L_{2y}, -|L_{2y}-L_{1y}|) \\ \min\left[\dfrac{L_{1y}}{L_{2y}}, 1\right], & Y \in (-|L_{2y}-L_{1y}|, |L_{2y}-L_{1y}|) \\ \dfrac{L_{1y}+L_{2y}-Y}{2L_{2y}}, & Y \in (|L_{2y}-L_{1y}|, L_{2y}+L_{1y}) \end{cases} \quad (13.10)$$

单枚弹对矩形面目标的相对毁伤面积（即图中阴影部分的面积与面目标总面积之比）

$$S = L_x L_y \quad (13.11)$$

多枚弹独立射击面目标时，设瞄准点分别为(x_{oi}, y_{oi})，则相对毁伤面积定义为

$$S_n = 1 - \prod_{i=1}^{n}[1 - S_{ni}(x_{oi}, y_{oi})] \quad (13.12)$$

式中，S_{ni}表示n发中的第i枚导弹射击目标时相对毁伤面积。

2. 计算步骤

以整体杀爆弹为例，用蒙特卡洛法计算相对毁伤面积的具体步骤如下。

步骤1：确定瞄准点坐标

由于整体杀爆弹毁伤目标时采取近地爆的方式以提高毁伤效果，瞄准点与毁伤面不在同一个平面内，为了简化计算，取瞄准点O在毁伤面内的投影点坐标为$o_a(x_a, y_a)$。

步骤2：产生导弹爆炸点坐标

同样，为了简化计算，先确定导弹爆炸点（相当于导弹命中点）o_d在毁伤平面内的投影点坐标。设

$$\left. \begin{array}{l} x_i = x_{i0} + 0.84 \times \text{CEP}_i \times \sqrt{-2.0\ln\nu_1}\cos(2\pi\nu_2) \\ y_i = y_{i0} + 0.84 \times \text{CEP}_i \times \sqrt{-2.0\ln\nu_1}\sin(2\pi\nu_2) \end{array} \right\} \quad (13.13)$$

式中，ν_1, ν_2为服从$[0,1]$均匀分布的随机数；$\sqrt{-2.0\ln\nu_1}\cos(2\pi\nu_2)$和$\sqrt{-2.0\ln\nu_1}\sin(2\pi\nu_2)$服从标准正态分布$N(0,1)$的随机数。

步骤3：确定毁伤面

第一步：计算等效矩形毁伤区域的长和宽，$L_{1x} = L_{1y} = \dfrac{\sqrt{\pi}\sqrt{R_b^2 - H^2}}{2}$；

第二步：再根据式(13.9)和式(13.10)确定导弹等效毁伤区域在x轴和y轴两个方向覆盖矩形面目标的相对长度L_x, L_y。

步骤4：计算相对毁伤面积

第一步：确定单枚弹对矩形面目标的相对毁伤面积$S = L_x L_y$；

第二步:确定多枚弹独立射击面目标时(设瞄准点分别为(x_{oi}, y_{oi}))的相对毁伤面积

$$S_n = 1 - \prod_{i=1}^{n}[1 - S_{ni}(x_{oi}, y_{oi})]$$

第三步:进行至少1 000次的仿真计算,S_n为1 000次仿真计算的平均值。

13.3.4 计算示例

某装甲类矩形面目标 ABCD 的长边 BC 长 $2L_{2x} = 3\,000$ m,短边 CD 长为 $2L_{2y} = 200$ m。用某型号导弹10枚进行打击,其对装甲类目标打击时的最优爆高 $H = 60$ m,瞄准点坐标见表13.1。

表 13.1 瞄准点坐标 （单位:m）

导弹序号	1	2	3	4	5	6	7	8	9	10
横坐标	-1 350	-1 050	-750	-450	-150	150	450	750	1 050	1 350
纵坐标	0	0	0	0	0	0	0	0	0	0

当子目标具体位置未知时,可将装甲目标群看作一个具有一定形状的面目标,一般情况下,将其近似看成矩形目标。因此,其毁伤概率可以平均相对毁伤面积为毁伤效果指标来进行计算。为简化起见,把导弹圆形毁伤区域按面积相等原理等效为长宽相等的矩形。等效计算式为

$$L_{1x} = L_{1y} = \frac{\sqrt{\pi}R}{2} \tag{13.14}$$

式中,L_{1x},L_{1y}分别为等效矩形毁伤区域的长、宽的一半。

假设杀爆弹毁伤区域用符号 S 表示,根据经验公式计算

$$S = \pi(R_b^2 - H^2) \tag{13.15}$$

如图13.2所示,其中 H 表示最优爆高,R_b为威力球体的毁伤半径,阴影部分为面目标毁伤区域。又因为有 $S \approx \pi R^2$。故

$$R = \sqrt{R_b^2 - H^2} \tag{13.16}$$

运用13.3.3节中的方法计算不同CEP和不同毁伤半径R_b下的相对毁伤面积 S。模拟次数为1 000次。

通过编制MATLAB程序求得以下结果(见表13.2和表13.3)。

表 13.2 不同 CEP 下的相对毁伤面积 S 结果（毁伤半径 $R_b = 300$ m）

CEP	50	100	150	200	250	300	350	400	450	500
S	0.838 0	0.834 7	0.816 1	0.780 8	0.735 1	0.689 4	0.645 0	0.596 6	0.564 1	0.522 9

表 13.3　不同 R_b 下的相对毁伤面积 S 结果（CEP＝50 m）

R_b	100	150	200	250	300	350	500	650	800	950
S	0.267 2	0.537 8	0.687 4	0.775 8	0.838 0	0.883 8	0.959 4	0.986 1	0.995 8	0.998 8

由以上示例可以看出，在毁伤半径确定的情况下，CEP 的变化对毁伤效能有很大影响；对固定的母弹精度值，毁伤半径存在一最优区间。由此可见，①对于不同的目标，弹种和弹头的选择很重要；②CEP 和毁伤半径都存在一定的优化区间。

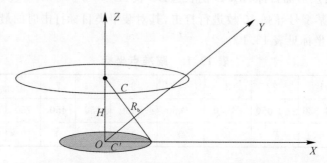

图 13.2　杀爆弹在最优爆高点爆炸时对面目标的毁伤示意图

13.4　系统目标失效率的评估方法

随着地地常规导弹武器作战效能的不断提高，目标打击范围的不断拓展，在地地常规导弹武器的打击目标类群中，系统目标正占据越来越重要的地位。系统失效率是针对系统目标而言的，对于系统结构和功能的了解是评估系统失效率的前提，对系统型目标的打击方法是选取系统的关键部位（毁伤节点）进行打击，使其丧失功能，导致系统最终瘫痪。由于系统的多样性和复杂性，对于不同的系统计算系统失效率的方法也不尽一样，本节首先介绍评估系统失效率的一般方法和一般步骤[6]，然后以典型武器系统为例，评估其系统失效率。

13.4.1　评估系统目标失效率的一般方法

评估系统失效率的总体思路是分解、转换、综合。①先分解：按从上往下的原则对目标系统进行分解，直到分解成基本毁伤事件，并确定关键子目标；②再转换：根据一定的弹目条件，选取毁伤效果指标，计算子目标物理毁伤效果，并按一定的映射关系，转换成对应条件下的效能值；③后综合：根据系统的结构特点，构造结构函数，按从下往上的原则对各子系统的效能进行综合，最后得到目标系统的基于物理毁伤的效能量化模型。

13.4.2 评估系统目标失效率的一般步骤

评估系统失效率一般要经过以下几个典型步骤：

(1) 确定目标系统的功能和系统结构；

(2) 提取与目标毁伤相关的关键部位；

(3) 将目标系统离散成具有规则形体的典型目标，其毁伤效果指标按典型目标进行选取；

(4) 根据目标的作战使命，运用成熟的效能建模技术，建立基于物理毁伤的效能量化模型，解决子目标物理毁伤与目标效能间的映射关系；

(5) 根据系统目标功能结构特点，构造结构函数，综合得到基于毁伤的目标整体效能衰减函数，解决系统目标的整体效能与目标毁伤效果之间的映射关系。

13.4.3 评估典型军事作战系统失效率的方法

在现代作战中，互不联通的单兵作战系统已经非常罕见，一般的军事作战系统功能的发挥都是指挥控制系统通过信息传输子系统发送命令，射手根据以网络为中心的侦测子系统的侦察结果操作火力子系统来执行指挥控制系统的命令来实现的。信息通道是指挥控制系统的血脉，指挥控制系统是心脏，而军事作战系统功能的最终体现就是指挥控制系统的命令能够被射手执行。因此，军事作战系统的失效，主要就体现在射手没有可执行的命令上。

1. 构建目标模型

拟将军事作战系统简化为由若干节点和边连接的网络图，拟攻击的所有单个子目标为图中的节点，图中两点之间对应一定的长度，这个长度用相关度来衡量，相关度大于一定值的顶点之间可用边连接。这样就生成了一个目标网络图。

子目标之间的相关度可用以下两个指标来衡量：

$C1$：信息交换频率因子，子目标之间的信息交换越频繁，表明二者之间的相关性越紧密，此指标属于效益型指标；

$C1_{ij} = \dfrac{c1'_{ij} - c1_{\min}}{c1_{\max} - c1_{\min}}$，其中 $c1_{ij}$ 表示子目标 i,j 之间信息交换频率因子，$c1'_{ij}$ 表示子目标 i,j 之间信息交换的频率，$c1_{\max}$ 表示两目标之间信息交换的最高频率，$c1_{\min}$ 表示两目标之间信息交换的最低频率。

$C2$：距离因子，子目标之间的实际距离越远，子目标之间的相关度也会有一定程度的下降，此指标属于成本型指标；

$C2_{ij} = \dfrac{c2_{\max} - c2'_{ij}}{c2_{\max} - c2_{\min}}$,其中 $c2_{ij}$ 表示子目标 i,j 的距离因子,$c2'_{ij}$ 表示子目标 i,j 之间的距离,$c2_{\max}$ 表示两子目标之间的最大距离,$c2_{\min}$ 表示两子目标之间的最小距离。

子目标 i,j 之间的相关度 C_{ij} 可以按如下公式进行计算:

$$C_{ij} = \lambda_1 C1_{ij} + \lambda_2 C2_{ij} \quad (13.17)$$

式中,λ_1, λ_2 为指标权重。

相关度矩阵的表达方式如下:

$$\boldsymbol{C} = \begin{bmatrix} c_{11} & c_{12} & \cdots & c_{1n} \\ c_{21} & c_{22} & \cdots & c_{2n} \\ \cdots & \cdots & & \cdots \\ c_{n1} & c_{n2} & \cdots & c_{nn} \end{bmatrix}$$

注:当 $i=j$ 时,$c_{ij}=0$。

2. 确定毁伤原则

在生成的目标网络图中,将军事作战系统的指挥控制中心作为系统目标网络图的源,因为它的信息占有量最大;将信息传输的终点作为目标网络图的汇,一般是直接执行作战任务的射手。由于目标网络图中的源与汇是敌方保护的重点,隐蔽性、机动性和短时间内重新发挥效能的可能性都相对较大,不易攻击,因此,在对系统目标进行毁伤时不应该直接对源和汇进行打击,而应该不断地按照一定原则选择源和汇之间的节点(子目标)进行打击,等价于从目标网络图中剔除掉源和汇之间的边,最终使源和汇之间不连通,相当于射手接收不到可执行的任务,即敌方的军事作战系统的连通性被破坏,并且尽可能地延长其恢复通路的时间。

由于相关性还可以表征子目标之间联通链路遭破坏后二者之间恢复联通的难度,相关性越强恢复难度越大,恢复时间也越长,再结合追求的作战效益,常规导弹对军事作战系统目标的毁伤原则可定义为,①毁伤以源为起点的目标链;②目标链相关度总和尽可能大;③使源和汇最终不连通。

3. 确定毁伤节点

由上述原则选出来的目标链是目标生成网络中的最大相关度流,再考虑连通性的判断,故可以综合运用最短路径-最大流算法以及图的连通性判断算法来进行毁伤节点(子目标)的优选[11]。最短路径-最大流理论的求解过程是对单一源点到单一汇点进行的,目标优选问题有可能涉及多个源点和多个汇点,这就需要分别确定一点作为单源和单汇。

由于与某一节点(子目标)相连边的相关度总和可以在一定程度上反映该节点(子目标)在系统目标中的重要程度,故可规定每次循环运算的开始时,以图中相连边相关度和最大的子目标作为源点,以图中相连边权和最小的子目标作为汇点。

为了最终保证源和汇之间不连通,可用如下算法来确定毁伤节点:

(1) 确定单源和单汇,$C_{源}=\max(\sum_{j=1}^{n_i}c_{ij})$,$C_{汇}=\min(\sum_{i=1}^{n_j}c_{ij})$ $(j,i=1,2,\cdots,n)$,其中 n 表示系统目标网络图中的总节点数,n_i,n_j 分别表示与子目标 i,j 相连的边数;

(2) 寻找源和汇之间的最大相关度流,根据攻击导弹数确定在这条边上的毁伤节点(源和汇不作为选择节点);

(3) 剔除掉上述打击点以及与其相连的边,再判断源与汇之间的连通性;

(4) 重复(2)(3)步,直至源与汇之间不连通时,剔除掉该源和该汇;

(5) 寻找新的源点和汇点,重复(2)(3)(4)步,当 $\max(\sum_{j=1}^{n}c_{ij})\leqslant \min(C_{源})$,$\min(\sum_{i=1}^{n}c_{ij})\geqslant \max(C_{汇})$ 时停止,即不再存在适合作为源和汇的子目标,可认为所有的源和汇之间不再存在可连通的路径,此时可认为该系统目标失效。

4. 计算系统失效率

系统失效率的计算是以毁伤节点的物理毁伤效果值为基础进行的,假设选定了 k 个毁伤节点,常规导弹对每个节点进行打击时毁伤概率为 $p_i(i=1,2,\cdots,k)$,则系统失效率 P_{slose} 的计算公式为

$$P_{\text{slose}}=1-\prod_{i=1}^{k}[(1-p_i)] \tag{13.18}$$

13.4.4 计算示例

假设某一军事作战系统由 10 个子系统(子目标)组成,经专家评定,信息交换频率因子的权重 $\lambda_1=0.80$,距离因子的权重 $\lambda_2=0.20$,当两个子系统之间相关度大于 0.50 时,认为可用边连接,$\min(C_{源})=3.00$,$\max(C_{汇})=1.30$,常规导弹对 10 个子系统的毁伤概率见表 13.4。

表 13.4 常规导弹对子系统的毁伤概率

	S_1	S_2	S_3	S_4	S_5	S_6	S_7	S_8	S_9	S_{10}
p_i	0.10	0.25	0.65	0.80	0.20	0.30	0.10	0.55	0.05	0.45

两两子系统之间的信息交换频率因子和距离因子的值见表 13.5 和表 13.6。

表 13.5 子系统之间的信息交换频率因子

	S_1	S_2	S_3	S_4	S_5	S_6	S_7	S_8	S_9	S_{10}
S_1	0.00	0.10	0.15	0.20	0.15	0.20	0.70	0.40	0.40	0.10
S_2	0.10	0.00	0.20	0.25	0.35	0.15	0.40	0.80	0.50	0.35
S_3	0.15	0.20	0.00	0.15	0.50	0.15	0.60	0.25	0.65	0.20
S_4	0.20	0.25	0.15	0.00	0.60	0.15	0.45	1.00	0.20	0.20
S_5	0.15	0.35	0.50	0.60	0.00	0.45	0.60	0.55	0.35	0.90
S_6	0.20	0.15	0.15	0.15	0.45	0.00	0.65	0.20	0.75	0.35
S_7	0.70	0.40	0.60	0.45	0.60	0.65	0.00	0.35	0.80	0.40
S_8	0.40	0.80	0.25	1.00	0.55	0.20	0.35	0.00	0.45	0.55
S_9	0.40	0.50	0.65	0.20	0.35	0.75	0.80	0.45	0.00	0.70
S_{10}	0.10	0.35	0.20	0.20	0.90	0.35	0.40	0.55	0.70	0.00

表 13.6 子系统之间的距离因子

	S_1	S_2	S_3	S_4	S_5	S_6	S_7	S_8	S_9	S_{10}
S_1	0.00	0.10	0.15	0.20	0.15	0.20	0.70	0.40	0.40	0.10
S_2	0.10	0.00	0.20	0.25	0.35	0.15	0.40	0.80	0.50	0.35
S_3	0.15	0.20	0.00	0.15	0.50	0.15	0.60	0.25	0.65	0.20
S_4	0.20	0.25	0.15	0.00	0.60	0.15	0.45	1.00	0.20	0.20
S_5	0.15	0.35	0.50	0.60	0.00	0.45	0.60	0.55	0.35	0.90
S_6	0.20	0.15	0.15	0.15	0.45	0.00	0.65	0.20	0.75	0.35
S_7	0.70	0.40	0.60	0.45	0.60	0.65	0.00	0.35	0.80	0.40
S_8	0.40	0.80	0.25	1.00	0.55	0.20	0.35	0.00	0.45	0.55
S_9	0.40	0.50	0.65	0.20	0.35	0.75	0.80	0.45	0.00	0.70
S_{10}	0.10	0.35	0.20	0.20	0.90	0.35	0.40	0.55	0.70	0.00

步骤 1：根据式(13.17)求得相关度矩阵

第13章 基于效果的导弹毁伤指标分析

$$C=\begin{bmatrix} 0 & 0.1000 & 0.1500 & 0.2000 & 0.1500 \\ 0.1000 & 0 & 0.2000 & 0.2500 & 0.3500 \\ 0.1500 & 0.2000 & 0 & 0.1500 & 0.5000 \\ 0.2000 & 0.2500 & 0.1500 & 0 & 0.6000 \\ 0.1500 & 0.3500 & 0.5000 & 0.6000 & 0 \\ 0.2000 & 0.1500 & 0.1500 & 0.1500 & 0.4500 \\ 0.7000 & 0.4000 & 0.6000 & 0.4500 & 0.6000 \\ 0.4000 & 0.8000 & 0.2500 & 1.0000 & 0.5500 \\ 0.4000 & 0.5000 & 0.6500 & 0.2000 & 0.3500 \\ 0.1000 & 0.3500 & 0.2000 & 0.2000 & 0.9000 \\ 0.2000 & 0.7000 & 0.4000 & 0.4000 & 0.1000 \\ 0.1500 & 0.4000 & 0.8000 & 0.5000 & 0.3500 \\ 0.1500 & 0.6000 & 0.2500 & 0.6500 & 0.2000 \\ 0.1500 & 0.4500 & 1.0000 & 0.2000 & 0.2000 \\ 0.4500 & 0.6000 & 0.5500 & 0.3500 & 0.9000 \\ 0 & 0.6500 & 0.2000 & 0.7500 & 0.3500 \\ 0.6500 & 0 & 0.3500 & 0.8000 & 0.4000 \\ 0.2000 & 0.3500 & 0 & 0.4500 & 0.5500 \\ 0.7500 & 0.8000 & 0.4500 & 0 & 0.7000 \\ 0.3500 & 0.4000 & 0.5500 & 0.7000 & 0 \end{bmatrix}$$

步骤2:根据假设和相关度矩阵,可构建如图13.3所示目标模型。

步骤3:根据假设及13.4.3节中的算法,编制 MATLAB 程序进行运算,可得到的结果见表13.7。

表13.7 仿真结果

攻击序数	源	汇	毁伤节点	毁伤概率
1	S_9	S_1	S_3,S_6	0.775
2	S_7	S_2	S_8	0.55

步骤4:根据系统失效率 P_{slose} 的计算公式(13.18)可以得到该军事作战系统的失效率

$$P_{\text{slose}}=0.6513$$

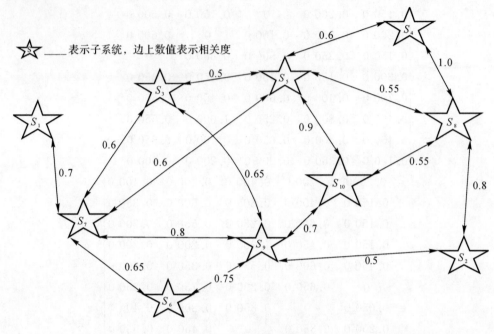

图 13.3　系统目标模型

13.5　心理目标瓦解程度的评估方法

心理瓦解程度(psy-collapse-degree)是针对人员的进攻或者抵抗意识起关键作用这一类型软目标而言的,毁伤效果的好坏,即心理瓦解程度,与敌方部队的素质、士气和他们感知到继续战斗的理由等因素息息相关。在评估心理瓦解程度的因素中,既有我方因素,又有敌方因素;既有可控因素,又有不可控因素;而且这些因素对心理瓦解程度的影响都均有相当程度的模糊性和随机性,难以进行绝对的度量。鉴于此,本节拟采用模糊综合评判的方法实现心理瓦解程度的评估。

13.5.1　心理瓦解程度评价指标的确定

研究人员根据以往的战斗、回忆录、采访和理论学说,建立起了一个反映进攻部队素质、士气、感知到继续战斗理由以及毁伤程度之间关系的简单定性模型(见表 13.8)。

表 13.8　从概率角度估算最可能毁伤度的简单定性模型[9]

进攻部队的素质	士气	感知到继续战斗的理由	最小	最可能毁伤程度	最大
甚好	甚好	不相关	0.5	0.75	1
甚好	好	≥临界	0.25	0.5	0.75
甚好	好	差或甚差	0.125	0.25	0.375
甚好	<好	≤差	0.05	0.1	0.2

表 13.8 中最可能毁伤程度指装甲战斗车辆的部分损失,在蒙受这种损失的情况下部队将会解体。该表聚焦于 4 个关键因素,理论可能表明这 4 个变量将会决定心理瓦解程度的确定:物理毁伤效果、进攻部队的素质、其士气、他们看到如果停止战斗——通过拖延行动、逃跑或者只进行象征性的战斗并且一有机会即投降可以更好地生存。

因此,本节拟以上述四个因素作为心理瓦解程度的评价指标,即物理毁伤效果 v_1、部队素质 v_2、士气 v_3 以及感知到继续战斗的理由 v_4。

13.5.2　心理瓦解程度评估的模糊综合评判模型

1. 评判等级集合的确定

通常可将心理瓦解程度划分为 5 个等级:低、较低、一般、较高和高,分别用Ⅰ,Ⅱ,Ⅲ,Ⅳ和Ⅴ来表示,这样得到评价等级集合:

$$V = \{Ⅰ, Ⅱ, Ⅲ, Ⅳ, Ⅴ\}$$

评判等级与心理瓦解程度的对应关系见表 13.9。表中所列概率值实际是评判等级的量化指标或者分级标准。

表 13.9　评判等级的量化指标

评判等级	Ⅰ	Ⅱ	Ⅲ	Ⅳ	Ⅴ
心理瓦解程度	<0.2	0.21~0.4	0.41~0.6	0.61~0.8	≥0.8

2. 判因素子集的确定

根据 13.5.1 节的分析,影响心理瓦解程度的四个因素如下:

(1) 物理毁伤效果 v_1,根据计算,用 [0,1] 上的某个值表示该因素,一般情况下物理毁伤效果越好,对敌心理的影响越大,也就越容易使部队瓦解。

(2) 部队的素质 v_2,对于部队的整体素质,可通过部队机动时机动速度和整体队形保持的完整度来评估。本节考虑用一个对部队机动时机动速度和整体队形保持的完整度经过标准化处理的加权和来表示敌人的素质。故可将部队的素质 v_2 设置为$[0,1]$之间的一个值。部队的推进速度保持得与最佳推进速度越接近,说明该部队素质越好;机动时队形保持得越完整,也说明该部队素质越好。进一步说明,部队素质越好,也就越难对该部队进行瓦解。

(3)部队士气 v_3,任何一支部队都是由单个的个体人组成,一支部队的士气也是多个个体精神状态的整体体现。一般情况下,进攻方对对手的素质都会有一个大致的了解,故可用$[0,1]$上的某个值表示该因素。该值越大,表示部队士气越高;该值越小,表示部队士气越低。进一步说明,部队士气越高,也就越难对该部队进行瓦解。

(4)感知到继续战斗的理由 v_4,对手感知到继续战斗的理由与战场态势的变化、对手的素质和士气等因素都有关系,量化起来非常复杂。为了简化起见,本书研究考虑用一个与战场态势的变化,敌方的素质和士气有关的加权和来表示对手感知到继续战斗的理由。故可将 v_4 设置为$[0,1]$之间的一个值,数值越大表示对手感知到继续战斗的理由越充足,反之则相反。进一步说明,部队感觉到继续战斗的理由越充足,也就越难对该部队进行瓦解。

3. 心理瓦解程度的二级模糊综合评判模型

根据评判因素的不同属性,可将评判因子划分为两个子集

$$V_1 = \{v_1\}, \quad V_2 = \{v_2, v_3, v_4\}$$

式中 V_1——反映物理因素对心理瓦解程度的影响;

V_2——反映心理因素对心理瓦解程度的影响。

据此,可以建立心理瓦解程度的二级模糊综合评判模型。

第一级分别对在 V_1,V_2 两个因素子集中同因素影响下的心理瓦解程度进行评判,模型为(取 $M(\cdot,+)$)

$$\utilde{B}_1 = \utilde{A}_1 \utilde{R}_1 \tag{13.19}$$

$$\utilde{B}_2 = \utilde{A}_2 \utilde{R}_1 \tag{13.20}$$

式中 $\utilde{A}_1, \utilde{A}_2$——分别为 V_1,V_2 中的评判因素权重集,是评判因素集 V 的模糊子集。

$\utilde{B}_1, \utilde{B}_2$——分别为对应于 V_1,V_2 的心理瓦解程度的一级评判结果,它们均为评判等级集合 V 上的模糊子集。

$\utilde{R}_1, \utilde{R}_2$——分别为 V_1,V_2 与评判等级集合 V 之间的模糊关系矩阵,其形式为

$$\utilde{R}_1 = \begin{bmatrix} r_{1,1} & r_{1,2} & r_{1,3} & r_{1,4} & r_{1,5} \end{bmatrix}$$

$$\utilde{R}_2 = \begin{bmatrix} r_{21,1} & r_{21,2} & r_{21,3} & r_{21,4} & r_{21,5} \\ r_{22,1} & r_{22,2} & r_{22,3} & r_{22,4} & r_{22,5} \\ r_{23,1} & r_{23,2} & r_{23,3} & r_{23,4} & r_{23,5} \end{bmatrix}$$

在一级评判的基础上,做二级综合评判,其模型为

$$\underset{\sim}{\boldsymbol{B}} = \underset{\sim}{A} \begin{bmatrix} B_1 \\ B_2 \end{bmatrix} \quad (13.21)$$

式中　$\underset{\sim}{A}$ —— V_1, V_2 这两类评判因素的权重集,即将 V_1, V_2 这两个因素子集视为 V 中两个集合元素各自的权重;

　　　$\underset{\sim}{B}$ —— 为总的评判结果。

13.5.3　模糊关系矩阵的确定

确定模糊关系矩阵 $\underset{\sim}{\boldsymbol{R}_1}, \underset{\sim}{\boldsymbol{R}_2}$ 就是要确定矩阵元素 $r_{i,j}$,而 $r_{i,j}$ 就是只考虑评判因素 $v_i (i=1,2,3,4)$ 时心理瓦解程度对评判等级 $j(j=1,2,\cdots,5)$ 的隶属度 $\mu_{ij}(v_i)$,这样问题转化为求评判因素对评判等级的隶属度。

评判因素 $v_i(i=1,2,3,4)$ 相对于 Ⅰ,Ⅱ,Ⅲ,Ⅳ 这 4 个等级的隶属函数可取为正态分布,形式为

$$\mu_{ij}(v_i) = \exp\left[-\left(\frac{v_i - m_{ij}}{\sigma_{ij}}\right)^2\right], \quad i=1,2,3,4; j=1,2,3,4 \quad (13.22)$$

式中　m_{ij} —— 第 i 个因素 $v_i(i=1,2,3,4)$ 对第 j 个等级的统计值的平均值;

　　　σ_{ij} —— 第 i 个因素 $v_i(i=1,2,3,4)$ 对第 j 个等级的统计值的均方差。

但 v_i 对评判等级为 5 的隶属函数则不能视为正态分布,应另行确定。评判因素 $v_i(i=1,2,3,4)$ 可分为两类,一类是因素值与心理瓦解程度成正比的因素,二类是因素值与心理瓦解程度成反比的因素。对于第一类因素,其对等级 5 的隶属函数可取升半岭型分布(见图 13.4);对于第二类评判因素,其对等级 5 的隶属函数可取降半岭型分布(见图 13.5)。这两种分布的图像及隶属函数式如下。

1. 升半岭型分布(适用于 v_1)

$$\mu_{ij}(v_i) = \begin{cases} 0, & 0 < v_i < a_i \\ \dfrac{1}{2} + \dfrac{1}{2}\sin\dfrac{\pi}{b_i - a_i}\left(v_i - \dfrac{a_i + b_i}{2}\right), & a_i < v_i < b_i \\ 1, & v_i > b_i \end{cases} \quad (13.23)$$

2. 降半岭型分布(适用于 v_2, v_3, v_4)

$$\mu_{ij}(v_i) = \begin{cases} 1, & 0 < v_i < a_i \\ \dfrac{1}{2} - \dfrac{1}{2}\sin\dfrac{\pi}{b_i - a_i}\left(v_i - \dfrac{a_i + b_i}{2}\right), & a_i < v_i < b_i \\ 0, & v_i > b_i \end{cases} \quad (13.24)$$

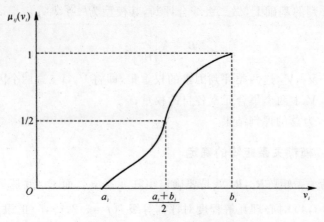

图 13.4　升半岭型分布曲线

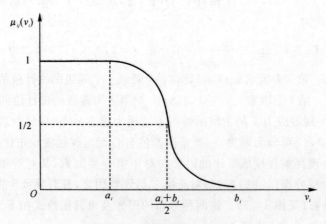

图 13.5　降半岭型分布曲线

假定对于同一评判因素 v_i，其统计值的均方差 σ_{ij} 对任一评判等级都是相等的，即 $\sigma_{ij}=\sigma_i(j=1,2,3,4)$。根据经验及有关统计资料，确定 $m_{ij}(i=1,2,3,4;j=1,2,3,4)$，$\sigma_i(j=1,2,3,4)$，$a_i,b_i(i=1,2,3,4)$，分别列入表 13.10 ~ 表 13.12。

表 13.10　评判因素在 Ⅰ,Ⅱ,Ⅲ,Ⅳ 等 4 个评判等级的均值

	Ⅰ	Ⅱ	Ⅲ	Ⅳ
v_1	0.20	0.40	0.60	0.80
v_2	0.85	0.65	0.40	0.20
v_3	0.80	0.65	0.50	0.30
v_4	0.90	0.70	0.45	0.15

表 13.11 评判在 Ⅰ, Ⅱ, Ⅲ, Ⅳ 等 4 个评判等级的均方差

σ_1	σ_2	σ_3	σ_4
0.08	0.10	0.12	0.15

表 13.12 评判因素对等级 V 的隶属函数特征点 a_i, b_i 值

评判因素 v_i	v_1	v_2	v_3	v_4
特征点 a_i	0.3	0.4	0.48	0.55
特征点 b_i	0.7	0.6	0.84	0.9

13.5.4 评判因素权重的确定

评判因素的权重可由 AHP 法获得,不作为本书研究重点,故从略。

13.5.5 计算示例

假设常规导弹弹头为典型的整体杀伤爆破弹,打击目标为敌军坦克装甲进攻部队,物理毁伤指标为相对毁伤面积。再假定根据事先的评估和计算,得到相关因素值为 $v_1=0.68, v_2=0.63, v_3=0.65, v_4=0.5$。

利用式(13.22)～式(13.24)计算出 $\mu_{ij}(v_i)$,即模糊关系矩阵 $\boldsymbol{R}_1, \boldsymbol{R}_2$ 的元素值,于是得到 $\boldsymbol{R}_1, \boldsymbol{R}_2$ 如下:

$$\boldsymbol{R}_1 = [0.0000 \quad 0.0000 \quad 0.3679 \quad 0.1054 \quad 0.9045]$$

$$\boldsymbol{R}_2 = \begin{bmatrix} 0.0079 & 0.9608 & 0.0050 & 0.0000 & 0.0000 \\ 0.2096 & 1.0000 & 0.2096 & 0.0002 & 0.3706 \\ 0.0008 & 0.1690 & 0.8948 & 0.0043 & 1.0000 \end{bmatrix}$$

假定根据 AHP 方程确定的权重集分别为

$$\boldsymbol{A}_1 = (1), \quad \boldsymbol{A}_2 = (0.4, 0.35, 0.25), \quad \boldsymbol{A} = (0.65, 0.35)$$

由式(13.19)和式(13.20)得到一级评判结果

$$\boldsymbol{B}_1 = [0.0000 \quad 0.0000 \quad 0.3679 \quad 0.1054 \quad 0.9045]$$
$$\boldsymbol{B}_2 = [0.0767 \quad 0.7766 \quad 0.2991 \quad 0.0011 \quad 0.3797]$$

由式(13.21)得到二级评判结果

$$\boldsymbol{B} = [0.0268 \quad 0.2718 \quad 0.3438 \quad 0.0689 \quad 0.7208]$$

归一化后得

$$\boldsymbol{B}^1 = [0.0187 \quad 0.1899 \quad 0.2402 \quad 0.0481 \quad 0.5036]$$

根据最大隶属度原则可知,心理瓦解程度为等级 V,故在相对毁伤面积为0.68

的情况下,敌军坦克装甲进攻部队的心理瓦解程度为 0.8 以上。

13.6 本章小结

本章的主要内容如下:

(1)分析了提出系统失效率以及心理瓦解程度这两类新的毁伤指标的原因。

(2)根据效果对常规导弹毁伤目标进行了分类和定义。

(3)以物理毁伤指标的评估方法为基础,给出了评估系统失效率的一般方法,并通过构建目标模型、确定毁伤原则、确定毁伤节点、计算系统失效率四步给出了典型武器系统失效率的评估方法;此外,还运用模糊综合评判的方法得出了心理瓦解程度的评估方法,建立起了物理毁伤指标与心理瓦解程度之间的模糊关系。

(4)分别以整体杀爆弹打击装甲面目标、某型号导弹打击某典型武器系统、整体杀爆弹打击装甲进攻部队为例,给出了相对毁伤面积、系统失效率和心理瓦解程度这三类不同毁伤指标的计算示例。

毁伤效果指标选取的客观性、合理性直接影响着火力打击任务的完成程度,也是全面评定毁伤效果的基础。对于火力打击中的三类具体目标,如何选择毁伤效果指标,毁伤效果指标如何计算,本章给出了答案。

参考文献

[1] 邱成龙,等. 地地导弹火力运用原理[M]. 北京:国防工业出版社,2001.

[2] 舒建生. 常规导弹毁伤指标及其计算方法研究[D]. 西安:第二炮兵工程学院,1998.

[3] 黄路炜. 常规导弹联合作战火力运用仿真系统研究[D]. 西安:第二炮兵工程学院,2005.

[4] 隋树元,王树山. 终点效应学[M]. 北京:国防工业出版社,2000.

[5] 余文力,蒋浩征. 地地导弹对面目标毁伤效率仿真研究[J]. 兵工学报,2000(1):31 - 36.

[6] 李新其,向爱红. 系统目标毁伤效果评估问题研究[J]. 兵工学报,2008(1):65 - 69.

[7] 卢开澄,卢华明. 图论及其应用[M]. 北京:清华大学出版社,1995.

[8] 李志强,胡晓峰. 作战模拟中通信系统连通性算法研究[J]. 计算机仿真,2006(4):15 - 18.

[9] 戴维 A 德普图拉. 基于效果作战:战争性质的转变[M]. 军事科学院世界军事研究部,译编. 北京:军事科学出版社,2005.

[10] 汪民乐,李景文. 机动导弹武器系统生存能力的综合评判[J]. 系统工程与电子技术,1995(9):26-30.
[11] 张最良,李长生. 军事运筹学[M]. 北京:军事科学出版社,1993.

第14章 基于效果的导弹火力分配方法

14.1 引 言

常规导弹火力分配是火力决策过程中的关键环节,是指在实现一定作战意图的前提要求下,将一种或多种导弹最优分配(或根据需要分配)到一类或多类目标,或者根据所打击的目标和所发射的弹量,将导弹发射任务与导弹发射力量进行最佳匹配的过程。传统的火力最优分配是指在某一特定的打击时机,对于给定的打击目标和可以使用的弹量,最大限度地发挥诸火力单位效能,从而达到对目标的最大毁伤效果。显然,传统火力分配追求的只是物理毁伤效果的最大化,即追求的效果只体现在物理方面。过分追求物理毁伤效果不一定能达成作战目的,火力分配追求的效果需要综合考虑物理、心理效果;此外,全新的战争模式对火力分配的时效性和准确性提出了更高的要求。目前,常规导弹火力分配所追求的目标正在从传统的物理毁伤效果的最大化向物理、功能及心理等综合毁伤效果的最大化转变,其依据是基于效果作战的思想[1]。因此,基于效果的火力分配模型和方法都应与以往有所不同。由于毁伤效果的多样性,使常规导弹火力分配问题较以往更加复杂,由此导致常规导弹火力分配模型的求解困难。从问题本质上看,常规导弹火力分配问题属于组合优化问题,是一类典型的 NP 难问题,尤其是大规模火力分配问题涉及导弹数量多、打击目标多样、影响因素广,随着目标和火力单元数量的增加,问题求解的计算量呈指数增长,特别是当问题规模较大时(变量个数较多)将会出现组合爆炸,模型求解相当困难。在 20 世纪 90 年代以前,对火力分配问题的求解局限于传统算法,主要包括隐枚举法、分枝定界法、割平面法、动态规划法等。这些算法的求解思想简单明了,易于编程实现,但收敛速度慢,难以处理维数较高的火力分配问题,且往往只能获得局部极优解,不能满足基于效果作战的要求。遗传算法作为一种仿生类智能优化算法[2],采用群体搜索策略,由于其搜索过程的隐并行性,对导弹火力分配这类复杂非线性组合优化问题具有较高的求解效率。近年来,在有关文献中出现了用基本遗传算法求解导弹火力分配问题的方法及案例[3],具有一定的实用性,但是并没有克服基本 GA 本身存在的一些问题,主要是基本 GA 容易产生早熟现象,且局部寻优能力较差。由此可见,对于火力分配问题,基本 GA 的求解效果往往并不理想。为改进基本遗传算法,使之适应于求解火力分配问题,可从以下方面入手:①改进 GA 的控制参数。GA 的控制参数(如变异概率、交叉概率、收敛准则等)作为其初始输入会对 GA 的收敛效率产生重要影响,因此恰当选择控制参数可以提高 GA 收敛效率;②将 GA 与模拟退火算法相混合。模拟退火算法具有较强的局部搜索能力,并能使搜索过程避免陷入局部最优解,但模拟退火算法对整个搜索空间中解的分布状况感知不够,不利于使搜索过程进入最有希望的搜索区域,从而使得模拟退火算法对最优解的大范围探索效率不高。但如果将 GA 与模拟退火算法相结合,在算法性能上实现互补,则能够开发出性能更为优良的全局搜索算法。

本章针对基于效果的常规导弹火力决策的特点,通过在常规导弹火力分配模型中引入射击有利度这一新要素,建立基于效果作战模式下常规导弹火力分配模型。为求解该模型,设计了改进控制参数的遗传模拟退火算法。

在完成导弹对打击目标的分配之后,如何选择目标的瞄准点,也是本章将要研究的重要内容,基于效果作战理论也对"效果"给出了不同的定义和内涵,不同的瞄准点会产生不同的效果,同样的效果也可以通过对目标不同的瞄准位置进行打击获得,对于同样的效果,选取不同的瞄准位置所需的弹药数量也往往大不相同。因此,基于效果的瞄准点选择的理论和方法也应随之发生相应的改变。

14.2 基于效果的导弹火力分配模型

14.2.1 传统火力分配模型的局限性

设 M 为各种导弹武器的总数,n 为目标总数,k 为导弹武器类型数,$m_i(i=1,2,3,\cdots,k)$ 为第 i 种导弹武器的数量,决策变量为 X_{ij},即为打击第 j 个目标的第 i 种导弹武器的数量,打击第 j 个目标的各种导弹武器的总数为 X_j。

传统的火力分配模型如下:

$$\max Q(D) = \sum_{j=1}^{n} A_j [1 - \prod_{i=1}^{k}(1-P_{ij}(X_{ij}))]$$

$$\text{s.t.} \quad \sum_{i=1}^{k} m_i = M$$

$$\sum_{j=1}^{n} X_{ij} = m_i, \quad i=1,2,3,\cdots,k$$

$$X_j = \sum_{i=1}^{k} X_{ij}, \quad j=1,2,\cdots,n$$

式中　　A_j——表示第 j 个目标的价值;

$P_{ij}(X_{ij})$——表示第 i 类导弹武器击毁目标 j 的概率,显然,P_{ij} 与 X_{ij} 有关,故为 X_{ij} 的函数形式;

$Q(D)$——射击效益值。

此模型存在一定的局限性,具体表现为火力分配作为指挥控制系统一个重要的辅助决策功能,与作战原则、策略、方案等因素密切相关,存在大量的变量和参量。上述模型综合考虑的因素太少,只考虑了目标价值和毁伤概率对火力分配的影响,因而,得出的射击效益值难以为指挥员决策提供真实有效的帮助。

14.2.2 改进后的火力分配模型

对传统的火力分配模型加以改进需从以下两方面入手:① 改进对目标价值的评价指标及方法;② 在模型中以射击有利度来代替毁伤概率,并且改进对射击有利度的评价指标及方法。射击有利度综合考虑目标的运动状态、目标性质、目标环境、最大有效射击时间等因素对导弹毁伤的影响,其立足点是导弹射击全过程,而毁伤概率只考虑对目标毁伤的可能性,且追求的是物理毁伤效果的最大化,即毁伤效果只体现在物理方面,因此,以射击有利度代替毁伤概率有利于提高导弹火力分配的有效性和准确性。

改进后的火力分配模型可以表示为

$$\max \quad f(x) = \sum_{i=1}^{k} \sum_{j=1}^{n} C_{ij} X_{ij} \tag{14.1}$$

$$C_{ij} = \lambda V_i + (1-\lambda) P_{ij}, \quad i=1,2,\cdots,k; \quad j=1,2,\cdots,n$$

$$\text{s.t.} \begin{cases} \sum_{i=1}^{k} X_{ij} = X_j, \\ \sum_{j=1}^{n} X_{ij} = m_i, \quad X_{ij} \geqslant 0, \quad i=1,2,\cdots,k; \quad j=1,2,\cdots,n \\ \sum_{i=1}^{k} \sum_{j=1}^{n} X_{ij} = M, \end{cases}$$

式中 $f(x)$——射击效益函数,表现为对各个目标射击效益值的和;

      M——各种导弹火力单元的总数;

      n——打击目标总数;

      k——导弹火力单元类型数;

      X_{ij}——决策变量,其所表征的意义是第 i 类火力单元分配于第 j 个打击目标的火力单元数量;

      C_{ij}——第 i 类火力单元射击第 j 个目标的基于效果的效益值,称为射击效益系数;

      λ——权重系数,由专家组经过群组决策进行统计平均来确定;

      X_j——分配于第 j 个打击目标的导弹火力单元总数;

m_i——第 i 类导弹火力单元的总数;

V_j——第 j 个目标基于效果的目标价值(已经过标准正规化处理);

P_{ij}——第 i 类火力单元对第 j 个目标的射击有利度,代表导弹火力单元对目标实施射击的有利程度(为$[0,1]$上无量纲值)。

由于 V_j 和 P_{ij} 均为$[0,1]$上无量纲值且均为越大越好,因而射击效益系数 C_{ij} 可取为二者的加权和,其中权值 λ 所表达的意义是导弹火力分配中在选择高价值目标和选择高射击有利度目标之间的折中。

射击有利度 P_{ij} 须通过专门的评价指标和评价方法来确定,以下具体介绍射击有利度 P_{ij} 的评价指标及确定方法。

14.3 基于效果的射击有利度评价

对射击有利度进行评价与判断是实现基于效果的最优火力分配的基础。由于影响射击有利度的因素较多,对其进行评价时,这些因素的重要性、影响力或者优先程度难以量化,若采用传统的多指标加权综合方法,人的主观选择会起着相当重要的作用,从而影响评价的准确性。针对射击有利度评价指标的特点,运用基于有序加权平均(Ordered Weighted Averaging,OWA)算子的多属性决策方法对射击有利度进行评价,可以减小人的主观因素对指标权重属性量化及最终的射击有利度评价所带来的影响,提高了射击有利度评价的准确性。

14.3.1 基于效果的射击有利度评价指标

射击有利度主要是由目标的相关参数和导弹武器的性能决定的。对导弹武器系统而言,影响对目标射击的因素主要有目标的运动状态、目标性质(包括目标形状及物理结构)、目标环境、导弹的射程、最大有效射击时间、对目标的单发杀伤概率等。射击有利度的评价指标体系如图 14.1 所示。

射击有利度评价指标的度量方法如下。

1. 目标的运动状态 C_1

由于常规导弹一般只能攻击静止目标,因此,当目标的运动状态为静止时,$C_1=1$,当目标处于运动状态时,$C_1=0$。若未来常规导弹能够攻击移动目标,则可根据目标的移动速度,将 C_1 取为$[0,1]$上值,目标的移动速度越快,则 C_1 的值越小。

2. 目标的性质 C_2

目标性质包括目标的几何形状和物理结构。一般的,在射击范围内,目标的被弹面积越大,射击越有利,因此可构建如下的目标几何形状有利度隶属函数(专家值):

$$D_1 = \begin{cases} 1.0, & \text{面目标} \\ 0.7, & \text{线目标} \\ 0.4, & \text{点目标} \end{cases}$$

目标的物理结构主要是通过目标的抗毁性能来反映的,对于一定物理结构的目标,需要用相对应的弹头进行毁伤,因此,D_2值可以用弹头与目标物理结构的匹配程度来度量,匹配时,$D_2=1$,若不匹配,则$D_2=0$。

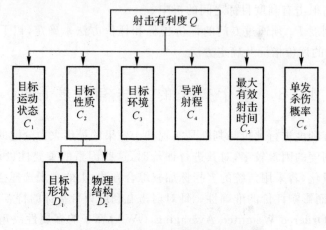

图 14.1 射击有利度评价指标体系

3. 目标环境 C_3

目标环境是指目标所处的自然和人文环境,在目标遭受打击后,会不会激发目标周围环境对进攻方的反击,进而削弱进攻方的生存能力,影响后续的射击。通过对不同目标环境进行抽样分析,发现 C_3 值对射击有利度的影响关系服从正态分布

$$f_{C_3}(x) = \frac{1}{\sigma_X \sqrt{2\pi}} \exp\left(-\frac{1}{2} \times \frac{(x-\mu)^2}{\sigma_X^2}\right) \tag{14.2}$$

根据抽样评估结果,式(14.2)中 $\mu=0.5, \sigma_X=0.5$,因而可将 C_3 设置为服从正态分布的随机数。

4. 导弹的射程 C_4

目标在导弹射程范围内,则可设 $C_4=1$,否则为 0。

5. 最大有效射击时间 C_5

一般情况下,最大有效射击时间越长,射击越有利。当最大有效射击时间小于导弹武器系统反应时间时,则射击有利度为 0;当最大有效射击时间大于某一上界 τ,则射击有利度为 1;当最大有效射击时间大于导弹武器系统反应时间而小于上界 τ 时,射击有利度近似服从"升半 Γ 型"分布。其形式为

$$\mu_{C_5}(x) = \begin{cases} 0, & x < a \\ 1 - e^{-k(x-a)}, & x \geq a \end{cases} \tag{14.3}$$

式中　x——最大有效射击时间；
　　　a——导弹武器系统反应时间；
　　　$k=0.17$。

6. 单发杀伤概率 C_6

对目标单发杀伤概率大的火力单元射击较有利，而对目标单发杀伤概率小的火力单元射击较不利，也就是说应优先考虑用单发杀伤概率高的火力单元进行射击。该项射击有利度评价指标值可直接选取火力单元对目标的单发杀伤概率 $C_6 = P_S$。

14.3.2　基于有序加权平均(OWA)算子的射击有利度评价方法

1. 有序加权平均(OWA)算子的定义

设 $OWA: \mathbf{R}^n \to \mathbf{R}$，若：$OWA_w(a_1, a_2, \cdots, a_n) = \sum_{j=1}^{n} w_j b_j$，其中 $w = [w_1 \quad w_2 \quad \cdots \quad w_n]$ 是与函数 OWA 相关联的加权向量，$w_j \in [0,1]$，$j \in N = \{1, 2, 3, \cdots, n\}$，$\sum_{j=1}^{n} w_j = 1$，且 b_j 是一组数据 $(a_1, a_2, \cdots, a_n)$ 中第 j 大的元素，$\mathbf{R}$ 为实数集，则称函数 OWA 是有序加权平均算子，也称 OWA 算子。

上述算子的特点是，对数据 $(a_1, a_2, \cdots, a_n)$ 按从大到小的顺序重新进行排序并通过加权集结，而且元素 a_i 与 w_i 没有任何关联，w_i 只与集结过程中的第 i 个位置有关(因此加权向量也称为位置向量)。

2. 基于 OWA 算子的多属性决策方法

基于 OWA 算子多属性决策方法的具体步骤如下：

步骤1：对于某一多属性决策问题，设 $X = \{x_1, x_2, \cdots, x_n\}$ 为方案集，$U = \{u_1, u_2, \cdots, u_m\}$ 为属性集，属性权重信息完全未知，对于方案 x_i，按属性 u_i 进行测度，得到 x_i 关于 u_i 的属性值 a_{ij}，从而构成决策表 A，见表 14.1。

表 14.1　决策表 A

a_{ij}	u_1	u_2	$\cdots$	u_m
x_1	a_{11}	a_{12}	$\cdots$	a_{1m}
x_2	a_{21}	a_{22}	$\cdots$	a_{2m}
$\cdots$	$\cdots$	$\cdots$	$\cdots$	$\cdots$
x_n	a_{n1}	a_{n2}	$\cdots$	a_{nm}

A 须经过规范化处理，得到规范化决策表 R，方法如下：
属性类型一般分为效益型、成本型、固定型、偏离型、区间型、偏离区间型等。

对于常规导弹射击有利度评价问题来说,C_1 属于固定型属性,且为$[0,1]$上值,已是规范化形式。C_2,C_4,C_5 和 C_6 属于效益型属性,C_3 属于成本性属性,尚需对属性值进行规范化。成本性属性是指属性值越大越好的属性,效益型属性是指属性值越小越好的属性。设 I_1,I_2 分别为效益型和成本型属性的下标集,则决策表 A 中的效益型和成本型属性值 a_{ij} 经过以下规范化处理:

$$r_{ij} = \frac{a_{ij}}{\max_i(a_{ij})}, \quad i \in \mathbf{N} = \{1,2,3,\cdots,n\}, \quad j \in I_1 \quad (14.4)$$

$$r_{ij} = \frac{\min_i(a_{ij})}{a_{ij}}, \quad i \in \mathbf{N} = \{1,2,3,\cdots,n\}, \quad j \in I_2 \quad (14.5)$$

步骤 2:利用 OWA 算子对各方案 $x_i(i=1,2,\cdots,n)$ 的属性值进行集结,求得其综合属性值 $z_i(w)(i=1,2,\cdots,n)$ 为

$$z_i(w) = \text{OWA}_w(r_{i1},r_{i2},\cdots,r_{im}) = \sum_{j=1}^m w_j b_{ij} \quad (14.6)$$

式中,$w = [w_1 \quad w_2 \quad \cdots \quad w_m]$ 是 OWA 算子的加权向量(其确定方法见文献[3]的 1.1 节中的定理 1.8~1.11),$w_j \geqslant 0, j \in M = \{1,2,3,\cdots,m\}, \sum_{j=1}^m w_j = 1$,且 b_{ij} 是 $r_{il}(l \in M = \{1,2,3,\cdots,m\})$ 中的第 j 大的元素。

步骤 3:按 $z_i(w)(i=1,2,\cdots,n)$ 的大小对方案进行排序并择优,以 $z_i(w)$ 的计算值作为射击有利度值。

14.3.3 基于效果的常规导弹射击有利度评价示例

1. 计算条件

假设有 10 个打击目标(对应多属性决策中的方案),某一火力单元的决策者考察了这 10 个目标的射击有利度指标情况,其中 C_3 值由 MATLAB 7.1 中的正态分布随机数产生命令(Randn * 0.5+0.5)来产生,其值取 1 000 次产生值的平均。所得的评估结果见表 14.2。

表 14.2 评估结果

	C_1	C_2	C_3	C_4	C_5	C_6
x_1	1	1	Randn * 0.5+0.5	1	1	0.884 6
x_2	1	1	Randn * 0.5+0.5	1	0.448 2	0.400 0
x_3	1	0.7	Randn * 0.5+0.5	1	1	0.985 3
x_4	1	0.7	Randn * 0.5+0.5	1	0.731 9	0.653 7

续表

	C_1	C_2	C_3	C_4	C_5	C_6
x_5	1	1	Randn*0.5+0.5	1	0.286 5	0.742 3
x_6	1	1	Randn*0.5+0.5	1	0.109 4	0.632 0
x_7	1	1	Randn*0.5+0.5	1	0.852 3	0.857 1
x_8	1	1	Randn*0.5+0.5	1	0.668 8	0.683 9
x_9	1	0.7	Randn*0.5+0.5	1	0.473 6	0.745 6
x_{10}	1	1	Randn*0.5+0.5	1	0.335 9	0.651 4

2. 仿真计算

步骤1：由于C_1属于固定型属性，其值已是规范化形式。而C_2,C_4,C_5和C_6属于效益型属性，C_3属于成本性属性，根据式(14.4)和式(14.5)，可将其规范化，得到规范化决策表R(见表14.3)。

表14.3　规范化后的决策表R

	C_1	C_2	C_3	C_4	C_5	C_6
x_1	1.0	1.0	0.521 5	1.0	1.0	0.884 6
x_2	1.0	1.0	0.477 2	1.0	0.448 2	0.400 0
x_3	1.0	0.7	0.491 1	1.0	1.0	0.985 3
x_4	1.0	0.7	0.486 8	1.0	0.731 9	0.653 7
x_5	1.0	1.0	0.501 4	1.0	0.286 5	0.742 3
x_6	1.0	1.0	0.508 0	1.0	0.109 4	0.632 0
x_7	1.0	1.0	0.503 5	1.0	0.852 3	0.857 1
x_8	1.0	1.0	0.499 7	1.0	0.668 8	0.683 9
x_9	1.0	0.7	0.508 8	1.0	0.473 6	0.745 6
x_{10}	1.0	1.0	0.496 6	1.0	0.335 9	0.651 4

步骤2：利用OWA算子对各方案$x_i(i=1,2,3,\cdots,10)$的属性值进行集结，即应用式(14.6)求得其综合属性值$z_i(w)(i=1,2,3,\cdots,10)$(根据文献[3]给出的定理1.10得到 OWA 算子的加权向量 $w=[0.333\ 4\quad 0.133\ 3\quad 0.133\ 3\quad 0.133\ 3\quad 0.133\ 3\quad 0.133\ 3]$，这里取$a=0.2$)：

$$z_1(w) = \text{OWA}_w(r_{11}, r_{12}, \cdots, r_{16}) = 0.333\ 4 \times 1.0 + 0.133\ 3 \times 1.0 +$$

$$0.133\,3\times1.0+0.133\,3\times1.0+0.133\,3\times0.884\,6+$$
$$0.133\,3\times0.521\,5=0.920\,7$$

$$z_2(\boldsymbol{w})=\mathrm{OWA}_w(r_{21},r_{22},\cdots,r_{26})=0.333\,4\times1.0+0.133\,3\times1.0+$$
$$0.133\,3\times1.0+0.133\,3\times0.477\,2+0.133\,3\times0.448\,2+$$
$$0.133\,3\times0.400\,0=0.776\,7$$

$$z_3(\boldsymbol{w})=\mathrm{OWA}_w(r_{31},r_{32},\cdots,r_{36})=0.333\,4\times1.0+0.133\,3\times1.0+$$
$$0.133\,3\times1.0+0.133\,3\times0.985\,3+0.133\,3\times0.700\,0+$$
$$0.133\,3\times0.491\,1=0.890\,1$$

$$z_4(\boldsymbol{w})=\mathrm{OWA}_w(r_{41},r_{42},\cdots,r_{46})=0.333\,4\times1.0+0.133\,3\times1.0+$$
$$0.133\,3\times0.731\,9+0.133\,3\times0.700\,0+0.133\,3\times0.653\,7+$$
$$0.133\,3\times0.486\,8=0.809\,6$$

$$z_5(\boldsymbol{w})=\mathrm{OWA}_w(r_{51},r_{52},\cdots,r_{56})=0.333\,4\times1.0+0.133\,3\times1.0+$$
$$0.133\,3\times1.0+0.133\,3\times0.742\,3+0.133\,3\times0.501\,4+$$
$$0.133\,3\times0.286\,5=0.804\,0$$

$$z_6(\boldsymbol{w})=\mathrm{OWA}_w(r_{61},r_{62},\cdots,r_{66})=0.333\,4\times1.0+0.133\,3\times1.0+$$
$$0.133\,3\times1.0+0.133\,3\times0.632\,0+0.133\,3\times0.508\,0+$$
$$0.133\,3\times0.109\,4=0.766\,5$$

$$z_7(\boldsymbol{w})=\mathrm{OWA}_w(r_{71},r_{72},\cdots,r_{76})=0.333\,4\times1.0+0.133\,3\times1.0+$$
$$0.133\,3\times1.0+0.133\,3\times0.857\,1+0.133\,3\times0.852\,3+$$
$$0.133\,3\times0.503\,5=0.895\,0$$

$$z_8(\boldsymbol{w})=\mathrm{OWA}_w(r_{81},r_{82},\cdots,r_{86})=0.333\,4\times1.0+0.133\,3\times1.0+$$
$$0.133\,3\times1.0+0.133\,3\times0.683\,9+0.133\,3\times0.668\,8+$$
$$0.133\,3\times0.499\,7=0.846\,9$$

$$z_9(\boldsymbol{w})=\mathrm{OWA}_w(r_{91},r_{92},\cdots,r_{96})=0.333\,4\times1.0+0.133\,3\times1.0+$$
$$0.133\,3\times0.745\,6+0.133\,3\times0.700\,0+0.133\,3\times0.508\,8+$$
$$0.133\,3\times0.473\,6=0.790\,4$$

$$z_{10}(\boldsymbol{w})=\mathrm{OWA}_w(r_{101},r_{102},\cdots,r_{106})=0.333\,4\times1.0+0.133\,3\times1.0+$$
$$0.133\,3\times1.0+0.133\,3\times0.651\,4+0.133\,3\times0.496\,6+$$
$$0.133\,3\times0.335\,9=0.797\,8$$

步骤3：以步骤2的计算结果作为对各个目标的射击有利度评价值，按$z_i(\boldsymbol{w})$（$i=1,2,3,\cdots,10$）的大小对各目标射击有利度进行排序

$$x_1>x_7>x_3>x_8>x_4>x_5>x_{10}>x_9>x_2>x_6$$

3. 与传统火力分配模型的比较分析

射击有利度体现导弹火力单元对目标实施射击的有利程度，它综合考虑目标的运动状态、目标性质、目标环境、最大有效射击时间等因素对导弹毁伤的影响，其

立足点是导弹射击全过程,而传统的火力分配模型只考虑毁伤概率对导弹毁伤的影响,亦即只考虑导弹对目标毁伤的可能性,体现的仅是导弹末端毁伤效果,且追求的是物理毁伤效果的最大化,即毁伤效果只体现在物理方面,因此,以射击有利度代替毁伤概率可使毁伤效果的度量更为全面,有利于提高导弹火力分配的有效性和准确性。

14.4 基于效果的导弹火力分配模型的求解

火力分配问题是一类组合优化问题,也是一个 NP 难问题,其中大规模火力分配问题涉及导弹数量多、打击目标杂、涵盖因素广,随着目标和火力单元数量的增加会出现组合爆炸,特别是当问题规模较大时(变量个数较多),计算量会呈指数增长,模型求解相当困难。

14.4.1 火力分配算法概述

在 20 世纪 80 年代以前,对火力分配问题的求解局限于传统算法,主要包括隐枚举法、分支定界法、割平面法、动态规划法等。这些算法较为简单,但编程实现时较为烦琐,当目标数增多,但收敛速度慢,难以处理维数较大的火力分配问题时,不能满足基于效果作战的实时性要求。文献[4~5]给出了用基本遗传算法(GA)解决导弹火力分配问题的方案及实例,具有一定的实用性。但是它们没有克服 GA 本身存在的一些问题,根据文献[6~7]所述,这些问题中最主要的是基本 GA 容易产生早熟现象、局部寻优能力较差等。可见,基本 GA 的求解效果往往不是解决这个问题的最有效的方法。

通过对文献[7~8]的分析,产生了以下两点考虑:①GA 的控制参数(如变异概率、交叉概率、收敛准则等)作为其初始输入会对 GA 的运行效率产生重要影响,因此恰当选择控制参数可以提高 GA 运行效率;②模拟退火算法具有较强的局部搜索能力,并能使搜索过程避免陷入局部最优解,但模拟退火算法却对整个搜索空间的状况了解不多,不便于使搜索过程进入最有希望的搜索区域,从而使得模拟退火算法的运算效率不高。但如果将 GA 与模拟退火算法相结合,互相取长补短,则有可能开发出性能优良的全局搜索算法。

基于以上两点考虑,本书拟采用改进控制参数的遗传模拟退火算法来解决导弹的火力分配问题。

14.4.2 导弹火力分配模型求解的遗传模拟退火算法

1. 编码方案

常规导弹火力规划问题中导弹需求量因为火力打击规模的不同而可能不同,

但导弹火力单元类型有限。根据这一实际情况,拟采用整数编码方案,每个染色体由一个火力分配矩阵组成,表示一种火力分配方案。设 k 为导弹类型数,n 为打击目标总数,则染色体的长度为 $l=kn$。任一染色体共由 k 个基因段构成,对应 k 类导弹;每个基因段包含 n 个基因,对应 n 个打击目标;任一基因位的码值均为整数,其中第 i 个基因段的第 j 个基因位的码值表示第 i 类导弹分配给第 j 个目标的数量。

例如,取 $k=2$,第一类导弹数量为 $m_1=16$,第二类导弹数量为 $m_2=30$,目标数量为 $n=5$,种群中的一个染色体编码如图 14.2 所示。

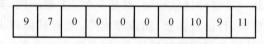

图 14.2 单个染色体编码示意图

其解码意义是,第一类导弹分配给第一个目标的数量为 9,分配给第二个目标的数量为 7,不分配给其他目标;第二类导弹分配给第三个目标的数量为 10,分配给第四个目标的数量为 9,分配给第五个目标的数量为 11,不分配给其他目标。采用整数编码方案的显著优点是直观明了,无须译码,有效降低了染色体长度,提高了遗传操作速度。

2.适应度函数设计

采用精确罚函数法对改进后的火力分配模型的约束条件进行处理。

$$\max F(x) = f(x) - \theta \left\{ \sum_{i=1}^{k} \sum_{j=1}^{n} |\min(0, x_{ij})| + \sum_{i=1}^{k} \left| \sum_{j=1}^{n} x_{ij} - m_i \right| \right\} \quad (14.7)$$

式中 $f(x)$——原始目标函数;

$F(x)$——无约束化后的目标函数;

θ——惩罚因子,$\theta > 0$。

于是,上述问题转化为无约束的非线性整数规划问题,下面的遗传操作是针对此无约束问题进行的。

适应度函数的选取至关重要,直接影响到遗传算法的收敛速度以及能否找到最优解。一般而言,适应度函数是由目标函数变换而成的,但对于上述改进后的目标函数有可能取到负值,因而采用"界限构造法"对目标函数进行变换。令适应度函数为 $Fit(F(x))$,则

$$Fit(F(x)) = \begin{cases} F(x) - C_{\min}, & F(x) > C_{\min} \\ 0, & \text{其他} \end{cases} \quad (14.8)$$

式中:$C_{\min}$ 为 $F(x)$ 的最小估计值。

3.初始种群的生成

采用随机产生的方法生成初始种群。

首先将目标价值和各类型导弹对目标的射击有利度均按降序排列,在个体随机生成过程中,遵循两个原则:

(1)首先毁伤价值较高的目标;

(2)对于不同的目标尽量使用对其射击有利度最大的导弹类型。

通过以上方法可以产生较为优良的个体组成初始种群。

4. 退火选择算子

模拟退火算法(SA)是模拟物理系统徐徐退火过程的一种搜索技术。在搜索最优解的过程中,SA 除了可以接受优化解外,还用一个随机接受准则有限度地接受恶化解,并且使接受恶化解的概率逐渐趋于零,这使算法能尽可能找到全局最优解,并保证算法收敛。

SA 最引人注目的地方是它独特的退火机制,所谓 GA 与 SA 混合算法本质上是引入退火机制的 GA,其策略分为两类:一类是在 GA 遗传操作中引入退火机制,形成基于退火机制的遗传算子;一类是在 GA 迭代过程中引入退火机制,形成所谓退火演化算法。

在 GA 迭代前期适当提高性能较差串进入下一代种群的概率以提高种群多样性,而在 GA 迭代后期适当降低性能较差串(劣解)进入下一代的概率以保证 GA 的收敛性,这是 GA 运行的一种理想模式,退火选择算子有助于这种模式的实现,其原理是利用退火机制改变串的选择概率,它又有两种形式。一种形式是采用退火机制对适应度进行拉伸,从而改变选择概率 P_i,公式如下:

$$P_i = \frac{e^{f_i/T}}{\sum_{j=1}^{M} e^{f_j/T}}, \quad T = T_0(0.99^{g-1}) \tag{14.9}$$

式中　f_j——第 j 个个体适应度;

　　　M——种群规模;

　　　g——遗传代数序号;

　　　T——温度;

　　　T_0——初始温度。

退火选择算子的另一种形式是引入模拟退火算法接受解的 Metropolis 准则对两两竞争选择算子做出改进。设 i, j 为随机选取的两个个体,它们进入下一代的概率

$$P_i = \begin{cases} 1, & f(i) \geqslant f(j) \\ \exp\left[\dfrac{f(i)-f(j)}{T}\right], & 其他 \end{cases}$$

$$P_j = \begin{cases} 0, & f(i) \geqslant f(j) \\ 1-\exp\left[\dfrac{f(i)-f(j)}{T}\right], & 其他 \end{cases} \tag{14.10}$$

式中 $f(i), f(j)$——个体 i, j 的适应度；

T——温度值，在每一次选择过程之后，T 乘以衰减系数 $a(a<1)$ 以使 T 值下降。

5. 交叉与变异算子

交叉操作是产生新个体的主要方法，变异操作是其辅助方法。交叉算子和变异算子相互配合，共同完成对搜索空间的全局搜索和局部搜索，以寻求最优解。

鉴于问题的实际情况，基本遗传算法的交叉算子已不再适用，需做改进。根据导弹的类型数 k 和打击目标数 n，将随机配对的两条染色体都划分为 k 个基因段，每个基因段包含 n 个基因，首先采用部分匹配(PMX)交叉算子对两条染色体的对应基因段分别进行段内交叉，然后将两条染色体都作为整体采用单点交叉算子相互交叉。仍以导弹类型数 $k=2$、目标数量 $n=5$ 为例，其交叉操作过程如图 14.3 所示。

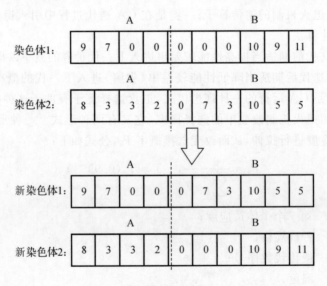

图 14.3 染色体交叉示意图

同样，变异操作也需限制在同一基因段内进行，变异规则可描述如下：

(1)从每段基因中按一定概率(变异概率)任选两个基因位。

(2)求这两个基因位的码值和。

(3)产生一个小于码值和的随机整数替换其中一个基因位的码值。

(4)将另一个基因位的码值变化为先前所求的这两个基因位的码值和与所产生的随机整数的差。其解码意义是保持分配给两个目标的导弹总数不变，对这两个目标的导弹数重新分配。

6. 动态收敛准则

目前采用的 GA 收敛准则主要有三种：①固定遗传代数，到达后即停止；②利用某种判定标准，判定种群已成熟并不再有进化趋势作为中止条件，常用的是根据几代个体平均适应度不变(其差小于某个阈值)；③根据种群适合度的方差小于某个值为收敛条件，这时种群中各个体适合度已充分趋于一致。以上三种方法各有利弊，而动态收敛准则是在融合以上三种方法优点的基础上，提出的一种新的 GA 收敛准则。

首先确定一个基本遗传代数 G_j，到达后对遗传代数取一个增量 ΔG，若再经 ΔG 代后，平均适应度的变化不大于某个阈值，则终止 GA 运行，从最后一代群体中获得当前最优解；否则，再取相同的代数增量 ΔG，继续种群进化。这种动态收敛准则既能保证进化需要，又能避免不必要的遗传，从而在 GA 的收敛性与时间复杂性之间做出均衡。其形式化描述如下：

```
The population evolves for Gj generations;
G:=Gj;
L:While G<Gj+ΔG do
   { The population evolves;
      G:=G+1 }
If  |f̄_{G+ΔG} − f̄_G| > ε
{ Gj=G;
   goto L }
End
```

7. 基于动态收敛准则的遗传模拟退火算法流程

在以上算法设计的基础上，基于动态收敛准则的遗传模拟退火算法流程可描述如下：

(1) 进化代数计数器初始化：$d \leftarrow 0$，随机产生初始群体 $P(t)$。

(2) 评价群体 $P(t)$ 中的个体适应度。

(3) 个体交叉操作：$P'(t) \leftarrow \text{crossover}[P(t)]$。

(4) 个体变异操作：$P''(t) \leftarrow \text{mutation}[P'(t)]$。

(5) 评价群体 $P'''(t)$ 的适应度。

(6) 个体模拟退火选择操作：$P(t+1) \leftarrow \text{simulatedannealing}[P''(t)]$。

(7) 收敛条件判断：若不满足终止条件，则：$t \leftarrow t+1$，转到第(2)步，继续进行遗传进化过程；若满足收敛条件，则对遗传代数取一个增量 ΔG 继续种群进化，若再经 ΔG 代后，群体平均适应度的变化不大于某个阈值，则终止 GA 运行，从最后一代群体中获得当前最优解；否则，再取相同的代数增量，继续种群进化。

14.5 基于效果的导弹火力分配仿真示例

14.5.1 计算条件

假定有四种不同类型的导弹武器,其数量均为 15 枚,有 10 批价值不尽相同的目标,各目标价值(此价值应为通过第 12 章方法评价所得)见表 14.4。

表 14.4 目标价值

目标	1	2	3	4	5	6	7	8	9	10
价值	0.8	0.9	0.9	0.9	0.7	0.9	0.5	0.7	0.9	0.9

不同类型的导弹对各目标的射击有利度(此射击有利度应为通过 14.3 节中的方法评价所得)见表 14.5。

表 14.5 射击有利度

射击有利度	1	2	3	4	5	6	7	8	9	10
导弹类型 1	0.8	0.6	0.9	0	0.5	0.8	0	0.5	0.6	0.8
导弹类型 2	0.4	0	0.6	0.8	0	0.5	0.6	0	0.5	0
导弹类型 3	0.6	0	0.5	0	0	0.5	0.7	0.5	0.9	0.6
导弹类型 4	0.9	0.7	0.7	0.9	0	0.6	0.7	0	0.7	0

遗传算法参数选择如下:交叉概率为 0.8,变异概率为 0.01,进化基本代数为 100,初始种群数为 700,进化代数增量为 5。目标函数中 λ 取 0.5。

14.5.2 计算结果

分别用改进遗传算法和基本遗传算法,采用 MATLAB 语言编程进行计算机仿真,导弹火力最优分配结果见表 14.6 和表 14.7。

表 14.6 采用改进遗传算法得到的最优火力分配结果

迭代次数	分配结果	$\max f(x)$
19	1 0 1 1 0 0 3 0 0 0 0,0 0 3 1 0 0 0 0 0 2 0 1 0 2 0 0 2 0 0 1 0 0,2 0 0 1 2 0 0 0 0 1 0	211.000 0

表 14.7　采用基本遗传算法得到的最优火力分配结果

迭代次数	分配结果	$\max f(x)$
26	0 0 15 0 0 0 0 0 0 0,0 0 1 0 0 0 0 0 14 0 0 0 3 0 0 0 0 0 12 0,2 1 1 11 0 0 0 0 0 0	189.000 0

14.5.3　结果分析

采用 MATLAB 语言编程进行绘图,得到进化代数与目标函数值之间的关系如图 14.4 和图 14.5 所示。

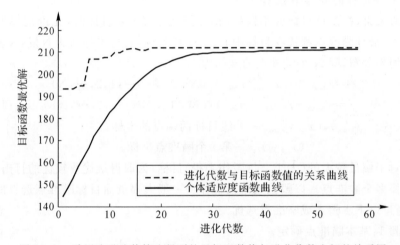

图 14.4　采用改进遗传算法得到的目标函数值与进化代数之间的关系图

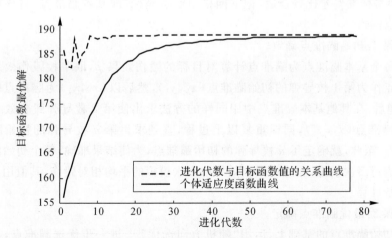

图 14.5　采用基本遗传算法得到的目标函数值与进化代数之间的关系图

由以上两幅图对比可以看出,与模拟退火算法融合以后,加快了遗传算法的收敛速度;采用动态收敛准则以后,使遗传算法得到的解更加稳定可靠。此外,由以上曲线和导弹火力分配的结果也可以看出,用基本遗传算法进行火力分配时目标函数值与适应度均出现"振荡"现象,很容易陷入局部最优解。

14.6 基于效果的瞄准点选择方法

14.6.1 一般目标的瞄准点选择

1. 一般目标的瞄准点选择方法

一般来讲,打击点目标或小幅员(小于毁伤半径)面目标时,无论是单发还是多发射击,最佳瞄准点都选在目标中心;对于线目标,若打击弹数为 N 发,N 发的瞄准点为均匀分布,则 N 个瞄准点的坐标为

$$x_i = x_{\text{begin}} + i(x_{\text{end}} - x_{\text{begin}})/(N+1), \quad i \in \{1,2,\cdots,N\}$$
$$y_i = y_{\text{begin}} + i(y_{\text{end}} - y_{\text{begin}})/(N+1), \quad i \in \{1,2,\cdots,N\} \quad (14.11)$$

式中 $(x_{\text{begin}}, y_{\text{begin}})$,$(x_{\text{end}}, y_{\text{end}})$——线目标两端点的坐标;

(x_i, y_i)——第 i 个瞄准点坐标。

而对于幅员较大的(大于2倍毁伤半径)目标,为取得最优或较优的打击效果,需要选择多个瞄准点。以毁伤效果最优作为一般大幅员面目标瞄准点选择的目标函数,通过以下步骤完成瞄准点选优。

步骤1:基本瞄准点确定。

按照一定间隔将目标离散成若干网格。大量仿真计算表明网格间距取 0.5~1 倍的射击标准偏差比较合适,记下网格中心点坐标,即基本瞄准点,将该网格记为瞄准点网格。

步骤2:初始瞄准点确定。

以每个基本瞄准点为瞄准点计算对目标的毁伤效果 p,取单枚毁伤效果最大的瞄准点作为第1枚导弹的初始瞄准点 (x_1, y_1),然后以 (x_1, y_1) 为瞄准点射击第1枚导弹后,在其他基本瞄准点中用同样的方法求出使第2枚导弹毁伤效果最大的初始瞄准点 (x_2, y_2),同样重复以上过程,直到求得第 n 枚导弹的初始瞄准点 (x_n, y_n)。至此,就确定了 n 枚导弹的初始瞄准点,为使结果准确,每个初始瞄准点选择需进行多次模拟,相应的毁伤效果取多次模拟的平均相对毁伤,其值用圆覆盖函数进行计算。

步骤3:最优瞄准点确定。

在初始瞄准点的基础上,运用"随机方向选优"[11]进一步优选瞄准点,其思想是从初始瞄准点出发进行迭代,每次迭代产生一组新的瞄准点,直至满足寻优结束

条件为止。具体步骤如下：

(1) 计算在初始瞄准点 $(A_1(0),A_2(0),\cdots,A_n(0))$ 的毁伤效果，即目标函数值 $F(A_1(0),A_2(0),\cdots,A_n(0))$，选取步长 L。

(2) 设 $A_k(0)$ 的坐标为 $(x_k(0),y_k(0))$，产生 n 个 $(0,1)$ 均匀分布随机数，$r_1(0),r_2(0),\cdots,r_n(0)$，令

$$x_k^{(1)} = x_k^{(0)} + L_0\cos(2r_k^{(0)}\pi)$$
$$y_k^{(1)} = y_k^{(0)} + L_0\sin(2r_k^{(0)}\pi) \tag{14.12}$$

将 $(x_k(1),y_k(1))$ 记为 $A_k(1)$，得到一组瞄准点，计算目标函数在新瞄准点的值 $F(A_1(1),A_2(1),\cdots,A_n(1))$。

(3) 比较 $F(A_1(0),A_2(0),\cdots,A_n(0))$ 和 $F(A_1(1),A_2(1),\cdots,A_n(1))$ 的大小，若新点比原来的优，则沿此方向按同一步长前进，直至新点比前一点差，返回前一点，随机选取方向和步长，继续搜索；若新点比原来差，则返回，重新选择搜索方向。为提高搜索效率，当沿某方向连续 3 次得到优解，则加大步长；同样某点出发的目标函数连续 3 次劣于当前解，则减小步长进行搜索，直到步长减小到给定精度为止。

(4) 如果在某点 i 上返回爬行的次数达到一定数量，则认为该点是最优点，退出搜索。

2. 一般目标瞄准点选择示例分析

设用 CEP 为 65 m，毁伤半径为 30 m 的某型整体弹 5 枚对 200 m×100 m 的均匀矩形目标进行攻击，分析任选瞄准点和选优瞄准点发射对该目标的毁伤效果。

对目标以 0.5 倍的射击标准差为单位进行网格化（瞄准点网格），确定基本瞄准点，根据上述步骤，对每个基本瞄准点进行多次模拟，依次选择毁伤效果最佳的初始瞄准点，然后由随机方向选优确定最优瞄准点。其中毁伤效果的计算由文中的统计试验法模拟多次获得，由此得到第 i 枚弹对应的第 i 个瞄准点。

示例说明（见表 14.8）最优瞄准点明显提高了对目标的毁伤效果，对应的毁伤效果比任选瞄准点提高 1.39 倍。

表 14.8 任选瞄准点和最优瞄准点发射的毁伤效果对比

瞄准点序号		瞄准点 1	瞄准点 2	瞄准点 3	瞄准点 4	瞄准点 5	毁伤效果
优选瞄准点坐标	横坐标	36.2	63.8	63.8	63.8	63.8	0.364 0
	纵坐标	86.2	58.6	113.8	58.6	58.6	
任选瞄准点坐标	横坐标	39	64	17	24	96	0.261 7
	纵坐标	34	173	138	46	134	

14.6.2 系统目标的瞄准点选择

1. 系统目标的瞄准点选择方法

当对系统目标进行瞄准点选择时,决策者需要把目标作为一个系统来处理,对其进行功能结构逻辑分析;通过对各拟打击目标的本质属性、运行机理作深入分析,先找出目标系统的要素组成及其分布状况,诸要素间的相互关系,各要素的功能、价值与结构特征,画出系统目标的功能结构逻辑图;然后在充分了解系统的基础上,判断关键节点,明确所期望的"效果",最后确定手段和方式。

因此,系统目标的瞄准点选择可分为三步:

第一步:系统目标的形式化描述,实质上就是画出系统目标的功能结构逻辑图;

第二步:从功能结构逻辑图中找出关键节点,以这些节点作为初始瞄准点(系统目标初始瞄准点选择的具体实施步骤已在13.4节系统目标失效率的评估方法中作具体介绍,即构建目标模型、确定毁伤原则、确定毁伤节点等三步,在此不再详述。);

第三步:再按照一般目标瞄准点的选择方法选出瞄准点坐标。

2. 系统目标瞄准点选择示例分析

以公路桥梁为例来说明如何进行系统目标的瞄准点选择。

由于梁部结构是桥梁目标的主体部分,有上承式、中承式和下承式三种。梁上铺有道面(或轨道),一旦遭到破坏或变形,将直接影响车辆通过。因此,它是桥梁目标的毁伤节点(瞄准点)之一。此外,桥墩是桥梁的基础,它如同一座高楼大厦的地基,一旦被破坏,桥梁因失去基础而坍塌,也是公路桥梁目标的瞄准部位之一。但桥墩坚固,部分还在水中,施工困难,摧毁也困难。

对公路桥梁来说,如果击中桥梁的桥墩特别是桥墩与梁的结合部等要害部位,会造成桥墩断裂、横梁的错位,这都会使桥梁安全和承载力受到影响;对钢筋混凝土或预应力混凝土桥梁,如果击中横梁纵向结合部,会使支座断毁,从而造成落梁;如果击中两桥墩间的横梁(路面),有可能在爆炸点形成穿透性弹坑,也可能会造成梁的断裂,重者会使交通中断,轻者会影响桥梁的通行能力。

14.6.3 心理目标的瞄准点选择

1. 心理目标的瞄准点选择方法

进行心理目标的瞄准点选择时,在广泛搜集目标信息的基础上,还要对目标进行相应的处理,根据作战要求和现有能力选择瞄准点。精心选择高效益"重心"目标,是选择心理目标瞄准点的基本原则。所谓"重心",是指对其打击可大大削弱对手战争能力和潜力,迫使对手放弃抵抗并迅速达成作战目的的关键点,是对手的软肋。

要迫使对手放弃抵抗并迅速达成作战目的,可通过彰显打击精度、威力或者威胁对手生命等方式来完成。因而在选择心理目标的瞄准点时,这些"重心"必须是通过打击后能够让对手感觉到害怕、绝望而不得不放弃抵抗的部位。

因此,心理目标的瞄准点选择可分为三步:

第一步:找出心理目标中对对手意志、士气等心理因素起支撑作用的"重心";

第二步:运用作战模拟的方法,模拟瞄准点,并充分考虑瞄准点特性 Mchar、打击该点的导弹武器特性 Weapchar 以及瞄准点距重心的距离 Mdis 等因素,建立起这些因素与心理打击效果 Psy-collapse-degree 之间的关系,由于心理打击效果的不确定性,这种关系只可能是一种模糊关系,其形式化表述如下:

$$\text{Psy-collapse-degree} = \text{Fuzzy}(\text{Mchar}, \text{Weapchar}, \text{Mdis}) \quad (14.13)$$

第三步:极大化心理毁伤效果:

$$\text{Psy-collapse-degree} = \text{Max}\{\text{Fuzzy}(\text{Mchar}, \text{Weapchar}, \text{Mdis})\} \quad (14.14)$$

便可以得到一个瞄准点的相关特性,尤其是瞄准点与"重心"之间距离的近似关系,依照此关系来确定最终瞄准点。

在实际运用当中,要确定心理毁伤效果与瞄准点特性、打击该点的导弹武器特性以及瞄准点距重心的距离等因素之间的关系非常复杂。目前,包括美军在内也只能通过专家知识或者以往的经验来确定心理目标的瞄准点。

2.心理目标瞄准点选择示例分析

以指挥大楼为例来说明心理目标的瞄准点选择。

区别于传统的作战理念,对于指挥大楼的打击所追求的效果不再是使其坍塌或者彻底摧毁,而是使其丧失作为决策中心和命令发布地点的功能,这一功能的发挥主要依赖于指挥大楼里面的决策者。当选择指挥大楼这一目标的瞄准点时,以把指挥大楼里面的人全部歼灭作为终极效果显然不可取,这样的做法代价太大,故可以考虑选择合适的打击点使指挥大楼里面的决策者丧失决策能力即可,如攻击最高指挥官的办公地点,使得群龙无首,或者用少量导弹对指挥大楼周边进行袭扰,迫使指挥大楼内的人员落荒而逃。因此,瞄准点可以是最高指挥官的办公地点,或者指挥大楼周边某一对楼内人员心理打击程度最大的位置,例如指挥大楼的正门。

14.7 本章小结

本章的主要内容如下:

(1)分析了传统火力分配模型的局限性,提出了基于射击有利度的常规导弹火力分配模型,并给出了基于 OWA 算子的射击有利度决策方法和算例。

(2) 分析了传统火力分配算法的局限性,提出了基于动态收敛准则的遗传模拟退火算法。

(3) 根据三类目标各自的特点,运用定量和定性分析相结合的方法,给出了对这三类目标打击时的瞄准点选择方法;分别以大幅员面目标、公路桥梁目标和指挥大楼为例,给出了三类目标的瞄准点选择示例。

(4) 给出了导弹火力分配问题的求解算例。

本章将射击有利度引入常规导弹的火力分配模型,有利于提高火力分配的有效性;此外,利用基于动态收敛准则的遗传模拟退火算法对火力分配模型进行求解,可提高火力分配的最优性和准确性。本章提出的定性和定量相结合的瞄准点选择方法,虽然在实用性上有待进一步加以验证,但是笔者认为,这种基于效果的瞄准点选择思想可为后续的研究或实践起到引领性的作用。以上观点从本章给出的算例得到了验证。

参 考 文 献

[1] 戴维 A 德普图拉. 基于效果作战:战争性质的转变[M]. 军事科学院世界军事研究部,译编. 北京:军事科学出版社,2005.

[2] 爱德华 A 史密斯. 基于效果作战:网络中心战在平时、危机及战时的运用[M]. 郁军,贾可荣,译. 北京:电子工业出版社,2007.

[3] 徐泽水. 不确定多属性决策方法及应用[M]. 北京:清华大学出版社,2005.

[4] 冯杰. 遗传算法及其在导弹火力分配上的应用[J]. 火力与指挥控制,2004(2):31-36.

[5] 黄路炜. 常规导弹联合作战火力运用仿真系统研究[D]. 西安:第二炮兵工程学院,2004.

[6] 汪民乐. 一种新型多目标遗传优化算法及其应用研究[J]. 计算技术与自动化,2003(2):20-25.

[7] 汪民乐,高晓光,汪德武. 遗传算法控制参数优化策略研究[J]. 计算机工程,2003(5):65-69.

[8] 张文修,梁怡. 遗传算法的数学基础[M]. 西安:西安交通大学出版社,2003.

[9] 周明,孙树栋. 遗传算法原理及应用[M]. 北京:国防工业出版社,1999.

[10] 颜如祥. 地地常规导弹瞄准点分布研究[J]. 现代电子工程,2005(1):53-56.

[11] 邱成龙. 地地导弹火力运用原理[M]. 北京:国防工业出版社,2001.

[12] 宫树香. 常规导弹波次规划研究[D]. 西安:第二炮兵工程学院,2006.

[13] 来森. 面向体系的目标选择形式化描述及分析[J]. 指挥控制与仿真,2005

(5):61-65.
[14] 李新其,向爱红. 系统目标毁伤效果评估问题研究[J]. 兵工学报,2008(1):81-86.
[15] 杨镜宇,胡晓峰. 外军战争工程方法的实践[J]. 国防科技,2007(11):35-39.

第 15 章 基于效果的导弹火力突击时机选择方法

15.1 引　　言

在信息化战争中,部队机动能力强,反应速度快,情况变化迅速,战机往往出现突然,稍纵即逝。如果时机恰当,通过突然的火力突击,可以改变战场上敌我力量对比,实现双方力量的转化,形成有利于己方的作战态势;如果时机不当,即便是科学正确的决策,其实施效果也会大打折扣,达不到预期的决策目标,这与基于效果作战的初衷相违背。在信息化战争时代,由于敌方已经形成了陆、海、空、天多维一体的早期预警探测系统,具有全天候、全方位、多层次、高分辨率和近实时的侦察监视能力,常规导弹部队的活动将处于敌方严密的监视之下。因而,出敌不意地使用导弹火力将变得比以往更加困难。此外,以往的导弹火力都是按计划、分波次进行投送的,时效性和灵活性不强。由此可见,加强对火力决策中时机控制的研究具有重要的理论价值和实践意义。

15.2 首次火力突击时机的选择

若首次火力突击效果好,不仅可以取得满意的作战效果,还可以极大地给敌方以心理上的震撼,增强我方必胜的信心。此外,由于首次突防成功,不仅消耗了敌方大量的防御拦截力量,也使计划打击目标和敌方反导防御系统均遭到破坏,从而降低了对后续打击力量的拦截能力。

15.2.1 首次火力突击时机选取的原则及影响因素分析

1. 首次火力突击时机的选取主要遵循的原则
(1) 应选择在敌人抵抗能力最薄弱时进行突击;
(2) 应选择在我方导弹战斗能力最佳时进行突击。
2. 相应的影响因素(或指标)分析
根据以往的战斗经验分析,并充分征询有关专家的意见,可以确定影响敌方抵抗能力的基本因素或性能指标(二级指标)有对手的士气指数、环境因素的迷惑程度、疲劳指数以及防御能力的发挥程度。其中,士气指数与对手的素质、感知到继续战斗的理由和战场态势等因素有关;环境因素的迷惑程度与天气、植被等因素有关;疲劳指数与对手的身体素质、持续战斗的时间等因素有关;防御能力的发挥程度与某一特定时刻对手防御武器性能的发挥程度以及对手的警觉程度有关。

根据导弹武器的主要任务对其战术技术性能进行全面分析,并充分征询有关专家的意见,可以确定影响导弹武器战斗能力的基本因素或性能指标(二级指标)有突防能力、机动能力、火力潜力、生存能力、可靠性。其中,突防能力是指导弹突破敌人封锁的能力,包括有无突防装置、机动变轨能力、弹头 RCS 值等;机动能力主要由以下指标确定:最大机动速度、一次最大机动距离、机动道路要求、导弹车车身与车重特性、转换能力;火力潜力的影响因素包括首发命中率、单位时间的导弹发射数、对一个目标的平均杀伤概率以及距离因子;生存能力主要通过机动能力、反应能力、反侦能力和防护能力确定;可靠性包括发射可靠性、飞行可靠性和爆炸可靠性。

首次火力突击时机的影响因素(或指标)如图 15.1 所示。

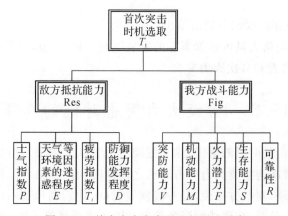

图 15.1 首次火力突击时机的影响因素

15.2.2 首次火力突击时机选取指标的量化

对手的士气指数、环境因素的迷惑程度、疲劳指数以及防御能力的发挥程度等因素都具有很强的模糊性,很难量化,但是,一般情况下,我方对这些因素都会有一个大致的了解,故可根据专家打分的方法,用[0,1]上的某个值表示该因素。士气指数、防御能力的发挥程度对于敌方抵抗能力来讲,属于效益型指标,在构建指数模型时,可作为分子;环境因素的迷惑程度、疲劳指数对于敌方抵抗能力来讲,属于成本型指标,在构建指数模型时,可作为分母。故敌方抵抗能力评估的指数计算模型可构建为

$$\mathrm{Res} = \frac{P^{a_1} D^{a_4}}{E^{a_2} T_i^{a_3}} \tag{15.1}$$

式中,a_1,a_2,a_3,a_4 的值由层次分析法给出。

如文献[4]所述,根据层次分析法以及量纲分析理论可确定突防能力、机动能力、火力潜力、生存能力和可靠性的值及相互关系,可确定我方战斗能力总体评估的混合加权指数计算模型为

$$\mathrm{Fig} = V^{d_1} (e_1 M + e_2 S)^{d_2} F^{d_3} R^{d_4} \tag{15.2}$$

式中,d_1,d_2,d_3,d_4,e_1,e_2 的值由层次分析法给出。

15.2.3 首次火力突击时机的确定

显而易见,当我方战斗能力越强,敌方抵抗能力越弱时,便是进行火力突击的好时机。因此,首次火力突击时机 T_1 的确定可依据此模型

$$T_1 = \frac{\mathrm{Fig}^{\omega_1}}{\mathrm{Res}^{\omega_2}} > C \tag{15.3}$$

式中,ω_1,ω_2 的值亦由层次分析法给出。

情报和火力决策人员可依据事态的发展适时计算 T_1 值,当其达到允许攻击的边界值 C 时,便可发动首次火力突击。

15.3 后续火力突击时机的选择

后续火力突击的时机的确定,除了需要考虑首次火力突击时所列举的两个因素,还需要确定首次与后续火力突击时机之间的时间间隔 ΔT_2。两次火力突击时机之间的时间间隔,对敌方来说,是一段恢复时间,他们利用这一段间隙可进行战损装备修理、伤病员救治、作战物资补给和被毁工事修复等工作;对我方来说,这一间隙是监视、袭扰、准备和等待的时间,而后,在恰当的时刻,实施后续火力突击。选择后续火力突击的时机一般原则是,应在敌尚未完成恢复战斗力的时刻或在其之前。这一时间间隙的长短,与当时双方态势及战况的发展和指挥员的决心有关,故有相当大的随意性,但是,笔者认为可用装备修复时间来近似地衡量。

15.3.1 受损武器系统单个元件修复时间的确定

作战时,为了便于战场抢修,对于损坏的武器装备一般只经过短时间调整或迅速换件来恢复其战斗力,在这种情况下,通常可认为修复单个元件的时间 τ 服从指数分布,即 $\tau \sim e(\lambda)$。其密度函数为

$$\varphi(t) = \begin{cases} \lambda e^{-\lambda t}, & \text{当 } t > 0 \text{ 时} \\ 0, & \text{当 } t \leqslant 0 \text{ 时} \end{cases} \tag{15.4}$$

式中,参数 λ 是修复单个元件的基本频率,λ^{-1} 是元件"复活"的周期。

15.3.2 武器系统维修作业的组成方式

对于武器系统的修复由若干项维修作业组成,若各项维修作业是同时展开的,则称该维修是并行维修作业,若各项维修作业必须一环扣一环,不能同时也不能交叉进行,则称该维修是串行维修作业。对于作战活动中的具体维修作业,其组成方式一般可以等效成一个并联了 m 个维修单元,而每个维修单元都由 n 个基本单元串联而成的并串联系统,记其为 nm 形式。维修作业组成方式如图 15.2 所示。

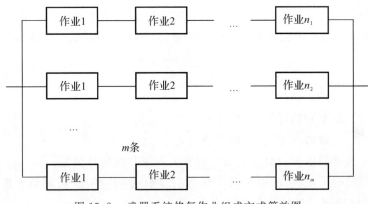

图 15.2 武器系统修复作业组成方式等效图

15.3.3 火力突击时间间隔的确定

假设并行作业的时间为 T_i,第 i 行串行作业的时间为 T_j,每个基本单元的维修时间为 T_{ij}。对于并串联系统而言,系统维修总耗时 $T_{总}=T_i$,则有

$$T_{ij}=\tau \tag{15.5}$$

$$T_j=\sum_{j=1}^{n}T_{ij} \tag{15.6}$$

$$T_i=\max\{T_1,T_2,\cdots,T_m\}=\max\{T_j\} \tag{15.7}$$

$$\Delta T_2=T_{总}=T_i=\max\{T_1,T_2,\cdots,T_m\} \tag{15.8}$$

1. 求取串行作业的时间

由上述公式可以看出,计算的关键在于对 T_j 的确定。可分为两种情况进行讨论:

(1) 若每个基本单元的维修时间的密度函数已知时,因为有 $T_{ij}=\tau$,每个基本单元的维修时间独立同分布且 τ 的密度函数已知(见式(15.4)),故 T_j 的分布函数 $M(t)$ 可通过卷积计算的方式获得

$$M(t) = \int_0^t \varphi_{i1}(t) * \varphi_{i2}(t) * \cdots \varphi_{in}(t) \mathrm{d}t \tag{15.9}$$

式中，$*$ 为卷积符号。

当随机变量超过两个时，其卷积可分步计算。一般情况下，通过卷积计算，写出 $M(t)$ 的解析式非常困难，可利用卷积数值计算软件进行计算。

可设定一个时间间隙 Δt，当 $t \leqslant \Delta t$ 时，对应着一定的概率，即 $P(\xi \leqslant \Delta t)$。故可列出

$$P(\xi \leqslant \Delta t) = \int_0^{\Delta t} M(t) \mathrm{d}t, \quad 0 < \Delta t \leqslant t \tag{15.10}$$

如果给定 $P(\xi \leqslant \Delta t)$ 的值，则可从上式中解出 Δt。很显然，Δt 等于 T_j。

(2) 若每个基本单元的维修时间的密度函数未知，可采取三点估计公式

$$T_j = \frac{a + 4m + b}{6} \tag{15.11}$$

式中　　a——最理想情况下 T_j 的值；

　　　　b——最不利情况下 T_j 的值；

　　　　m——正常情况下 T_j 的最可能值；

a, b, m 的值均由火力决策人员会同有关专家共同估计确定。

在多数情况下，对手的每个基本单元的维修时间的密度函数都无法知晓，式 (15.11) 就体现出了很好的实用性。

2. 求取 $\max\{T_j\}$

由式 (15.10) 可知，通过卷积计算，可求得 T_j 的分布函数为 $M(t)$，而 $(T_1, T_2, \cdots, T_m)$ 为总体 T_j 的容量为 m 的样本。根据定理[7]有，第 k 个顺序统计量 T_{jk} 的分布函数为

$$M_{T_k}(t) = \frac{m!}{(k-1)!(m-k)!} \int_0^{M(x)} t^{k-1} (1-t)^{m-k} \mathrm{d}t \tag{15.12}$$

式中，k 等于 $1, 2, \cdots, m$。

依据图 15.2，可分为两种情况进行讨论：

(1) 当 $n_1 = n_2 = \cdots = n_m$ 时，因为总体 T_j 为连续型，密度函数为 $\frac{\mathrm{d}M(t)}{\mathrm{d}t}$，则 T_{jk} 的分布密度为

$$p_{T_k}(t) = \frac{m!}{(k-1)!(m-k)!} [M(t)]^{k-1} [1 - M(t)]^{m-k} \frac{\mathrm{d}M(t)}{\mathrm{d}t} \tag{15.13}$$

当 $k = m$ 时，获得最大顺序统计量 $\max\{T_j\}$，因此，其分布函数为

$$M_{\max(T_j)}(t) = [M(t)]^m \tag{15.14}$$

(2) 当 $n_1, n_2, \cdots, n_m$ 不全相等时，$T_1, T_2, \cdots, T_m$ 的分布密度 $p_{T_k}(t)$ 不全相等，但

$$M_{\max\{T_j\}}(t) = P\{T_j \leqslant t\} = P\{\max\{T_1, T_2, \cdots, T_m\} \leqslant t\} =$$
$$P\{T_1 \leqslant t, T_2 \leqslant t, \cdots, T_m \leqslant t\} = \prod_{k=1}^{m} M_{T_K}(t) \tag{15.15}$$

如果给定 $P\{T_1 \leqslant t, T_2 \leqslant t, \cdots, T_m \leqslant t\}$ 的值，则可依据式(15.10)、式(15.14)、式(15.15)分别解出 Δt，而 Δt 等于 T_j。

15.3.4 后续火力突击时机的确定

根据式(15.8)、式(15.9)或者式(15.11)以及式(15.14)可确定 ΔT_2，故后续火力突击的时机可由下述公式确定：
$$T_2 = T_1 + \Delta T_2 \tag{15.16}$$

15.4 计算示例

15.4.1 确定首次火力突击时机

假设根据 AHP 法得到下列参数的值为 $a_1 = a_4 = 0.4, a_2 = a_3 = 0.1; d_1 = d_2 = 0.2, d_3 = 0.5, d_4 = 0.1; e_1 = e_2 = 0.5; \omega_1 = \omega_2 = 0.5; C = 1.5$。

分别选取了 10 个不同时刻，对应的首次火力突击时机的影响因素值见表15.1。

表 15.1 10 个不同时刻对应首次火力突击时机的影响因素值

	P	D	E	T_i	V	M	F	S	R
t_1	0.5	0.7	0.9	0.2	0.5	0.6	0.5	0.9	0.7
t_2	0.8	0.6	0.4	0.2	0.7	0.9	0.3	0.9	0.6
t_3	0.8	0.2	0.7	0.7	0.6	0.9	0.4	0.9	0.6
t_4	0.1	0.5	0.6	0.7	0.8	0.6	0.9	0.9	0.9
t_5	0.1	0.2	0.3	0.6	0.5	0.4	0.3	0.8	0.7
t_6	0.5	0.6	0.4	0.5	0.2	0.7	0.8	0.4	0.6
t_7	0.4	0.2	0.3	0.2	0.4	0.6	0.5	0.7	0.6
t_8	0.8	0.6	0.4	0.2	0.5	0.4	0.3	0.8	0.7
t_9	0.8	0.2	0.7	0.7	0.6	0.7	0.8	0.4	0.6
t_{10}	0.1	0.5	0.6	0.7	0.6	0.5	0.3	0.7	0.6

根据式(15.1)～式(15.3)得到的计算结果见表 15.2。

表 15.2　10 个不同时刻首次火力突击时机的计算结果

$T1_1$	$T1_2$	$T1_3$	$T1_4$	$T1_5$	$T1_6$	$T1_7$	$T1_8$	$T1_9$	$T1_{10}$
0.952 1	0.888 6	1.203 0	1.604 9	1.566 4	0.840 2	1.103 4	0.796 6	0.996 4	1.336 0

由于有 T_{14},T_{15} 大于 C,故可选择 t_4,t_5 两个时刻作为首次火力突击的时机。

15.4.2　确定第二次火力突击时机

假设武器系统修复作业可以等效成 4×4 的组成方式,每个基本单元的维修时间的密度函数未知,每个基本维修单元的 a,b,m 值见表 15.3。

表 15.3　每个基本维修单元的 a,b,m 值　　　　（单位:h）

	0.3	0.5	0.1	0.6		1.5	1.7	1.1	1.9		1.1	1.3	1.0	1.4
a	0.5	0.4	0.2	0.1	b	1.9	1.7	0.8	0.6	m	1.5	1.5	0.6	0.4
	0.8	0.9	0.4	0.6		2.4	2.4	1.2	1.4		1.4	1.6	0.9	1.1
	0.7	0.8	0.5	0.7		1.6	2.1	1.6	1.9		1.0	1.2	1.2	1.5

采用式(15.11)计算得到数组 T_j 值,$T_1=4.483\ 3$,$T_2=3.700\ 0$,$T_3=5.016\ 8$,$T_4=4.850\ 0$,$\max\{T_j\}=5.016\ 8$,根据式(15.7) 有 $T_i=\max\{T_j\}=5.016\ 8$,再根据式(15.8) 得到

$$\Delta T_2 = T_i = 5.016\ 8$$

由于首次火力突击时机已求得,为 t_4 或者 t_5,根据式(15.16),所以第二次火力突击时机 T_2 为 $T_4+5.016\ 8$ 或者 $T_5+5.016\ 8$。

15.5　本章小结

本章的主要内容如下:

(1)将突击时机的选择作为火力决策过程中一个独立环节进行研究,提出了确定首次火力突击时机的指数计算模型;

(2)推导出两次火力突击之间时间间隔的分布函数并给出了确定后续火力突击时机的计算模型;

(3)给出了两次火力突击时机选择的计算示例。

本章为进行首次火力突击以及后续火力突击时机的选择提供了量化分析的方法。对于火力突击时机的选择,通常只采取定性分析的方法,而本章运用定量分析与定性分析相结合的方法来确定火力突击时机具有突出优点。通过运用本章的方

法,能够以量化结果的方式为决策者选定突击时机提供较以往更为有力的支持,有利于提高火力打击的时效性和火力反应速度。如何将对方的武器系统等效成一般的组成方式,是确定后续突击时机的关键,也是今后需要进一步加以研究的问题。

参 考 文 献

[1] 田仲,贾希胜,傅光甫. 维修性设计与验证[M]. 北京:国防工业出版社,1994.
[2] 汪荣鑫. 随机过程[M]. 西安:西安交通大学出版社,1988.
[3] 邹含冰,容嘉信. 关于地地导弹火力运用几个问题的优化分析[C]. 现代作战与军事运筹. 西安:西北工业大学出版社,2001.
[4] 邓昌,汪民乐. 导弹武器战斗能力评估的指数方法[J]. 火力与指挥控制,2011(1):25-29.
[5] 爱德华 A 史密斯. 基于效果作战:网络中心战在平时、危机及战时的运用[M]. 郁军,贲可荣,译. 北京:电子工业出版社,2007.
[6] 刘望安. 作战决策中的时机控制[J]. 国防大学学报,2006(3):31-36.
[7] 庄楚强,吴亚森. 应用数理统计基础[M]. 广州:华南理工大学出版社,1992.